U0204600

JICHUANG DIANQI SHEBEI WEIXIU
SHIYONG JISHU

机床电气设备维修
实用技术

黄志坚　编著

中国电力出版社
CHINA ELECTRIC POWER PRESS

内 容 提 要

本书结合大量实例,介绍了各类机床电气系统及元件的故障诊断、维修改造的方法。全书共 5 章,分别是车床、铣床、磨床、镗床、钻床电气故障诊断与维修。每章基本包括机床继电器—接触器电气故障诊断与维修、PLC 在机床电气维修改造的应用、数控系统的维修等方面的内容。

本书可供机床电气系统设计、制造、使用和维修人员学习使用,也可供职业技术学院相关专业的师生参考。

图书在版编目(CIP)数据

机床电气设备维修实用技术/黄志坚编著 . —北京:中国电力出版社,2018.8
ISBN 978-7-5198-2143-2

Ⅰ.①机… Ⅱ.①黄… Ⅲ.①机床—电气设备 Ⅳ.①TG502.34

中国版本图书馆 CIP 数据核字(2018)第 135028 号

出版发行:中国电力出版社
地　　址:北京市东城区北京站西街 19 号(邮政编码 100005)
网　　址:http://www.cepp.sgcc.com.cn
责任编辑:崔素媛(010－63412392)
责任校对:王小鹏
装帧设计:张俊霞
责任印制:杨晓东

印　　刷:北京天宇星印刷厂
版　　次:2018 年 8 月第一版
印　　次:2018 年 8 月北京第一次印刷
开　　本:787 毫米×1092 毫米　16 开本
印　　张:13.75
字　　数:331 千字
定　　价:42.00 元

前 言

金属切削机床在国民经济现代化的建设中起着重大作用。机床电气控制系统是机床极为重要的组成部分。在实际生产运行中,机床电气故障是不可避免的。做好机床电气设备故障诊断与故障检修工作,不仅可以让系统始终处于安全运行中,还可以提高效率、降低消耗,改进机床的工艺性。快速准确地查找机床电气故障所在,排除故障使系统能够正常稳定地运行是维修人员的重要职责。

可编程序控制器(Programmable Logic Controller,PLC)具有可靠性高、编程灵活、开发周期短、故障自诊断等特点,特别适用于机床控制系统的应用。用 PLC 改造机床控制系统,可以减少强电元器件数目,提高电气控制系统的稳定性和可靠性,从而提高产品的品质和生产效率。通过应用 PLC 技术,还可以使机床具有故障自诊断功能,从而保护机床并方便维修。

数控机床是一种装有程序控制系统的自动化机床。当前数控车床呈现高速与高精密化、高可靠性、智能化、网络化、柔性化和集成化的特征。数控机床技术先进、系统复杂,故障诊断维修任务艰巨。

本书结合大量实例,介绍了各类机床电气系统及元件的故障诊断、维修改造的方法。全书共 5 章,分别是车床、铣床、磨床、镗床、钻床电气故障诊断与维修。各章中,一般包括机床继电器—接触器电气故障诊断与维修、PLC 在机床电气维修改造的应用、数控系统的维修这三个方面的内容。

由于编者水平有限,书中难免有错误和不妥之处,恳请读者批评指正。

目 录

第2章　铣床电气故障诊断与维修 ··· 69

车床电气故障诊断与维修

1.1　车床及电气系统

车床是主要用车刀对旋转的工件进行车削加工的机床。在车床上还可用钻头、扩孔钻、铰刀、丝锥、板牙和滚花工具等进行相应的加工。

1.1.1　车床的组成

主轴箱：又称床头箱，它的主要任务是将主电动机传来的旋转运动经过一系列的变速机构使主轴得到所需的正反两种转向的不同转速，同时主轴箱分出部分动力将运动传给进给箱。主轴箱中的主轴是车床的关键零件。主轴在轴承上运转的平稳性直接影响工件的加工质量，一旦主轴的旋转精度降低，则机床的使用价值就会降低。

进给箱：又称走刀箱，进给箱中装有进给运动的变速机构，调整其变速机构，可得到所需的进给量或螺距，通过光杠或丝杠将运动传至刀架以进行切削。

丝杠与光杠：用以连接进给箱与溜板箱，并把进给箱的运动和动力传给溜板箱，使溜板箱获得纵向直线运动。丝杠是专门用来车削各种螺纹的，在进行工件的其他表面车削时，只用光杠，不用丝杠。

溜板箱：是车床进给运动的操纵箱，内装有将光杠和丝杠的旋转运动变成刀架直线运动的机构，通过光杠传动实现刀架的纵向进给运动、横向进给运动和快速移动，通过丝杠带动刀架做纵向直线运动，以便车削螺纹。

刀架：有两层滑板（中、小滑板）、床鞍与刀架体共同组成。用于安装车刀并带动车刀做纵向、横向或斜向运动。

尾架：安装在床身导轨上，并沿此导轨纵向移动，以调整其工作位置。尾架主要用来安装后顶尖，以支撑较长工件，也可安装钻头、铰刀等进行孔加工。

床身：是车床带有精度要求很高的导轨（山形导轨和平导轨）的一个大型基础部件。用于支撑和连接车床的各个部件，并保证各部件在工作时有准确的相对位置。

冷却装置：冷却装置主要通过冷却水泵将水箱中的切削液加压后喷射到切削区域，降低切削温度，冲走切屑，润滑加工表面，以提高刀具使用寿命和工件的表面加工质量。

如图 1-1 所示为某型号车床的外形结构。

图 1-1   车床的外形结构

1.1.2   车床的类型

1. 卧式车床

加工对象广，主轴转速和进给量的调整范围大，能加工工件的内外表面、端面和内外螺纹。这种车床主要由工人手工操作，生产效率低，适用于单件、小批生产和修配车间。

2. 转塔和回转车床

具有能装多把刀具的转塔刀架或回轮刀架，能在工件的一次装夹中由工人依次使用不同刀具完成多种工序，适用于成批生产。

3. 自动车床

按一定程序自动完成中小型工件的多工序加工，能自动上下料，重复加工一批同样的工件，适用于大批、大量生产。

4. 多刀半自动车床

有单轴、多轴、卧式和立式之分。单轴卧式的布局形式与普通车床相似，但两组刀架分别装在主轴的前后或上下，用于加工盘、环和轴类工件，其生产率比普通车床提高 3～5 倍。

5. 仿形车床

能仿照样板或样件的形状尺寸，自动完成工件的加工循环，适用于形状较复杂的工件的小批和成批生产，生产效率比普通车床高 10～15 倍。有多刀架、多轴、卡盘式、立式等类型。

6. 立式车床

主轴垂直于水平面，工件装夹在水平的回转工作台上，刀架在横梁或立柱上移动。适用于加工较大、较重、难于在普通车床上安装的工件，分单柱和双柱两大类。

7. 铲齿车床

在车削的同时，刀架周期地做径向往复运动，用于铲车铣刀、滚刀等的成形齿面。通常带有铲磨附件，由单独电动机驱动的小砂轮铲磨齿面。

8. 专门化车床

加工某类工件的特定表面的车床，如曲轴车床、凸轮轴车床、车轮车床、车轴车床、轧辊车床和钢锭车床等。

9. 联合车床

主要用于车削加工，但附加一些特殊部件和附件后还可进行镗、铣、钻、插、磨等加工，具有"一机多能"的特点，适用于工程车、船舶或移动修理站上的修配工作。

10. 马鞍车床

马鞍车床在车头箱处的左端床身为下沉状，能够容纳直径大的零件。车床的外形为两头高，中间低，形似马鞍，因此称为马鞍车床。马鞍车床适合加工径向尺寸大、轴向尺寸小的零件，适于车削工件外圆、内孔、端面、切槽和公制、英制、模数、经节螺纹，还可进行钻孔、镗孔、铰孔等工艺，特别适于单件、成批生产企业使用。马鞍车床在马鞍槽内可加工较大直径工件。机床导轨经淬硬并精磨，操作方便可靠。车床具有功率大、转速高、刚性强、精度高、噪声低等特点。

1.1.3 车床电气控制系统

电气控制系统一般称为电气设备二次控制回路。

1. 主要功能

为了保证车床运行的可靠与安全，需要有许多辅助电气设备为之服务。能够实现某项控制功能的若干个电器组件的组合，称为控制回路或二次回路。这些设备要有以下功能。

自动控制功能：高压和大电流开关设备的体积是很大的，一般都采用操作系统来控制分、合闸，特别是当设备出了故障时，需要开关自动切断电路，要有一套自动控制的电气操作设备，对供电设备进行自动控制。

保护功能：车床在运行过程中会发生故障，电流（或电压）会超过车床与线路允许工作的范围与限度，这就需要一套检测这些故障信号并对车床和线路进行自动调整（断开、切换等）的保护设备。

监视功能：电是眼睛看不见的，一台车床是否带电或断电，从外表看无法分辨，这就需要设置各种视听信号，如灯光和音响等，对车床进行电气监视。

测量功能：灯光和音响信号只能定性地表明车床的工作状态（有电或断电），如果想定量地知道电气设备的工作情况，还需要有各种仪表测量设备，测量线路的各种参数，如电压、电流、频率和功率的大小等。在车床操作与监视当中，传统的操作组件、控制电器、仪表和信号等设备大多可被电脑控制系统及电子组件所取代，但在小型设备和就地局部控制的电路中仍有一定的应用范围。

2. 系统组成

常用的控制线路的基本回路由以下几部分组成。

电源供电回路：供电回路的供电电源有 AC 380V 和 AC 220V 等多种。

保护回路：保护（辅助）回路的工作电源有单相 220、36V 或 DC220V、24V 等多种，对电气设备和线路进行短路、过载和失压等各种保护，由熔断器、热继电器、失压线圈、整流组件和稳压组件等保护组件组成。

信号回路：能及时反映或显示车床和线路正常与非正常工作状态信息的回路，如不同颜色的信号灯，不同声响的音响设备等。

自动与手动回路：为了提高工作效率，一般都设有自动环节，但在安装、调试及紧急事故的处理中，控制线路中还需要设置手动环节，通过组合开关或转换开关等实现自动与手动方式的转换。

制动停车回路：切断电路的供电电源，并采取某些制动措施，使电动机迅速停车的控制环节，如能耗制动、电源反接制动、倒拉反接制动和再生发电制动等。

自锁及闭锁回路：启动按钮松开后，线路保持通电，车床能继续工作的电气环节叫自锁环节，如接触器的动合触点串联在线圈电路中。两台或两台以上的电气装置和组件，为了保证设备运行的安全与可靠，只能一台通电启动，而另一台不能通电启动的保护环节，叫闭锁环节。

1.2　CA6140 车床电气故障诊断与维修

1.2.1　CA6140 车床电气控制原理

CA6140 车床的电气控制电路如图 1-2 所示。

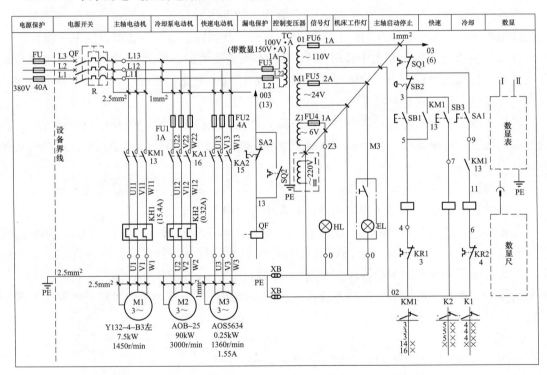

图 1-2　CA6140 车床的电气控制电路

1．主电路

主电路有三台电动机，M1 为主轴电动机，带动主轴旋转和刀架做进给运动；M2 为冷却泵电动机；M3 为刀架快速移动电动机。

三相交流电源通过断路器 QF 引出，主轴电动机 M1 由接触器 KM1 控制启动，热继电器 KR1 为主轴电动机 M1 的过载保护。冷却泵电动机 M2 由中间继电器 K1 控制启动，热继电器 KH2 为冷却泵电动机 M2 的过载保护。刀架快速移动电动机 M3 由中间继电器 K2 进行控制。

→ 4

2．控制电路

控制变压器 TC 二次侧输出 110V 电压为控制回路电源。

（1）主轴电动机 M1 的控制：按下启动按钮 SB1，接触器 KM1 线圈得电吸合，其主触点闭合，主轴电动机 M1 启动。按下蘑菇形停止按钮 SB2，电动机 M1 停止转动。

（2）冷却泵电动机 M2 的控制：只能在接触器 KM1 吸合，主轴电动机 M1 启动后，转动开关 SA1，使中间继电器 K1 线圈得电吸合，冷却泵电动机 M2 才能转动。

（3）刀架快速移动电动机 M3 的控制：刀架快速移动电动机的启动是由安装在进给操纵手柄顶端的按钮 SB3 来控制的，它与中间继电器组成点动控制电路。将操纵手柄扳到所需的方向，压下按钮 SB3，中间继电器 K2 得电吸合，电动机 M2 启动，刀架就向指定的方向快速移动。

3．照明、信号灯电路

控制变压器 TC 的二次侧分别输出 24V 和 6V 电压，作为机床照明和信号灯的电源。EL 为机床的低压照明；HL 为电源的信号灯。

4．电气保护

控制电路由熔断器进行短路保护，热继电器进行过载保护。为了保证人身安全，由行程开关 SQ1、SQ2 进行断电保护。当 SA2 向左旋锁上，或打开配电盘壁龛门进行维修时，SQ2 行程开关闭合，QF 自动断开，即使出现误合闸，QF 也可在 0.1s 之内再次自动跳闸。

打开床头带罩后，SQ1 断开，使主轴电动机停止转动，以确保人身安全。

1.2.2　CA6140 车床常见电气故障诊断与维修

CA6140 车床电气故障诊断与维修见表 1-1。

表 1-1　　　　　　　　　　　　CA6140 车床电气故障诊断与维修

故障现象	故障诊断维修方法
主轴电动机 M 不能启动	按启动按钮 SB1，接触器 KM1 未吸合，主电动机不能启动。应依次检查控制电路中熔断器 FU6、热继电器 KH1 的动断触点、停止按钮 SB2、启动按钮 SB1、接触器 KM1 线圈、行程开关 SQ2 等是否有断路或接触不良
	按下启动按钮 SB1，接触器 KM1 吸合，但主电动机 M1 不能启动，应检查主回路接触器 KM1 主触点，热继电器 KH1 的热元件，接线端及三相电动机的接线端
	按下启动按钮 SB1，主电动机 M1 转一下以后就不再转动。应检查接触器 KM1 的自保触点是否接触不良或回路断线
	主电动机在运转中突然停止转动，应检查电源开关 QF 是否跳闸，热继电器 KH1 有无脱扣
	电动机正常运行，按下停止按钮 SB2 使主电动机 M1 停止转动，但再按启动按钮 SB1，主轴电动机不能启动。应检查停止按钮的动合触点是否接触不良
	主轴电动机 M1 发出"嗡嗡"声，但转不起来，是由于电源缺相造成的。应检查主回路有关元件、接线及电动机，找出单相启动的原因

续表

故障现象	故障诊断维修方法
主轴电动机 M1 不能停车	接触器 KM1 的铁心极面上的油污使上、下铁心不能释放。应清洁铁心极面
	接触端 KM1 主触点发生熔焊，应修整或更换触点
	停止按钮 SB2 的动断触点短路，应检查动断触点能否脱开
刀架快速移动电动机 M3 不能启动	按点动按钮 SB3，中间继电器 K2 未吸合，应用万用表依次检查停止按钮 SB2 的动断触点、点动按钮 SB3 的动合触点及中间继电器 K2 的线圈是否断线
	按下点动按钮 SB3，中间继电器 K2 吸合。应检查主回路 K3 触点及电动机的接线端是否接触不良或断线
冷却泵电动机 M2 不能启动	旋转开关 SA1，中间继电器 K1 未吸合。应检查热继电器 KH2 动断触点，接触器 KM1 辅助触点，开关 SA1 触点及中间继电器 K1 线圈有无断线
	旋转开关 SA1，中间继电器 K1 吸合，应检查主回路 K1 触点及电动机的接线端是否接触不良或断线，热继电器 KH2 若脱扣应进行复位

1.2.3 CA6140 型车床故障分析及排除方法与实例

1. CA6140 型车床溜板快移电动机 M3 不能启动

分析：溜板快移电动机 M3 是靠 SB3 点动控制，故障部位及原因有：点动控制电路有电源、按钮 SB3 接触不良、接触器 KM3 线圈断路，KM3 主触头接触不良等。

检查：合上电源开关 QS1，按 SB3，听到有接触器 KM13 的闭合声，说明控制同路没有问题。用万用表测量 U₃、V₃、W₃ 点的电压，正常。断开 M3 与 U₃、V₃、W₃ 的连接点，检查 M3，发现 M3 损坏。维修或更换 M3，故障排除。

2. M1 启动后转速极低甚至不转，并伴有"嗡嗡"声

分析：遇到这种情况应立即切断电源以防止烧坏电动机。故障原因显然是三相电路中的一相断路或是机械传动系统卡死，故障范围如下：总电源的熔断器有一相烧断；主电路中有一相触头接触不良或接线松脱；电动机接线盒内接触不良；机械传动部分卡死。查明原因后，修复或更换部件，故障可排除。

3. 车床工作灯不亮，但车床能正常工作

故障范围如下：36V 灯泡损坏；控制照明的熔断器损坏；变压器烧毁或二次侧接触不良。查明原因后，修复或更换部件，故障可排除。

4. CA6140 型车床在工作中发生突然停止运行的故障

CA6140 型车床在工作中发生突然停止运行。

（1）检测。查总电源以及保险和热继电器，无异常。

让操作者再次启动车床，控制主轴电动机的交流接触器 KM1 有动作，但不能自锁。持续手按启动按钮 SB1，KM1 高频率弹跳仍不能稳定吸合，同时机床照明灯暗弱下来并同步频闪。

停机测变压器 TC1，额定输出 110V 正常。检查各开关是否处在正常位置，SA2 工作正常（排除 SA2 短路故障）。

至此，维修陷入困境，不免产生疑问：KM1 工作正常，110V 也正常，却为什么 KM2 吸合时，KM1 不能稳定吸合？

（2）分析。用筛除法先扫清干扰 KM1 的外围回路。第一步甩开 KM1 触点全部二次接线，重复上述操作，KM1 能稳定吸合。第二步接上自锁点连线，再启动，KM1 吸合并自锁。进一步把负载电动机接上，主轴电动机正常运转，最后把 KM2（冷却泵继电器）电滋线圈供电引线接通，这时故障又出现。可见故障在 KM2 控制电路。

经查，KM2 电磁线圈匝间局部短路是最终结症。

另外，SA2 曾因损坏而被短接亦是造成此故障的间接因素。SA2 被短接则 KM2 直接受控于 KM1，随之长时间处于工作状态，促使线圈损坏。当持续手按 SB1，KM1 吸合，KM2 相继并入控制回路。此时变压器因 KM2 线圈带病并入而负载加重，电流增大，110V 输出降低，其值会小于 KM1 动作值，不足以维持 KM1 吸合。KM1 欠压释放后 KM2 相继脱离回路，110V 电压又恢复正常，重新满足 KM1 吸合的条件。周而复始，便会出现 KM1 高频率弹跳。

（3）处理。控制回路短路保护未起作用，是因为原额定 1A 瓷保险已被换成 10A 瓷保险，完全失去了保护作用。SA2 被短接，改变了机床合理的逻辑程序，对设备运行安全和操作者人身安全不利，维修中予以纠正。

5. 排除故障的一般步骤

（1）明确故障现象。先要了解故障发生时的情况，比如询问操作者发生了什么，然后可通过看、闻、摸、听等，检查有无异常情况。在确保安全的前提下，可通电试验，从而明确故障现象。如 6140 车床的主轴电动机不能启动，就是故障现象。

（2）分析、判断故障范围。根据故障现象和设备情况，判断故障发生的大概范围，比如：是不是电气故障？是主电路还是控制电路故障？是电源问题还是负载问题？如 6140 车床的主轴电动机不能启动故障，可先检查控制电路，在确保安全的情况下送电，检查控制主轴电动机的 KM1 是否吸合。

（3）找出故障点。排除故障的过程其实就是分析故障、检测故障和判断故障的过程，用"常用方法"可以缩小故障范围，找出故障点。比如检查控制主轴电动机的 KM1 是否吸合，先分析判断法：①如果 KM1 不吸合，先观察电源指示灯是否亮，若亮，然后检查 KM3 是否能吸合，若能吸合，则说明 KM1 和 KM3 的公共电源部分（1-2-3-4）正常，故障范围在 4-5-6-0 内，可用电阻测量法测量此段，若 KM3 也不能吸合，则要检查 FU2 有没有熔断，热继电器 KH1 和 KH2 是否动作（常闭点是否断开），控制变压器的输出电压是否正常，线路 1-2-3-4 有没有开路；②如 KM1 吸合，则判断故障在主电路上，KM1 吸合，说明 U、V 相正常（若 U、V 相不正常，控制变压器输出就不正常，则 KM1 无法正常吸合），测量 U、W 之间和 V、W 之间有无 380V 电压，没有，可能是 FU 的 W 相熔断或连线开路。找到故障点后，对故障点的处理要合理、可靠，要根除掉故障。

6. 快速排除故障的方法

掌握了车床工作原理，了解了元件位置和线路布局，明确了仪表使用方法和电工安全操作规程，为排除故障做好了充分的准备，但具体查找故障还需具备一定的手段，即：

（1）直接检查法。在清楚明白的知道故障原因或根据以往长期的工作经验，知道经常出现故障频率较高的地方，就可以直接检查所怀疑的故障点。如电源开关跳闸，常见原因就是短路，可在确保停电前提下，先直接取下熔断器检查，如熔丝断了就更换，再分析检查哪儿容易短路，排除短路情况。

（2）分析判断法。它是根据工作原理、动作顺序和关系、结合故障现象进行分析，从而确定故障范围。如2个线路有公共线路，只要有1条线路正常工作，就说明公共线路没有问题。像6140车床线路中主轴电动机和快速移动电动机中公共电源部分。通过分析判断，就能缩小故障范围，减少检查环节，节省了排除故障的时间，提高了排除故障的速度。

（3）电阻测量法。即用万用表的电阻挡，测量线路、触点是否接通或断开，或测量线圈的阻值是否符合标称值。有时也用摇表测量设备相间或相对地的绝缘电阻等。这是一种常用且安全的方法。

（4）电压测量法。即用万用表的电压挡，测量电路中电压值的方法。此法有一定的危险性，一般初学者不建议用此法。比如有时需要测电源电压或测负载的电压，有时要测开路电压。

（5）替换法。当怀疑某个电气元件有问题，可用好的相同元件替换掉怀疑的元件，再进行通电试验，看故障有无排除。如故障排除，说明假设正确。

（6）调整参数法。当线路中电气元件正常，线路接线正常，但电路不能正常工作，可能是某些参数忘了调整或调整不当造成，这时就要根据电路要求调整。如电动机过载保护用的热继电器整定电流值偏小，造成电动机不能正常工作，就需要调整到与电动机额定电流一致或略高于额定电流值。

以上几种方法，可根据现场实际情况灵活使用。

7. 排除故障几点原则

（1）先动脑后动手，能起到事半功倍的作用。培养良好的检测、分析、判断习惯，遇到故障不要盲目地急于动手。

（2）正常情况下，排除故障时先检查电源，电源没问题后再检查线路和负载；先检查共有的电路，没问题再检查各个分支电路；先检查控制回路，没问题后再检查主回路。这样条理、步骤清晰，不容易出错。

（3）测量某一电路时，一般要从电源向负载方向检查，或者从负载向电源方向检查，这样不会遗漏故障点。当练习次数多了，达到一定熟练程度后，可以从中间怀疑地方向一侧检查，进一步缩小故障范围。

1.3　C630车床电气故障诊断与维修

1.3.1　C630车床电气原理及常见故障的维修

1. 电气原理

C630车床的控制电路如图1-3所示，它是带有热继电器保护的单向启动控制电路。

2. 故障诊断与维修

C630车床电气故障诊断与维修见表1-2。

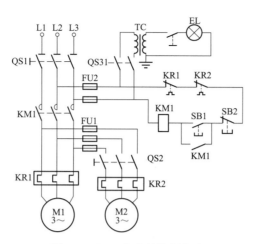

图 1-3 C630 车床的控制电路

表 1-2	C630 车床电气故障诊断与维修
故障现象	故障诊断维修方法
主电动机 M1 不能启动	电源无电压或电源缺相，应检查电源电压
	主电路及电动机接线不良或断线，应检查主电路及电动机接线
	熔断器 FU2 熔器，应查明熔断原因后更换熔体
	接触器 KM1 线圈烧坏，应更换接触器或线圈
	停止按钮 SB1 触点接触不良或接线松脱，应更换按钮或接好连接线
	热继电器 KR1 或 KR2 动作，应检查热继电器动作原因（如过载、机械卡住、启动频繁、环境温度过高等），并予以排除
	电动机 M1 有故障，应检修或更换电动机
主电动机 M1 不能停	接触器 KM1 铁心由于剩磁和污油而黏连。因此应清洁铁心，消除剩磁
	接触器 KM1 主触点熔焊，应检修触点，调整弹簧压力
	接触器 KM1 内有异物卡住，应清除内部杂物
	停止按钮严重受潮被击穿，应更换按钮
主电动机 M1 突然停转	接触器 KM1 的自保触点接触不良，应检查自保触点及接线连接情况
	控制电路某处连接线头接触不良，应检查控制电路的连接线头，并紧固各连接螺钉
	熔断器 FU2 的熔体未拧紧，应拧紧熔体
冷却泵故障	熔断器 FU1 熔断，应查明熔断原因后更换熔体
	热继电器 KH2 动作，应找出动作原因并复位
	冷却泵回路接线头松脱，应检查冷却泵回路接线
	开关 QS2 触点接触不良，应检查或更换开关
	冷却液中混入铁屑、棉花等杂物，使冷却泵过载发热或水嘴水管堵塞引起冷却泵上不水，故应检修冷却泵，不能让杂物进入冷却液中去
	冷却液进入电动机，使绝缘损伤而烧坏，故应更换电动机，并堵塞冷却液进入电动机的通道

故障现象	故障诊断维修方法
熔断器爆裂,电动机有响声、打火、冒烟	线路有短路故障,应找出短路故障处并予以排除
	电动机内部有短路故障,应检修电动机
	线路有接地故障,应找出接地处,并予以排除
对装有制动装置的机床,制动作用减弱	制动电磁铁内有铁屑等杂物进入,应清除杂物
	制动电磁铁短路环振断,应将短路环重新焊好或更换衔铁
	制动器转子磁性消失或动触点反力弹簧调节过松或过紧,应更换制动器转子或进行充磁,正确调节触点的反力弹簧的弹力
主电动机的运转不能自保	当按下按钮 SB1 时,电动机能运转,但放松按钮后电动机即停转,这是由于接触器 KM1 的辅助触点接触不良或位置偏移、卡阻等原因引起的,故应检修或更换接触器辅助触点
	辅助触点的连接线松脱或断裂,也会使电动机不能自保。故应检查触点的接线情况

1.3.2　C630 车床电气维修实例

1. C630 车床改装后的故障及处理

C630 车床改装成经济型数控机床后,配上螺纹脉冲发生器和电动刀架后,能够加工任意锥面、球面、内外圆柱面及各种螺纹,具有效率高、精度好、易调整的优越性和一般卧式机床所不备的特点。但故障一般不易分析判明,维修上存在一定的难度。

(1) 机械部分故障:

1) 调试时,尺寸不稳且无规律。先检查刀具是否有问题,刀体夹持是否牢固,确查无误后再查其他原因。

2) 切削加工时,加工表面有振动痕迹且伴随着刺耳的噪声。这可能是主轴松动,调整螺母,使前轴承内圈在主轴轴颈位置,并调整预紧量,同时相应调整后轴承。

3) 机床长期运行,丝杠导轨磨损不均,有的部位过松,有的部位过紧,有的部位卡滞或振动。解决办法:对导轨进行修整,若丝杠和螺母已经磨损则必须更换。

4) 丝杠正、反向转动不均匀一致。应检查轴承是否松动,或及时更换轴承,以免损坏丝杠。经常擦拭或清洗丝杠,防止切屑进入,用手转动丝杠而不费劲。

5) 加工时重复定位精度差。应检查步进电动机后盖内阻尼器是否松动,调整合适后,再查找与步进电动机连接的连接件是否松动或丝杠是否有轴向窜动。

6) 在空载状态下,减速步进电动机高速区失步。应检查减速齿轮箱有否异常。

7) 长时期切削加工,在步进电动机与主动齿轮接合处,锥销松脱或扭断,出现运行不平稳,有异常声响,造成尺寸偏差过大及换向时丢步。应及时更换锥销,以免长期不平稳运行,损坏电子元件。

8) 机床不遵循所编程序工作,尺寸存在脉冲丢步,引起复位、定位不准,造成加工工件不合格现象。大致有以下原因:刀具与中滑板连接松动;导板与滑板配合处磨损间隙过大;丝杠与减速齿轮箱内从动齿轮连接健配合间隙大。如间隙过大,必须更换新键。

（2）电气部分故障：

1）显示屏幕出现急停信号。应查看电器箱中继电器是否正常，有无缺相现象以及有无继电器超负荷运行现象。

2）主轴停转。在排除机械故障前提下，应根据电路图查看控制继电器接触处是否完好，如查不出原因，则对照线路图查看线路有无断线现象。

3）不规则颤抖，高速运行时声音不清脆，刀架重复定位不准引起尺寸超差。在排除机械故障前提下，看电路板有无电阻烧坏，用万用表测量驱动板处电压是否正常。

4）机床停转后，重新启动，程序丢失。先用万用表测量程序保护电池电压是否正常。如正常，则查电路原理图，测量元器件性能及工作状态下的电位是否异常，再测量 RAM6 双抖处二极管，电阻是否烧坏。若仍查不出原因，可将同型号两台机床电源板互换，查故障是否发生在电源板上。

5）故障原因不明，则考虑可能是由于插接件松动及外界干扰所引起。此时应仔细排除分析查找原因后再修理，不可盲目拆修。

2. C630 车床三相异步电动机两相运转故障的排除

某 C630 车床上三相异步电动机两相运转。经检查，车床上所有的电气设备均良好。进一步检测发现断线处是在车间内配电柜至车床电器盘之间暗敷设钢管的内部。将钢管内部的橡皮绝缘电线（3 根粗线为 BLX-6mm^2，1 根中性线为 BLX-4mm^2）抽出时，发现电线外表均是湿的，已形成水滴。其中 1 根相线线芯已断开，只是靠绝缘层连着。

电线外表怎么会有水呢？从地下挖出钢管后，发现埋于地下约 50cm 深处的钢管未做防腐处理，钢管上出现一些小孔。因此，土壤中的水分可渗入到管子里，致使管内积水。电线在水中长期浸泡，橡胶绝缘层加速老化，线芯也受到侵蚀。另外，由于电流大，又加速线心发热和脆化，乃至造成断线故障。

钢管布线方式是较常见的敷设形式。安装时，应按规程要求做防腐处理，尽量不采用有焊缝的焊接钢管，而应选用电线管或硬塑管。在潮湿场所，管内穿线尽量采用塑料绝缘线，以免留下隐患。

1.4 其他车床电气故障诊断与维修

1.4.1 C1312 单轴六角车床电气故障诊断与维修

1. 电气原理

C1312 单轴六角车床电气原理图如图 1-4 所示。

2. 故障诊断与维修

C1312 单轴六角车床电气故障诊断与维修见表 1-3。

1.4.2 C2132.6D、C2150.6D 六轴自动车床电气故障诊断与维修

1. 电气原理

C2132.6D、C2150.6D 六轴自动车床电气原理如图 1-5 所示。

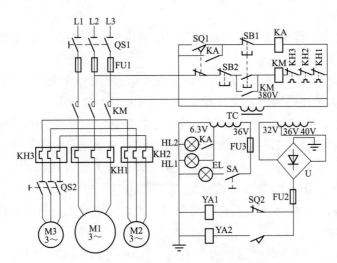

图 1-4 C1312 单轴六角车床电气原理图

表 1-3	C1312 单轴六角车床电气故障诊断与维修
故障现象	故障诊断维修方法
机床没有自动变速	电磁铁烧坏。应更换电磁铁，但装配后要检查电磁离合器润滑冷却情况，保持对电磁离合器的良好冷却状态，使其温升低于额定值
	电磁铁吸合不牢。应提高整流桥 U 的输入电压加以补偿来解决，或更换整流器
	整流器 U 损坏。应更换整流器，为电磁铁提供正常直流电压
	变压器 TC 烧坏。应更换变压器，若重绕变压器绕组时，按整流器电压补偿要求，进行二次绕组的适当抽头（抽头电压为 32、36、40V），排除负载短路后重新安装
	电气元件故障或电源开路、短路。应检查电气有关元件，对产生的故障逐一进行排除
	变速箱油中有杂质，被夹在摩擦片之间或卡住电磁铁使电磁铁吸不牢或吸不上，故应清洗变速箱，清洁润滑油
三台电动机都不能启动	只要有一台电动机过载，相对应的热继电器就动作，使控制线路不通。应查明过载原因后，并使热继电器复位
	接触器线圈损坏或主触点接触不良。应检修线圈或修整触点，使其接触良好
	控制按钮或行程开关 SQ1 触点接触不良。应检修或更换按钮或行程开关
	控制线路接触不良，使接触器不能吸合，应检查控制线路
	熔断器 FU1 熔断，应更换熔体
	电源无电压，应检查电源电压

2. 故障诊断与维修

C2132.6D、C2150.6D 六轴自动车床电气故障诊断与维修见表 1-4。

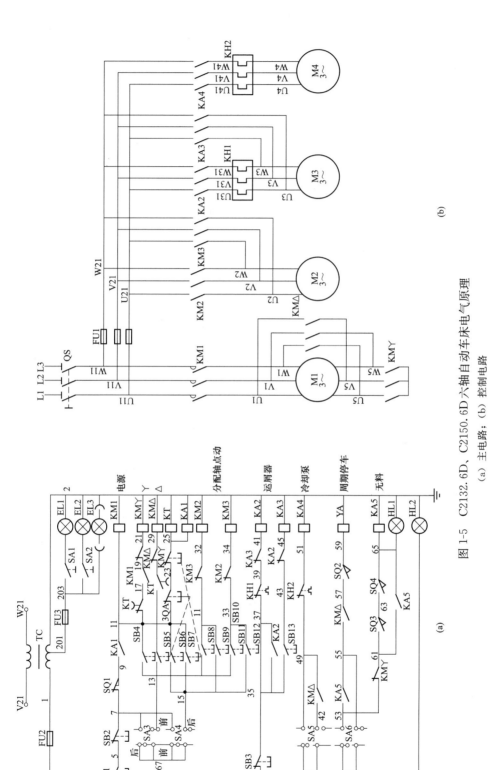

图 1-5 C2132.6D、C2150.6D六轴自动车床电气原理

(a) 主电路；(b) 控制电路

表 1-4 　　　　　　C2132.6D、C2150.6D 六轴自动车床电气故障诊断与维修

故障现象	故障诊断维修方法
电动机不能启动	电源缺相，应检查三相电源供电情况
	热继电器触点脱开，应找出动作原因后，再进行复位
	各电动机相应的接触器未动作，应检查接触器的控制回路
	控制电压过低，应测量线路电压并进行调整
	控制按钮失灵，应更换按钮
主令开关前后转换不灵	主令开关 SA1、SA2 失灵，应更换开关
	前后转换开关连接线断线，应检查线路，以免断线或错误
无周期自动停车	主令开关 SA4 调节在无料停车位置，应将主令开关调节在周期停车位置上
	行程开关 SQ2 失灵，应修复或更换行程开关
	电磁铁 YA 线圈断线，应检查电磁铁线圈及接线，或更换电磁铁
	分配轴鼓轮挡铁安装位置不当，使行程开关 SQ2 不能动作，故应调整鼓轮挡铁位置，使它与行程开关能接触良好
无料停车失灵	主令开关 SA4 调节在周期停车位置上，应将主令开关调节在无料停车位置上
	限位开关 SQ3、SQ4 失灵，应检修或更换行程开关
	继电器 KA1 不能动作，应检查线路有无断线，或更换继电器
	行程开关 SQ1 失灵，应检修或更换行程开关
	电磁铁 YA 线圈断线，应检查电磁铁线圈及接线，或更换电磁铁
	拉料杆断裂，使行程开关 SQ3 不能动作，故应更换拉料杆，或调整螺钉，使其与行程开关 SQ3 接触良好

1.4.3　车床电气故障检修方法

1. 掌握第一手资料

当一台车床发生电气系统故障后，检修人员首先要向车床操作人员详细了解车床电气故障发生的全过程，询问故障发生前的征兆，故障发生时的现象，或出现故障时的异常声音、气味、火花及有否出现特殊现象，如操作人员的操作习惯、方法、步骤等询问得越详细对查找故障的帮助就越大，为迅速排除故障起到导向的作用。

例如，一台车床在使用中突然出现当正常进刀量进行加工工件时转速偏低而不能加工工件现象；能空载启动，但不能加载工作。

检修时对车床电动机的电源电路、控制线路进行全面检查并对电气各接点线头给予加固再用仪表测量未发现问题，试电运行正常，再按正常进刀量进行工件加工、正常但不久老毛病又重新出现，多次发生，始终找不出故障的原因。

后来还是详细询问操作人员，他说此故障时不时发生而近期更频繁，根据这个线索对控制线路测试确定，问题不在控制线路上，万用表检查电动机三绕组电阻基本正常、绝缘电阻表测量绝缘亦正常，最后给电动机通入 $10\% \sim 30\%$ 的额定电压后，转动转子，同时测量定子绕组电流，发现随着转子位置的不同而定子电流有增大的现象，最后拆开电动机发现是转子绕组断裂，此故障断裂部位靠近铁心边缘。

由于电动机启动时的振动转子断裂部位出现时分时合，如果不是详细询问，要找出这种故障恐怕需更长时间。

2. 故障原因的分析

根据所问到的情况，认真查看设备的外形、颜色有无异常，熔丝（保险）有无熔断，电气回路有无烧伤、烧焦、开路、短路，机械部分有无损坏以及开关、刀闸、按钮、插接线所处位置是否正确，更改过的接线有无错误，更换过的零件是否相符等。

另外，还应注意信号显示和表计指示等对于已退出使用或确认如果接通电源不会引起事故的电气设备，必要时还可通电试验一下，问到的情况因为操作人员或用户有时讲得不全面，而且一般只能谈表面现象而不了解内部电器动作的情况，通过查看电器动作的情况，有时可以很快地找出故障所在。

例如，一台车床电动机通电后不能运转，操作者说按下按钮时听到电动机有振动声而车床不动。根据所述情况可以判定：①电源有电，电动机也有电，电动机不能转动原因一是断相，二是负荷重；②因为操作者已通电未出事故，所以通电做短暂试验也不致发生事故，就可以通电试验来核实所反映的情况车床是空载（对电动机而言是轻载）启动，因机械故障不能启动的可能性极少，最可能的原因是电动机或电源断了一相。应首先查看一下熔丝是否熔断；如完好，查一下控制电动机的接触器进线是否三相有电，如有，然后通电核实所述情况。

3. 读懂图纸、查阅资料

理论是实践的基础，查找电气故障时，若没有正确的理论做指导，就会变成盲目的行动，必须认真查阅与产生故障有关的电气原理图（也称展开图，简称原理图）和安装接线图（简称接线图）。看这两种图时，应先看电气原理图，然后再看接线图，以理论指导实践。熟悉有关电气原理图和接线图后，根据故障现象依据图纸仔细分析故障可能产生的原因和地力，然后逐一检查，否则盲目动手拆换元器件，往往欲速则不达，甚至故障没查到，慌乱中又导致新的故障发生。

电气原理图是按国家统一规定的图形符号和文字符号绘制的表示电气工作原理的电路图，每个图形和文字符号表示一种特定意义的电器元件，线段表示连接导线，是电气技术领域必不可少的工程语言。因此要看懂电气原理图，就必须认识和熟悉这些图形符号和文字符号，以及它们各自所代表的电气设备，还要弄清这些电气设备的构造、性能和它们在电路中所起的作用，更重要的是必须掌握有关的电工知识，只有这样才能真正识别电路图、阅读电路图、应用电路图。

通过多次实践，达到见图即知物的熟练水平电气原理图由主电路（一次回路）和辅助电路（二次回路）两部分组成。主电路是电源向负载输送电能的电路，辅助电路是对主电路进行控制保护、监测、计量的电路。通过看图、读图，分析有关元件的工作情况及其对主电路的控制关系。电气原理图以介绍电气原理为主，主要用来分析电路的开闭、启动、保护、控制和信号指示等动作过程，所以在画法上考虑设备和元件的实际位置及结构情况，只表示配电线路的接法，并反映电路的几何尺寸和元件的实际形状而安装。接线图却相反，它是按电气元件的线圈、触点、接线端子等实际排列情况绘制的，除了表示电路的实际接法外，还要画出有关部分的装置与结构在安装现场校线、查线时看安装接线图就非常直观电气原理图是安装接线图的依据。看懂熟悉有关故障设备的电气原理图后，分析一下已经出现的故障在控制线路中的哪一部分、与哪些电气元件有关，产生了什么毛病才会有所述的现象，接着再决定分析检查哪些地方，逐步查下去就能找出故障所在。

4. 状态分析法

这是一种发生故障时，根据电气装置所处的工作状态进行分析的方法。

电气装置的运行过程总可以分解成若干个连续的阶段，这些阶段也可称为状态，如电动机工作过程可以分解成启动、运转、正转、反转、高速、低速、制动、停止等工作状态，而控制电路的工作过程可以分解成各种触头分断和闭合工作状态。电气故障总是发生于某一状态，而在这一状态中，各种元件又处于什么状态，这正是分析故障的重要依据。例如，电动机启动时，哪些元件工作，哪些触头闭合等，因而查找电动机启动故障时只需注意这些元件的工作状态。

1.5 车床电动机故障维修

电动机是车床与其他金属切削机床电气系统的执行机构，它将电能转换为旋转运动，推动相关机构实现机械加工。

1.5.1 电动机的分类和结构

旋转电动机分为同步电动机（发电机和电动机）、直流电动机（发电机和电动机）和异步电动机几种。异步电动机是交流旋转电动机的一种，它具有结构简单、制造容易、成本低廉、运输可靠、维护方便、效率较高等特点，在机床中得到广泛应用。

1. 异步电动机分类

异步电动机的种类很多，从不同的角度有不同的分类法。

按定子相数分：单相异步电动机；两相异步电动机；三相异步电动机。

按转子结构分：绕线转子异步电动机；笼型异步电动机。

也可按电动机定子绕组上所加电压的大小分为低压异步电动机和高压异步电动机。

2. 三相异步电动机的结构

图 1-6 所示是一台三相笼型异步电动机的结构图，它主要由定子和转子两部分组成，定、转子中间是空气隙。此外，还有端盖、轴承、机座、风扇等部件。

（1）定子部分。异步电动机的定子由定子铁心、定子绕组和机座三个部分组成。定子铁心是电动机磁路的一部分，旋转磁场对定子铁心以同步速度旋转，故对铁心而言是交变磁通，为了减少铁心损耗，定子铁心一般由 0.5mm 厚的导磁性能较好的硅钢片叠压而成，功率较大的还在硅钢片（也称为冲片）的两面涂上绝缘漆。沿着定子铁心内圆侧均匀地冲有许多形状相同的槽，用于嵌放定子绕组。图 1-7 为定子铁心及硅钢片。定子绕组为电动机的电路部分，它嵌放在定于铁心的内圆槽内，中、小型异步电动机定子绕组采用高强度漆包线绕制，对称均匀地嵌放在定子铁心槽内，每相之间形成 120°电角度。三个绕组的首端用 U1、V1、W1 表示，末端用 U2、V2、W2 表示，三相共有六个出线端固定在接线盒内，定子绕组可以接成星形（Y）或三角形（△）。

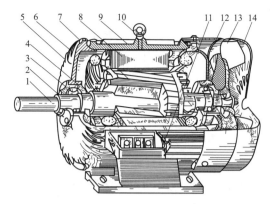

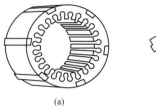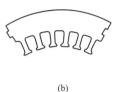

（a）　　　　　　　　　（b）

图 1-6　三相笼型异步电动机的结构图

图 1-7　定子铁心及硅钢片

（a）铁心；（b）硅钢片

1—轴；2—轴承盖；3—轴承；4—轴承盖；5—端盖；

6—定子绕组；7—转子；8—定子铁心；9—机座；10—吊环；

11—出线盒；12—端盖；13—风扇；14—风罩

电动机一般用铸铁机座，大型电动机利用钢板焊接而成，用来保证机座的机械强度。

（2）转子部分。转子主要由转子铁心、转子绕组、转轴和风扇等部分组成。

转子的铁心也是电动机磁路的一部分，由外圆周上冲有均匀的槽形，用 0.5mm 厚的硅钢片叠压而成，并固定在转轴上。

转子绕组构成转子电路放置在转子铁心的槽中，按转子绕组结构的不同，异步电动机可分为笼型异步电动机和绕线转子异步电动机两种。

笼型转子绕组是在转子的槽中放置一根根导条，导条的两端用短路环短接起来，形成一个自身闭合的多相短路绕组，如去掉铁心，转子绕组就好像是一只鼠笼，故称为笼型转子，如图 1-8 所示。导条与端环的材料可用铜或铝。一般中、小型电动机采用铸铝转子，是用熔化的铝液直接浇铸在转子铁心槽内，连同端环及风叶一次铸成。

绕线型转子的绕组与定子绕组相似，是由绝缘导线绕制而成，按一定规律嵌放在转子槽中，组成三相对称绕组，通常其三相绕组的末端连在一起，接成星形，三个绕组的首端分别与固定在转轴上的三个互相绝缘的集电环相接，再经一套电刷引出来与外电路相连。图 1-9 所示为绕线型转子绕组接线方式，这样就可以把外接电阻串联到转子绕组回路中。串电阻的目的是改善电动机的启动性能、调速性能。转轴用强度和刚度较高的低碳钢制成。

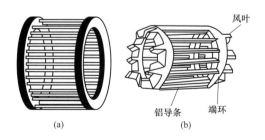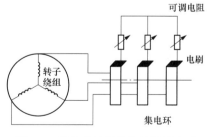

图 1-8　笼型转子绕组结构示意图

图 1-9　绕线型转子绕组的接线方式

（a）铜条笼型绕组；（b）铸铝笼型绕组

异步电动机的附件还有端盖，装在机座两侧，中心装有轴承，用以支撑转子旋转。

（3）气隙。异步电动机的气隙是均匀的，一般以机械条件所能允许达到的最小值为衡量标准。因为气隙大，要求的励磁电流也就大了，从而影响电网功率因数。为了提高功率因数应尽量让气隙小些，但也不应太小，否则在高速运转时定转子有可能发生摩擦或碰撞，中、小电动机的气隙一般为 0.2～2.5mm。

1.5.2 电动机故障诊断与排除

1. 异步电动机不能启动

电动机接通电源后不能启动，一般是由于被拖动机械卡住，启动设备故障和电动机本体故障等几方面原因，应首先检查确定是哪方面的原因造成的。

（1）电动机出现不能启动时，可用万用表或试电笔测量送电后电动机接线柱的三相电压。

（2）如果三相电压不平衡或断相，说明故障发生在启动设备上；若三相电压平衡，而电动机转速较慢并有异常响声，可能是负载过重、拖动机械卡住，应断开电源用手盘动电动机转轴。若转动灵活并均衡转动，说明负荷过重；若转动不灵活均衡，说明是机械卡阻所致。

（3）如果三相电压正常而电动机不转，可能是电动机本体故障或机械卡阻严重。此时应使电动机与拖动机械脱开（拆除联轴器连接螺栓或带轮上的传动带等），分别盘动电动机和拖动机械的转轴，单独启动电动机，即可确定故障属于哪一方面，再进一步查找故障点，并做相应处理。

1）当拖动机械卡住时，应配合机械维修人员拆开检查拖动机械，排除故障，使其转动灵活。

2）当启动设备故障时，一般要检查开关、接触器各触头及接线柱的接触情况；检查热继电器过载保护触头的闭合情况和工作电流的调整值是否合适；检查熔断器熔体的通断情况，对熔断器熔体熔断的原因分析后，根据电动机启动状态的要求重新选择熔体；若启动设备内部接线错误，应按照原理图改正接线。

3）当电动机本体故障时，应检查定子绕组有无接地，轴承有无损坏。如果是绕组接地或局部匝间短路时，电动机虽然能启动，但会引起熔体熔断而停止转动，短路严重时电动机绕组很快就会冒烟。

（4）如果电动机的绕组断路，应进一步找出断开点，并重新连接好。检查绕组有无断路，可用绝缘电阻表、万用表或试灯法进行试验。

（5）用绝缘电阻表检查绕组对地绝缘电阻，如果绕组接地，绝缘电阻表指示为零，应找出接地点进行修复。

（6）用短路侦察器检查定子绕组，若有短路故障，若干匝绕组烧毁，一般应重新绕制绕组。

（7）由于轴承损坏而造成电动机转轴窜位、下沉、转子与定子摩擦甚至卡死时，应更换轴承。

（8）经过重新绕制绕组的电动机，如果内部绕组首尾接错，应检查判定三相绕组的首尾，并进行正确的连接。

（9）如果电动机无响声又不转动，一般是电源未接通，应用万用表检查电动机出线端子处的电压。若无电压或只有一相有电，说明是电动机电源未接通，此时可用电压表由电动机端起向外逐级检查，找出故障并排除即可；若电压已送到电动机出线端子上，且三相基本平衡，但电动机还是无响声又不转动，说明电动机内部断线，最大可能是中性点未接上或引出线折断。按绕组短路的检查方法找出断路点，修复即可。

（10）电动机接通电源后，发出"嗡嗡"声但不转，大多属于熔断器熔体熔断使电动机断相，应立即断电进行检查，找出原因后，更换熔体。

（11）电源电压过低，或△连接运行的电动机误接成Y联结，且是带负载启动，应检查电源电压及电动机接线情况。

2. 电动机通电后断路器立即分断或熔断器熔体很快熔断

如果电动机连续出现刚一合闸，熔体就熔断，应做以下检查。

（1）熔体选择过小。首先检查熔体的额定电流是否与电动机容量相匹配，一般熔体的额定电流计算式为，熔体的额定电流＝电动机起动电流/(2～2.5)。

（2）断路器的过电流脱扣器的瞬时整定值太小，一般调整瞬时整定值即可。

（3）若Y联结电动机误接成△联结，电动机虽然转动但声音不太正常，熔体很快就熔断。

（4）定子绕组接地。可用绝缘电阻表、万用表或试灯法检查各相定子绕组对地绝缘电阻。若绝缘损坏，绝缘电阻表、万用表的指示为零，串联灯泡亮，应进一步找出接地点。找出接地点后，在接地点垫上绝缘纸，涂上绝缘漆，并通电试验。

（5）定子绕组相间短路。用绝缘电阻表测量定子绕组各相间的绝缘电阻，若绝缘电阻表指针为零，应进一步查出短路点，并排除故障。

（6）定子绕组接反，应检查定子三相绕组的首尾与规定的接线顺序是否一致，如果相反，应予以改正。

（7）电动机在重负荷下启动，而启动方法又不合适，使启动时间过长或不能启动，应根据电源容量、电动机容量及启动时的负载情况，重新选择启动方法，这种情况只发生在电动机新安装后第一次试运行。

（8）电动机电源接线松脱，造成单相启动，开关和电动机之间的连线短接，机械部分卡住，也会造成熔体熔断。

3. 异步电动机启动后转速低于额定转速

笼型异步电动机启动后转速低于额定转速，一般是由于被拖动机械轻微卡住、电动机接线错误、笼型转子导条断裂或开焊等造成的，应根据故障情况，做相应的处理。

（1）电动机被拖动机械轻微卡住，使转轴不能灵活转动。电动机勉强拖动负载而引起转速下降。应配合机械维修人员进行拆开检查、调整和修复，使转轴能灵活转动；如果经检查是因为接线错误（如误将△接成Y），应按电动机铭牌所标联结方法正确接线。

（2）笼型转子导条断裂或开焊，一般是由于启动频繁和重负荷启动造成的。因为启动时转子要承受很高的热应力和机械离心力作用，当电动机所带负载的冲击性和振动较大时，笼型导条和端环在运行中受到较严重的振动和机械冲击，以致因疲劳而断条或开焊。

（3）对于铝导条断裂可先将断裂处扩大，然后加热到45℃左右，用锡（63％）、锌（4％）、铝（33％）混合成的焊料补焊。对于铜导条断裂时，应先将断裂处用刮刀或锉刀清除干净，然后用磷铜焊条和氧气焊进行焊接。笼型转子修理后必须进行静、动平衡的校验。

4. 电动机带负载不能启动或加上负荷转速急剧下降

电动机空载运行转速基本正常，而加上负载转速就急剧下降。若带负载启动，就启动不起来，这主要是转矩不足造成的，可进行以下检查：

(1) 电压过低。可用万用表测量电源电压，如果发现电源电压过低，应及时调整电源电压。

(2) 电动机负载过大。当空载时电压基本正常，加负载后电压急剧下降，说明电动机负载过大，应设法减轻负载。

(3) 压降过大。带负载启动时，若测得的电源母线电压正常，而在电动机出线端电压过低，说明电动机支路压降过大，应更换截面积较大导线，且尽可能减小电动机与电源间的距离。

(4) 接线错误。如将定子绕组的△联结误接成Y联结。

(5) 笼型转子断条。可用短路侦察器进行检查，或在轻载运行一段时间后，根据转子的发热情况来判断。

5. 电动机空载电流偏大或偏小

(1) 空载电流偏大。电动机的空载电流一般为额定电流的 20%～50%，若空载电流偏大，应进行以下检查。

1) 定子绕组的相电压是否过高。可用交流电压表测量电源电压，若经常超出电网额定电压 5%，应调整电源电压，并检查是否将Y联结错接成△联结。

2) 电动机的气隙是否过大。可用内、外卡尺测量定子内径和转子外径。

3) 绕组内部接线是否错误。如将并联线圈串联，应予以改正。

4) 定子绕组线径是否过小。绕制定子绕组线圈时，常常误选线径过小的导线，应重新计算线径并更换绕组线圈。

5) 定、转子铁心是否不整齐，可拆开电动机的端盖进行观察，如发现不整齐，应进行调整。

6) 装配质量是否不合格、轴承润滑是否不良，这样将增加电动机本身的机械损耗，增大空载电流，应重新按要求装配，并清洗轴承添加润滑脂。

7) 重新绕制定子绕组线圈时，匝数不足或内部极性接错，应重新绕制定子绕组线圈并核对极性。

8) 铁心质量过轻，铁心材料不合格。

9) 绕组内部短路、断路或接地，应找出故障点并进行排除或绝缘处理。

(2) 空载电流偏小。若电动机的空载电流小于 20% 额定电流，说明电动机的空载电流偏小。对于修复后的电动机可能是以下原因引起的：

1) 定子绕组的线径太小。应选用与绕组线径设计值相同的电磁线。

2) 接线错误。将△联结错接成Y联结，应改接线。

3) 定子绕组内部接线错误。如将两个并联绕组错接成串联，使每相绕组的匝数增加 1 倍，造成空载电流下降到原来的 1/6～1/4，同时输出功率也减少 1/2。

6. 电动机运行时三相电流不平衡

电动机启动后，测量三相空载电流，若某一相电流与三相电流平均值的差大于平均值的

10%，即可认为三相空载电流不平衡。这时，应首先检查电动机三相电源电压是否平衡，若电源电压是平衡的，则故障在电动机内部，应进行以下检查：

各相定子绕组首尾或定子绕组中部分线接反，应进行纠正；电动机各相定子绕组线圈匝数相差较大，用双臂电桥测量各相绕组电流电阻，若电阻值相差较大，说明绕组匝数有误，应进行重绕；定子绕组线圈匝间短路或接地，应找出故障点，并予以排除；多路并联定子绕组有个别支路断线，应找出断线处，重新焊接，做好绝缘包扎。

定子引出线极性接错，应纠正接线。

7. 三相异步电动机不能反转

装有反向开关的异步电动机，有时将开关扳向"反转"位置，电动机旋转方向仍不改变，应检查电动机是否断相，特别是空载或轻载电动机，断相运行与正常运行很难区分。

由于电动机的换相开关是通过改变电源相序，以改变旋转磁场方向而使电动机反转的。若运行中的电动机某相的熔体熔断，使电动机变为单相电动机，这时即使改变了电源相序，但旋转磁场仍然不能改变，因此电动机也就不能反转了。

8. 电动机温升过高

电动机运行时温升过高，不仅使用寿命缩短，严重时还会造成火灾。如发现电动机温升过高，应立即停机处理。温升过高原因如下。

（1）负载过大。若拖动机械传动带太紧和转轴运转不灵活，可造成电动机长期过负载运行。这时应会同机械维修人员适当放松传动带，拆开检查机械设备，使转轴灵活，并设法调整负荷，使电动机保持在额定负荷下运行。

（2）工作环境恶劣。如电动机在阳光下暴晒，环境温度超过40℃，或通风不畅的环境条件下运行，将会引起电动机温升过高。可搭简易凉棚遮荫或用鼓风机、风扇吹风，用以清除电动机本身风道的油污及灰尘，以改善冷却条件。电源电压过高或过低。电动机在电源电压变动−5%～+10%范围内运行，可保持额定容量不变。若电源电压超过额定电压10%，会引起铁心磁通密度急剧增加，使铁损增大而导致电动机过热。具体检查方法是可用交流电压表测量母线电压或电动机的端电压，若是电网电压原因，应向供电部门反映解决；若是电路压降过大，应更换较大截面积的导线和缩短电动机与电源的距离。

（3）电源断相。若电源断相，使电动机单相运行，短时间就会造成电动机的绕组急剧发热烧毁。故应先检查电动机的熔断器和开关状况，然后用万用表测量前部线路。

（4）笼型转子导条断裂、开焊或转子导条截面积太小，使损耗增加而发热，可在停机后测试转子温度，查找故障原因并予以排除。

（5）电动机启动频繁或正反转次数过多，应限制启动次数，正确选用过热保护或更换适合设备要求的电动机。

（6）三相电压严重不平衡，应检查定子绕组相间或匝间是否短路，以及定子绕组接地情况。

（7）轴承润滑不良或卡住，应检查轴承室温度是否高于其他部位；检查润滑脂是否太少或干涸。

（8）通风系统发生故障，是因为风路堵塞或散热片积灰太多，油垢太厚而影响通风散热。

（9）转子与定子铁心相摩擦，发生连续的金属撞击，易引起局部温升过高。用抽心检查，找出故障原因进行排除。

（10）采取轴流式风扇的电动机，若风扇旋转方向反了，也会造成电动机过热。

（11）传动装置发生故障（摩擦或卡涩现象），引起电动机过电流发热，甚至使电动机卡住不转，造成电动机温度急剧上升，绕组很快被烧坏。

（12）重绕的电动机由于绕组参数变化，将会造成电动机在试运行时发热，可测量电动机的三相空载电流，若大于额定值，说明匝数不足，应增加匝数。

（13）外部接线错误，△联结的电动机误接成Y联结。虽然可以启动并带负载运行，但负荷稍大电流会超过额定电流引起发热；若Y联结电动机误接成△联结，空载时即可超过额定电流而无法运行。

9. 带负载运行时电流表指针不稳

电流表指针不稳的原因有：

（1）电源电压不稳，同一电源线上有频繁启动或正、反转的电动机。

（2）笼型转子开焊或断条。

10. 绝缘不良

长期运行、长期搁置或处于备用状态的电动机，若绝缘电阻不符合要求，或绝缘电阻等于零，说明电动机的绝缘不良。其原因如下。

（1）环境潮湿、水滴落入电动机内部，或室外通风冷空气侵入电动机，使绝缘材料受潮，绝缘电阻降低。

（2）电动机长期过负载运行发出热量大，散热不良，造成绝缘材料老化。

（3）绕组上积尘或轴承严重漏油，绕组上油污沾尘，使绝缘电阻降低。

（4）接线板炭化或击穿。

（5）绝缘材料受机械损伤或化学腐蚀，导致绕组接地。

（6）对绝缘不良的电动机，应先进行清扫，然后检查绝缘材料是否损伤。如无损伤应进行干燥处理，并测量绝缘电阻。如果仍然偏低，应用试验方法找出故障点，并进行修复。

11. 电动机长期低压运行

电压过高或过低，都会引起电动机过热，通常要求电动机的电压波动不超过10%。若电动机低压运行，转速和定子绕组的阻抗均下降，由于电压降低的幅度比阻抗降低的幅度小，电动机电流增大。一般电压越低，电流越大，温升越高，对电动机的危害就越大。

若电动机长期处于低电压条件下运行，应采取有效措施，以降低危害程度。当电压下降10%时，应降低电动机输出功率的15%，而降低输出功率的方法应随电动机所传动的设备的工作情况来决定。如粉碎机可减小加料量，水泵可用放松传动带等方法减小电动机的输出功率，使电动机的工作电流不超过额定电流。

若电动机的运行电压长期处于340V左右，应换上功率比所传动机械的功率大20%的电动机，或提高电源电压，缩短电动机与电源的距离，或增大导线截面积。

12. 电动机冒烟

电动机冒烟现象，有三种情况：

（1）电动机通电后，有烟冒出，但不浓，且过了一会儿就不冒烟了，这种情况，是由于电动机内有些潮气，在通电发热后引起冒烟，这种情况不属于故障，在冒烟停止后，就可继续运行。

（2）电动机在运行中冒烟，比较严重，这时应立即停止运行，打开轴伸端端盖，可以看到电动机端部已经变色，但比较均匀，这是由于电动机过载引起的，此时运行电流超过额定电流，如果绕组端部颜色变深，若不很严重，经过绝缘处理，如浸一次漆，电动机还可以继续使用。

（3）电动机在运行中冒烟，发展很快，烟冒得越来越浓，这时应立即停止运行，打开电动机的一端端盖，可以看到有一组绕组完全烧焦，这是由于匝间短路，将绕组烧毁。这种故障比较严重，修理时一定要重新绕制电动机绕组。只有在中、大型电动机，采用硬绕组时，对电动机绕组加热，将烧毁线圈取出，更换新线圈，后者属于局部修理。而对于小型电动机一般是更换整台电动机的线圈。

13. 电动机运转时振动大

电动机振动的原因比较多，往往和噪声一样，有时比较难分析，有机械的原因，也有电磁的原因，但振动严重的电动机，不但影响传动机械的精度，甚至根本就不能使用。

造成电动机振动的原因如下：轴承磨损；气隙不均匀；转子动平衡不好；机座机械强度差，安装有问题；风扇不平衡；绕线转子的线圈短路，笼型转子笼条断裂；定子绕组有问题，如短路、断路、接地、接线错误等；转轴弯曲、铁心变形。

14. 电动机发生"崩烧"事故

（1）电动机长期过负载运行，电流过大，使绕组过热而发生崩烧。其预防措施是应严禁电动机长期过负荷运行，并加强过负荷保护，经常监视电动机的电压、电流不得过高。

（2）电压过高、电流过大，使铁心内的磁通增加，损耗增大而发热；电压过低，使负荷较大的电动机过热。解决办法是调整电源电压，使电压在允许范围内。

（3）电动机单相运行，三相电源有一相断线，使电动机两相绕组过热而崩烧。一旦发现三相电动机单相运行，应立即切断故障电动机电源，并找出原因，予以排除。

（4）对于丫联结的电动机，在电源断相运行时，若中性点接地，从相量图上可以看出，零点锁死，为两相运行；若中性点不接地，零点漂移，两相相量呈一直线，则为单相运行。无论是两相运行还是单相运行，电动机电流都会大大增加。

（5）电动机转子与绕组发生摩擦，使绕组绝缘材料损伤，造成电动机短路崩烧。预防办法是应经常检查电动机的绕组绝缘情况，有无短路现象；若发现电动机绕组受潮，需进行烘干处理。

（6）接线错误。电动机的接线出现差错，使一相绕组的相位反接，造成电动机崩烧。解决办法是在电动机投入使用前，认真检查接线情况，只有接线正常，电动机才能投入运行。

（7）电动机启动频繁，使电动机发热崩烧，应限制电动机的启动次数。

（8）电动机通风不良，散热困难或传动的机械卡涩，运转不灵活，摩擦阻力太大，造成电动机温升过高而崩烧。预防办法是应在日常维护中注意电动机有无异常响声，通风是否良好，有无机械摩擦，轴承是否发热。

（9）遇到绕组绝缘材料损坏而发生短路，使电动机发热而崩烧，应经常检查绕组的绝缘性能是否良好，防止发生短路现象。

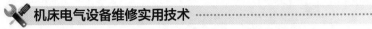

15. 三相电动机单相运行或两相运行

三相电动机在电压一相断路或定子绕组一相断线下运行，一般是由于一相熔断器熔断或接触不良，断路器、隔离开关、导线中的一相接触松动。电动机定子绕组中一相断线等，都可能造成电动机单相运行或两相运行。若是星形联结的电动机，又若中性点接地，当断相后，则为两相运行；若是中性点不接地，断相后，则零点会漂移，从相量图上可以看出，即单相运转。据统计三相异步电动机的绕组烧坏，绝大多数是由于断相运行引起的，而一半以上又是由于熔断器熔断而造成的。三相电动机单相运行或两相运行，如果负荷未变，即两相绕组承担原来三相绕组担负的工作，此时这两相绕组中的电流必定增大，造成电流表指示值上升或为零（如果正好安装电流表的一相断线，则电流表指示为零），并使电动机本体温度升高、振动加大和声音异常。

一旦发现三相电动机单相运行或两相运行，应立即切断故障电动机的电源，并查明原因，排除故障，让电动机正常运行。

16. 电动机转子不平衡

电动机经检修后，转子往往不平衡，若不对转子进行校验就组装，会使电动机在运行时产生噪声大、转动不平衡、轴承损坏等现象。对于曾拆开修理或更换过转子铁心、绕组、轴等部件的电动机，组装前应对转子进行平衡校验。

在条件不具备时对于一般小型电动机，仅做转子的静态平衡校验，通常是采用加减配重的方法使转子达到平衡，即在较轻的一面适当加配重或在较重的一面适当减少配重，以调整不平衡量。增加配重的方法包括加铆钉或螺钉，加平衡圈、焊补金属等，但要注意掌握配重质量和配重物的牢固可靠。减少配重的方法一般是钻浅孔或铣去一些不影响转子强度的材料。转子加减配重后，都需要重新校验平衡，反复调整，直到转子平衡为止。有条件时，应做动平衡校验。

17. 电动机转轴出现裂纹、断裂或弯曲

若转轴横向的裂纹不超过轴径的 15%，纵向裂纹不超过轴长的 10%，可用补焊法进行修补，车平后仍可继续使用。

若转轴裂纹达到一定程度或轴断裂，影响电动机安全运行，应更换新轴。

转轴弯曲会使轴承受到外加压力，严重的弯曲还会产生扫膛现象，甚至使电动机转子不能在定子内腔中转动。处理方法是将轴卡装在车床上，用千分表进行检查；如果轴的弯曲度每米不超过 0.1mm，且全长的弯曲度不超过 0.2mm，一般不需要矫正；如果弯曲度较大，应采用校正用压力机加压的方法解决，或在弯曲部位的表面均匀堆焊后，在车床上将其加工到原来的尺寸；如果弯曲度很大，应更换转轴。

18. 电动机的轴颈和轴承磨损

由于电动机在长期缺油的情况下运行，滚珠与轴承内、外圈的摩擦力增大，造成轴承外围随着电动机转轴转动，摩擦轴承室，使轴承室与轴承外围的间隙增大；整个轴承不动，而轴承内圈与电动机转轴相对滑动，使轴承内圈与轴颈的配合不紧。

若不及时排除上述故障，可能使定、转子铁心相摩擦，将会进一步导致铁心发热，严重时会造成绕组短路，烧坏电动机绕组。

排除故障时，可在轴承磨损部位予以堆焊后，磨削加工到所需尺寸，也可在磨损部位镀一层铬，再磨削到所需尺寸。若磨损严重，应将轴颈车小后用热套套上个套筒，再加工到所需的配合尺寸。

19. 电动机轴承过紧或过松

若轴承与轴或端盖与轴承外径配合过紧，装配时强力压装或将轴承盖装偏，都会使轴承受到外力作用，造成轴承由于过紧而发热，从而影响电动机的正常运行。应根据公差大小用砂纸磨轴或将轴置于外圆磨床上进行磨削，若装配不当而引起过紧，应重新装配；若润滑脂的强度太高而引起卡涩，应更换润滑脂。

电动机在运行中，由于机械部分的振动，或电动机在检修中经过多次的拆、装，轴承最容易松动。这样会造成轴承滚动磨损，轴承外圈与端盖配合不紧，出现外钢圈与轴承座相对运动，即"跑外套"。由于以上故障，轴承位置不固定，造成定、转子发生摩擦，使电动机局部过热，严重时电动机不能正常运行。排除故障的方法是：凡是轴承损坏、滚珠破碎或滚珠支架损坏，必须更换新轴承；跑套轻时，应将轴置于车床上滚花，使配合为实际静配合，在结合面处用骑缝螺栓固定。或在轴与轴承接触的部位喷涂一层金属镍，这样可使轴承的使用时间延长。

20. 电动机的轴承漏油

轴承漏油会造成润滑不良，并污损轴承，严重时还可能烧坏轴承。一般可根据不同情况，查明原因并予以排除。

沿轴面漏油。由于电动机转动的吸气作用和油槽过长，或顺轴瓦边缘溢出等原因造成轴承漏油，可用油毡阻止吸气，在轴上车制突缘油挡和将轴瓦边缘切成圆角，用以防止沿轴面漏油。

油环溅油。油环偶尔有不规则的运动，往往带出润滑脂，可在油环顶上装一个油封，以阻止带出的润滑脂外溢。

因零件部分损坏、油环有裂缝等原因造成漏油。除临时用铅油、磁漆等涂料进行封堵外，还应及时安排进行修理。

立式电动机漏油是由于结构的严密程度不好而造成的，可使用较稠的润滑脂或采用特殊装置以防止漏油。

21. 定子绕组短路

绕组短路是指绕组的线圈导线绝缘层损坏，不应相通的线匝直接相碰，构成一个低阻抗环路。绕组短路有相间短路和匝间短路两种。

（1）短路现象。绕组短路后，在短路线圈内产生很大的环流，使绕组产生高热导致绝缘材料变色、焦脆、冒烟直至烧毁，发出焦味。当短路匝数较多时，引起熔断器熔断。这时由于转子所受电磁转矩不平衡，电动机振动，并发出异常响声。

（2）短路原因。内部原因是电动机绝缘有缺陷，如端部相间绝缘垫尺寸不符合要求、绝缘垫的位置不正或绝缘垫本身有缺陷，容易造成端部相间短路；双层绕组槽内层间绝缘垫尺寸不符合要求或绝缘垫垫偏造成相间短路或一相的极相组间短路；导线本身绝缘不良或嵌线时使绝缘层损伤容易造成匝间短路。外部原因是运行中出现电动机过载、过电压、欠电压、断相运行等使绝缘老化或损伤造成绕组短路。

（3）故障诊断。检查电动机短路故障时，应首先了解电动机的异常运行情况。用绝缘电

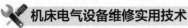

阻表测量相间绝缘电阻，如果相间绝缘电阻为零或接近零，说明是相间短路，否则有可能是匝间短路。

1）相间短路。拆开电动机后，首先检查绕组连接线和引出线的绝缘层、端部相间绝缘垫有无明显的损坏。若看不出有明显损坏之处，切勿乱撬绕组，避免造成不必要的损伤。可用调压器在短路的两相之间施加低电压通以额定电流，短时间后可用手摸、眼看、鼻闻的方法进行查找，两线圈发热的交叉处就是短路位置。

2）匝间短路。是否发生匝间短路，可用下述方法进行判断。

a. 电流平衡法。如果是Y联结的绕组，把三相串入电流表后并联接到低压交流电源的一端，把中性点接到低压交流电源的另一端；如果是△联结的绕组，则需拆开一个端口，再分别将各绕组两端接到低压交流电源上（一般可用交流弧焊机）。如果两相电流基本一样，另一相电流明显偏大，此相就是短路相。

b. 电阻法。利用电桥分别测量三相绕组的直流电阻（也可用电压表或电流表），电阻值小的相就是短路相，但短路匝数较少时，电阻值相差不太明显。

c. 手摸法。对于小型电动机，可先将电动机空转 1～2min，然后停机。迅速打开端盖用手摸绕组端部，若某个绕组比其他绕组热，说明这个绕组有匝间短路现象。若在空转过程中发现有焦味或冒烟，应立即切断电源。应指出的是，匝间短路故障发展很快，有时在短时间内就能将绕组烧毁。

d. 短路侦察法。将短路侦察器的开口铁心边放在定子铁心内的槽口上，将短路侦察器接通交流电源，沿着各个槽口逐槽移动。当它所移到的槽内有线圈短路时，短路侦察器的电流由电流表可以看出明显增大，也可用一根 0.5mm 厚的软钢片或旧钢锯条，放在被测线圈的另一边槽口。若被测线圈有短路，线圈内有感应电流通过，因此钢锯条被槽口磁性吸引而产生振动，发出"吱吱"声，若电动机是双层绕组，一个槽内嵌有不同线圈的两个边，应分别把锯条放在左边相邻一个节距的槽口和右边相距一个节距的槽口上都试一下才能确定。

e. 电压降法。对于极相组间连线明显的电动机，将有短路那一相的各极相组连接成的绝缘套管剥开，从此相引线的两端通入低压交流电源，用交流电压表测量每个极相组接点间的电压降，电压表读数小的那一个极相就是短路相。对于大型电动机，各线圈用并头套连接的还可以以用此法测量出哪个线圈短路。

f. 感应法（用于绕线转子电动机）。检查转子绕组短路。首先将转子绕组开路，在定子外施加适当的电压（50%～70%额定电压）。如果电动机发出不正常的"嗡嗡"声，而三相定子电流不平衡，即说明转子绕组存在短路。此时，用手慢慢地转动转子，使定子上的电流表指针摆动。当转子转动一周时，其摆动的次数与电动机的极数相等，如果测量转子的三相开路电压（分别测量三个集电环与转子中性点间的电压），电压小的相就是短路相。

检查定子绕组短路。定子绕组开路（凸接线也要拆开），在转子上施加 50%～70%转子额定电压，接上电流表慢慢转动转子，也会产生上述现象。此时，定子三相开路电压不平衡，电压小的相就是短路相。

（4）故障排除。

1）线圈端部的极相间短路。可将线圈加热，软化绝缘层，用划线板撬开绕组之间的线圈，清理已损坏的相间三角形绝缘垫，插入新的绝缘垫并进行涂漆处理，最后烘干。当短路线圈的绝缘层尚未焦脆时，可在短路处垫上绝缘纸，然后涂绝缘漆烘干即可。

2）绕组连接线或过桥绝缘损坏引起绕组短路。可解开绑线，用划线板轻轻撬开连接线处，清除旧绝缘套管后套入新绝缘套管，或用绝缘带包扎好，再重新用绑线绑扎。

3）双层绕组层间短路。可先将线圈加热到130℃左右，使绝缘层软化。打开短路故障所在槽的槽楔，把上层边起出槽口，检查短路点情况，并清除层间绝缘物，再检查上、下层线短路点处的电磁线绝缘层有无损坏。把绝缘层损坏的部位用薄的绝缘带包好，垫好层间绝缘，再将上层边重新嵌入槽内并进行绝缘处理。若电磁线绝缘层损坏较多或多根电磁线绝缘层损坏，包上绝缘层后已无法嵌入槽内，就要根据情况采取局部修理方法。

a. 绕组端部匝间短路。如果是用电压降法找出短路线圈的，可继续按电压降法接线，通以低压交流电，将电压表接在短路线圈两端。此时用划线板或光滑的尖扁竹片轻轻地撬开短路线圈的端部各线圈。如果撬某一线匝时，电压表指针突然上升到正常值，说明短路即在撬开的匝间并已撬开，只要用绝缘纸垫把此处绝缘垫好，涂漆处理即可。

b. 穿线修复法。如果损坏的线圈不多，对用穿线法进行修补。修补时先将绕组加热到80℃，然后用钳子从槽底或槽面一根一根地抽出损坏的线圈导线，清除槽中杂物，把卷好的聚酯薄膜青壳纸插入槽内用作新的槽绝缘。这时取一只直径略大于导线并打过蜡的竹签作引线，把新导线随竹签穿入绝缘套内。穿线时就应该从新导线的中点开始分头进行，穿线完毕便可进行接线，并做必要的检查和试验，最后进行浸漆烘干。

c. 甩线圈法。将短路线圈导线全部切断包好绝缘带，将该线圈原来的两个接头连接起来，跳过该线圈接线。这一方法只可用来进行紧急处理，而跳过的线圈数量一般不超过一相绕组线圈总数的10%～15%，同时使用时要减轻该电动机负荷。

22. 定子绕组接地

电动机的绕组接地是指电动机的绕组绝缘层损坏，线圈导线与铁心或机壳相碰。

（1）接地现象。若电动机外壳未可靠接地会造成机壳带电，危及人身安全；若电动机已可靠接地会造成熔断器熔断；绕组接地后，线圈的有效匝数减少，电流增大，绕组严重发热，烧坏绝缘层，有时还伴有异常响声、振动，严重的绕组接地可能导致绕组短路，使电动机不能工作。

（2）接地原因。由于嵌线工艺不当，把槽口底部绝缘材料压破，槽口绝缘层封闭不良，槽口绝缘层损伤等都会引起绕组接地。有时电动机长期过负荷运行使绝缘材料老化变脆；导线松动、硅钢片未压紧，有毛刺等原因，在振动情况下会擦伤绝缘材料；定、转子相摩擦，使铁心过热，烧伤槽楔和槽绝缘等都会造成电动机绕组接地。

（3）故障诊断。可采用以下方法诊断定子绕组接地故障。

1）直接观察。电动机绕组接地故障一般发生在铁心槽口附近，接地处常有绝缘材料破裂、烧焦等痕迹。因此有时可通过观察发现。

2）试验灯法。当接地点损伤不严重，直观不容易发现时，可用试验灯法来检查。可用一只较大功率的灯泡，将两根测试棒通过导线分别接到绕组和外壳，向试验灯泡供以直流24V电，如果灯泡暗红或不亮，说明该相绕组绝缘良好；若灯泡发亮或发光，说明该相绝缘已接地。

3）淘汰检查法。若用以上两种方法都找不到接地点，必须拆开绕组进行分组淘汰检查。

首先找出接地相，将该相与各极相组之间的连线断开，用绝缘电阻表或试验灯逐组找出接地的极相组，再用同样的方法查找有接地故障的线圈。

4）电压测定法。在有故障的一相绕组上施加适中的直流或交流电压，若用交流电源，必须通过隔离变压器使接到电动机上的电源不接地，且电动机转子必须从定子中拉出。此时读出电压 U_3 和绕组两端至铁心的电压 U_1 和 U_3，如果绕组完全接地 $U_3 = U_1 + U_2$，从 U_1、U_2 的比例关系，可求出线圈接地的大致位置。

5）电流定向法。把有故障绕组的两端并在一起接到直流电源的一端，而直流电源的另一端接到电动机的铁心上，电流由绕组的两端流向接地点。此时将一枚磁针放在槽顶上，逐槽推移，由磁针改变指向的位置就可以确定接地的槽号。再将磁针顺槽方向在故障槽号上来回移动，就可以大致确定接地点的位置。

6）冒烟法。若没有上述检查条件，可在接地的相绕组上，施加交流电，电源施加较高电压（如 220V）串联一个功率较大些的灯泡进行检查；有条件的也可用高压试验变压器来检查，把电压升高到 $500\sim1000$V，此时接地点可能冒烟或有火花产生，即可发现接地点。但槽内接地用此法不易发现。

（4）故障排除。排除接地故障时，应认真观察绕组的损坏情况，除了由于绝缘老化、机械强度降低造成绕组接地故障，需要更换绕组外，若线圈绝缘层尚好，仅个别绕组接地，只需局部修复。

1）槽口部位接地。如果查明接地点在槽口或槽底线圈出口处，且只有一根导线绝缘层损坏，可把线圈加热至 130℃ 左右使绝缘层软化后，用划线板或竹板撬开接地点处的槽绝缘，把接地处烧焦的绝缘物清理干净，插入适当大小的新绝缘纸板，再用绝缘电阻表测量绝缘电阻。绕组绝缘性能恢复后，趁热在修补处涂上白干绝缘清漆即可。若接地点有两根以上导线绝缘层损伤，可将槽绝缘和导线绝缘层同时修补好，避免引起匝间短路。

2）双层绕组上层边槽内部接地。先把绕组加热到 130℃ 左右使绝缘层软化，打下接地线圈上的槽楔，再把接地线圈的上层边起出槽口清理损伤的槽绝缘，并用新绝缘纸板把损坏的槽绝缘处垫好。同时检查接地点有无匝间绝缘层损伤，然后把上层边再嵌入槽内，折合槽绝缘，打入槽楔并做好绝缘处理，在打入槽楔前后，应用绝缘电阻表测量故障线圈的绝缘电阻，使绝缘电阻恢复正常。对于双层绕组下层边槽内部对地击穿，可采用局部换线法和穿线修复法进行修复。

3）若接线点在端部槽口附近，而损伤不严重，在导线与铁心之间垫好绝缘低后，涂刷绝缘清漆即可。

4）若接地点在槽的里边，可轻轻抽出槽楔，用划线板将匝线一根一根地取出（可用溶剂软化僵硬的绕组，以便拆卸），直到取出故障导线为止，用绝缘带将绝缘损坏处包好，再把导线仔细嵌回线槽。

5）若绕组受潮，应将整个绕组进行预烘干，再浇上绝缘清漆并烘干即可。

6）若由于铁心凸出，划破绝缘层，应将凸出的硅钢片敲下，在破损处重新包好绝缘。

23. 定子绕组断线

（1）断线现象。电动机启动时一相绕组开路就不能启动；如果电动机正在运行中有一相绕组开路，电动机可能继续运行。但电流增大，并发出较大的"嗡嗡"声。若负荷较大，可能在几分钟内把尚未开路的另外两相绕组烧坏。

（2）断线原因。定子绕组断线往往是电动机启动时电流过大导致各绕组连接线的焊接头脱焊，电动机引线接头松脱。另外由于电动机绕组的端部在铁心的外端，很容易将导线砸断而造成断线。也有时因为绕组短路、接地故障而引起导线烧断造成绕组断线。

（3）故障诊断。若出现定子绕组断线时，可用下述方法进行诊断。

1）万用表测试法。把万用表调到低阻挡，用两根校验棒分别校验各相是否通路，如果某相不通（指针不偏转），说明该相断路。对于绕组是Y接线的情况，可将万用表（电阻挡）校验棒的一端接到中性点，另一端依次与三相的三根引线相接，此时万用表指针不偏摆的一相就是断线相；对于绕组是△接线的情况，应先把各相绕组拆开，然后分别测试。如果绕组是多路并联，也应把并联线拆开，再进行分别测试。

2）试灯法。此方法与万用表测试步骤一样，灯泡如果发亮，说明绕组完好，若灯泡不亮，说明该相绕组断线。

3）三相电流平衡法。对于Y联结绕组，把三相绕组串入电流表后并联接到低压交流电源的一端，把中性点接低压交流电源的另一端。

若是△联结绕组需把△联结拆开一个端口，再分别将各相绕组两端接到低压交流电源上，若两相电流相同，而一相电流偏小，并相差5%以上，说明电流小的一相有部分绕组断线。

4）电阻法。利用电桥分别测量三相绕组的电阻值，若两相电阻值相同，而一相绕组电阻值偏大，并相差5%以上，说明电阻大的一相省部分断线。

5）检验灯法。找出断线的一相后，还应测定开路的极相组，把检验灯接断线相的起端，另一端依次与该相各极相组的末端相接。灯不亮的一个极相组就是断线的极相组。用同样的方法查找断线线圈。

（4）故障排除。对发现的故障，可用以下方法进行排除：

1）引线和过桥线开焊。若找出断线点是引出线或线圈过桥线的焊接部分脱焊，可把脱焊处清理干净，在待焊处附近的线圈铺垫一层绝缘纸，以防止焊锡流入使线圈绝缘层损伤。此时即可进行补焊，并做好包扎绝缘处理。

2）线圈端部烧断。在线圈端部烧断一根或多根导线时，需把线圈加热到130℃左右，使绝缘层软化后，把烧坏的线圈撬起，找出每根导线的端头，用相同规格的导线连接在烧断的导线端点上，并进行焊接，包扎绝缘层，涂漆烘干等处理。

3）槽内导线烧断。先把线圈加热到130℃左右，使绝缘层软化后打下槽楔。由槽内起出烧断的线圈，把烧断的线匝两端从端部剪断（将焊接点移到端部，以免槽内拥挤）。用相同规格和长度合适的导线在两端连接焊好，包好绝缘层后将匝线再嵌入槽内，垫好绝缘纸，打入槽楔，涂刷绝缘漆。

4）如果线圈断线较多，应更换线圈，或采取应急措施，把故障线圈从电路中隔离。其方法是：确定断线的线圈，连接断线线圈的起端和终端。这种临时方法只能在无法获得新线圈的情况下才可使用。

24. 笼型转子断条

（1）断条现象。笼型转子部分断条后，电动机虽然能空载启动，但加负荷时转速就会立即下降，定子电流就会增加或时高时低，并使三相电流不稳定，电流表指针来回摆动，转子严重发热。如果断条较多，电动机会突然停车，而再次送电仍不能启动。

（2）断条原因。转子铸铝所用的原料不纯，熔铝锅内杂质较多混入铝液中，然后注入转子，在有杂质的地方容易形成断条；铸铝工艺不当，如铸铝时铁心预热温度不够，手工铸铝不是一次浇注完成而是中途出现停顿，使先后注入的铝液结合不好，以及铸铝前铁心压装太紧。铸铝后转子铁心胀开，使铝条承受不了过大的张力而拉断。

（3）故障诊断。笼型转子断条故障，可采用下述方法进行诊断。

1）电流表法。将定子绕组接成Y接线，每相串联接入一只电流表，然后用调压器将定子380V电压降到50～100V，以免过高的定子电流引起定子绕组温度升高。此时用手缓慢地转动转子，观察电流表指针摆动情况。若电流表只有均匀的微弱摆动，说明转子笼条完好；若出现电流突然下降现象，说明笼型转子有断条。

对于双笼转子，可在电动机带负荷的情况下观察。若电流表指针随着两倍转差率的节拍而摆动，并有周期性变化的"嗡嗡"声，说明转子绕组的工作笼中，可能存在断条、缩孔等缺陷。

2）侦察器法。①使用两铁心式断条侦察器，断条侦察器是利用变压器的原理，将被测转子放在两个铁心上。用铁心逐槽移动进行测量，如果毫伏表读数减小，说明铁心开口下的转子导条是断条；②用电磁感应法可准确地判定笼型转子断条的槽位，如果电流表读数较大，锯条有振动，说明笼条完好；如果电流表读数变小，锯条不振动，说明笼条有断条。

3）大电流铁粉法。用能调节电流的装置或交流弧焊机施加到笼型转子两端的低电压大电流。根据电动机大小调节电流大小（一般为300～500A）。在转子上撒上铁粉，铁粉在磁场的作用下，自动沿槽面均匀排列成行。如果铁粉出现断口或稀疏现象，说明转子有断条或缺陷，这样可以准确找到断口的具体位置。

（4）故障排除。对出现的故障，可用下述方法进行排除。

1）个别笼条断裂。可用长钻头按斜槽方向将故障笼钻通，清理槽内残铝，插入直径相同的新铝条，再将两端焊好，与端环形成整体，最后进行车削加工。对于直径较大的笼型转子，用钻头垂直转子表面由槽口钻到故障处，使铝条露出金属光泽，再采用赢弧焊焊接设备，由槽口向槽外补焊断裂处，一直到焊满为止。

2）铸铝笼改钢笼。对于损坏严重的笼型转子，应将铝笼条全部拆除，换上适当规格的纯铜条，其方法是：

a. 车去转子两端的铝端环（用夹具夹紧铁心）。

b. 配置足以浸没转子的30%烧碱溶液，并加热到80～100℃。

c. 将铸铝转子置于烧碱溶液中进行腐蚀（温度应保持在80～100℃），直到铝被溶液全部腐蚀完为止。

d. 将选好的纯铜条插入槽内，并将其与导条焊接好。

e. 取出转子，用清水冲洗干净后，立即放入0.25%的冰醋酸溶液中煮沸，以中和残余的烧碱，再置于开水中煮1～2h，取出后冲洗干净，烘干。

f. 检查转子槽内和铁心两端是否有残余的铝层、油污等，并予以清除。

1.6　PLC在车床电气维修改造中的应用

PLC是专门为工业环境下应用而设计的,是由接触器—继电器控制系统发展而来的一种新型工业自动化控制装置,其程序编制采用梯形图方式编制语言,具有逻辑运算、定时、计数、顺序控制等功能,PLC产品已经系列化、标准化、模块化,具备可靠性高、抗干扰能力强、编程方法简单、通用性强、模块化灵活组合、体积小、功耗低等优点,用户在进行控制系统设计时,只需要根据控制要求进行模块化的配置,编写满足被控对象控制要求的应用程序,安装接线就可以实现所需的控制功能。

PLC是以微处理器为核心的,所以具有微机的特点,但采用循环扫描的工作方式。对每个程序,CPU从第一条指令开始执行,按照指令步序号做周期性循环扫描,如果没有跳转,则从第一条指令开始逐条执行程序,直至遇到结束符,然后返回第一条指令,如此周而复始,每一个循环为一个扫描周期。一个扫描周期主要分为输入刷新阶段、程序执行阶段、输出刷新阶段,三个阶段构成PLC的一个工作周期。

1.6.1　基于PLC的CA6140车床进给系统改造

CA6140卧式车床进给的转速控制是通过转动手柄来控制,要改变刀架的移动转速,必须在刀架停止的情况下进行,速度转换时要转动手柄,操作不便。有时需要频繁地更换其主轴转速,加快了齿轮之间的磨损,导致转速达不到要求。此外,齿轮在工作时,出现噪声大,启动、传动不平稳,换速时冲击力大等问题。进给运动的进给量是通过手轮来控制的,会出现手轮转动后,存在一小段距离,刀架没有移动,导致加工出现误差。

未改造前,进给运动的转速是由转动手柄在不同挡位来控制,即改变齿轮之间的啮合,其进给量则由手轮控制。机床改造后,用步进电动机代替溜板箱纵向移动的大手轮和控制中滑板横向运动的小手轮,并通过编码器实时反映距离,采用触摸屏和PLC技术控制进给运动的进给量和进给速度。

1. 调速原理

步进电动机的转速

$$n=\frac{60f}{360x/T} \tag{1-1}$$

式中　f——频率;

　　　T——固有步进角;

　　　x——细分数。

由式(1-1)可知,改变步进电动机的频率就可以调节进给速度,并且其频率可在一定范围内变化,所以转速调节范围宽。

步进电动机的转动圈数

$$m=\frac{n}{360x/T} \tag{1-2}$$

式中　n——步进电动机的脉冲数。

由式（1-2）可知，改变步进电动机的脉冲数可以改变步进电动机转动的圈数，进而改变移动的距离。

2. PLC、步进电动机、步进驱动器、触摸屏和编码器的选择

根据实际情况，系统需要控制 2 个步进电动机，即 PLC 需要 2 个高速脉冲输出，为方便操作和保证系统的可见性，系统配备有触摸屏，故所需 PLC 的点数较少，且要连接编码器，需要晶体管输出，最终选择型号为 FX3U-32MT 的三菱 PLC。由于代替手轮和手柄转动的步进电动机不需要太大力矩，选择步进电动机 57BYG250B-SAFRMC-0152，其保持转矩为 0.7N·m，步距角是 1.8°，相数为 2 相。相应地选择步进驱动器为 SH-20402A。编码器选择型号为 E6B2-CWZ5B，触摸屏选择性价比较高的型号为 MT8104X 的威纶触摸屏。

3. PLC 输入、输出点的连接

PLC 输入点、输出点的连接见表 1-5、表 1-6。

表 1-5   PLC 输入点的连接

PLC 的输入点	作　用
X0	编码器 1 信号脉冲
X1	编码器 1 信号方向
X3	编码器 2 信号脉冲
X4	编码器 2 信号方向
X6	急停按钮

表 1-6   PLC 输出点的连接

PLC 的输出点	作　用
Y0	高速脉冲 1
Y1	高速脉冲 2
Y2	KA1
Y3	驱动器 1 方向
Y4	驱动器 1 脱机
Y5	KA2
Y6	驱动器 2 方向
Y7	驱动器 2 脱机

编码器 1（与大手轮连接）的脉冲与方向端分别与 X0、X1 连接；编码器 2（与小手轮连接）的脉冲与方向端分别与 X3、X4 连接；将一个急停按钮与 X6 连接，用来紧急停止整个系统。

输出点 Y0 用于给控制床鞍和溜板箱纵向移动大手轮的步进电动机驱动器 1 发送高速脉冲；输出点 Y1 用于给控制中滑板横向运动手柄的步进电动机驱动器 2 发送高速脉冲。连接到 Y2、Y5 的中间继电器分别控制步进驱动器 1、2 的通电与断电。输出点 Y3、Y6 分别给步进驱动器 1、2 发送方向信号，控制步进电动机 1、2 正转。输出点 Y4、Y7 则是使步进驱动器 1、2 脱机。

4. PLC 与步进驱动器、步进电动机的连接

PLC 与步进驱动器、步进电动机的连接如图 1-10 和图 1-11 所示。

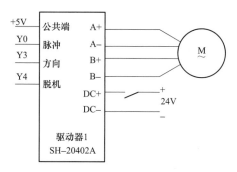

图 1-10 与步进驱动器 1 的接法

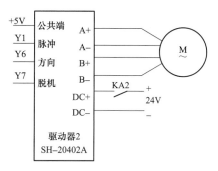

图 1-11 与步进驱动器 2 的接法

5. PLC 与触摸屏的通信

PLC 与触摸屏的通信见表 1-7，PLC 与触摸屏接口类型为 RS-485 4W，通信端口为 COM1，通信线：触摸屏端（公头）1、2、3、4、5 对应 PLC 端（公头）4、7、1、2、3。

表 1-7   PLC 与触摸屏的通信

触摸屏端	PLC 端
1BX−	4TX−
2BX+	7TX+
3TX−	1RX−
4TX+	2RX+
5GND	3GND

6. 主轴速度和进给运动的控制

步进电动机通过步进驱动器来控制，即 PLC 通过步进驱动器来控制步进电动机。具体方法是 PLC 给步进驱动器输出一个高速脉冲、方向和脱机信号。系统采用的是 64 细分，要将步进驱动器的刻度盘调到 64 细分。编码器则连接到 PLC 的输入点，利用高速计数器记录下脉冲数，进而通过程序处理，反映出实时距离。

PLC 开机初始化的程序如图 1-12 所示。

当给 PLC 上电时，M8002 接通一个扫描周期，系统对 M0～M100、D0～D100、C247～C248 进行清零。

高速计数器计数并转换为距离和清零操作程序如图 1-13 所示。

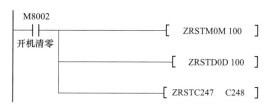

图 1-12 PLC 开机初始化程序图

与纵向轴相连接的编码器是通过式（1-1）进行距离转换，编码器的轴与齿数为 120 及模数为 0.25 的齿轮相连。因此，可以求出齿轮的直径

$$d_a = (z + 2h_a^*)m = 30.5 \text{mm} \tag{1-3}$$

式中　z——齿轮的齿数；

　　　h_a^*——齿顶高系数；

　　　m——齿轮的模数。

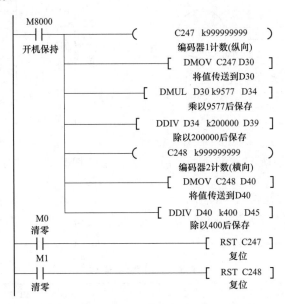

图 1-13　高速计数器计数并转换为距离和清零操作

根据式（1-1），可得出纵向距离

$$S_1 = n(3.14d_a)/2000 = 9577n/200\,000 \tag{1-4}$$

式中　n——脉冲数。

横向编码器转换的距离 S_2 为

$$S_2 = n/400 \tag{1-5}$$

如图 1-13 所示，当 PLC 开机后，编码器转换程序一直在执行，反映出进给移动的实时距离。编码器输出的脉冲用高速计数器计数。纵向编码器的脉冲由高速计数器 C247 计数，然后保存在寄存器 D30 中，之后乘以 9577，结果保存在 D35 中，最后除以 200000，结果保存在 D39 中。横向编码器的脉冲由高速计数器 C248 计数，然后保存在 D40 中，再除以 400，把运算结果保存在 D45 中。对高速计数器 C247、C248 的清零，则是在手动对完纵向和横向刀后进行，确定零点位置。

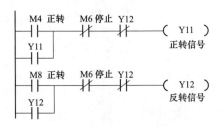

图 1-14　主轴转速和方向控制

主轴转速和方向控制程序如图 1-14 所示。

当 M4 接通时，控制主轴正转；当 M8 接通时，控制主轴反转；当 M6 接通时，停止主轴转动。同时正转和反转设计了互锁，即正、反转之间的切换，必须要停止主轴，从而保护了电动机主轴。

纵向进给速度、进给量和方向控制如图 1-15 所示。

当线圈 M23 接通时，线圈 Y2 通电，给步进驱动器 1 上电；当线圈 M24 接通时，则步进驱动器 1 断电。当 M25 接通时，线圈 Y4 通电，给步进驱动器 1 发送脱机信号。M26 和 M27 是手动分别控制步进电动机的正反转，即前进或后退。当 M28 接通时，自动控制步进电动机正转；当 M29 接通时，自动控制步进电动机反转。当 M27 或 M29 接通时，切断步进驱动器方向信号 Y3，进而控制步进电动机反转。当 M28 或 M29 接通时，M30 自锁，给步进驱动器输出脉冲。其中 D0 和 D4 的值可以根据需要进行改变，分别改变进给纵向的进给速度和进给量。

横向进给速度、进给量和方向控制的程序如图 1-16 所示。

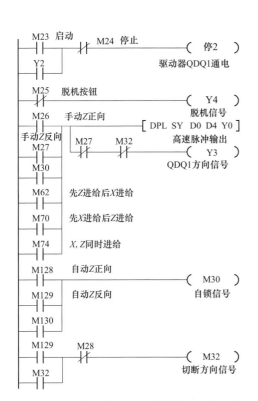

图 1-15 纵向进给速度、进给量和方向控制

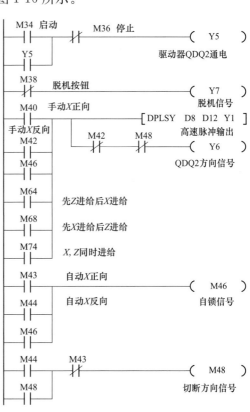

图 1-16 横向进给速度、进给量和方向控制

当线圈 M34 接通时，给步进驱动器上电；当线圈 M36 接通时，则断电。当 M38 接通时，给步进驱动器 2 发送脱机信号 Y7。M40 和 M42 是手动分别控制步进电动机的正反转，即前进或后退。当 M43 接通时，自动控制步进电动机正转；当 M44 接通时，自动控制步进电动机反转。当 M42 和 M44 接通时，切断步进驱动器方向信号 Y6，进而控制步进电动机反转。当 M43 和 M44 接通时，M46 自锁，给步进驱动器输出脉冲。其中 D8 和 D12 的值可以根据需要进行改变，分别改变进给横向运动的转动速度和进给量。

进给运动的速度和进给量转换如图 1-17 所示。

当 M52 接通时，将速度值 D60 根据式（1-1）转换为频率保存在 D0 中；将进给量 D70 根据式（1-2）转换为转动的圈数后，再转变为脉冲数保存在 D4。当 M54 接通时，将速度值 D75 根据式（1-1）转换为频率保存在 D8 中；将进给量 D85 根据式（1-2）转换为转动的圈数后，再转变为脉冲数保存在 D12。

进给运动的横向与纵向运动的控制如图 1-18 所示。

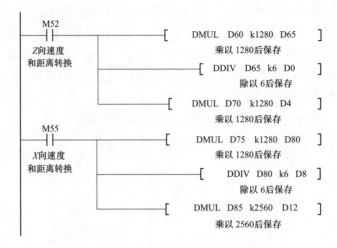

图 1-17　进给运动的速度和进给量转换

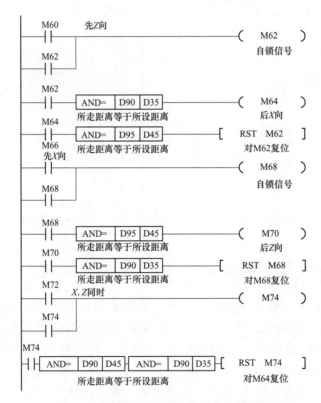

图 1-18　进给运动的横向与纵向运动控制

当 M60 接通时，M62 自锁，开始横向运动；当所走距离值 D35 与所设距离值 D90 相等时，M64 接通，开始纵向运动；当所走距离值 D45 与所设距离值 D95 相等时，复位 M62，即停止运动。当 M66 接通时，M68 自锁，开始纵向运动；当所走距离值 D45 与所设距离值 D95 相等时，M70 接通，开始横向运动。当所走距离值 D35 与所设距离值 D90 相等时，复位 M68，即停止运动。当 M72 接通时，M74 自锁，横向和纵向运动同时进行，当所走距离值与所设距离值相等时，复位 M74，即停止运动。

本项目对 CA6140 车床的进给运动进行了电气化改造，改造后的该设备控制电路简单，稳定性和可靠性也增强，操作方便，实现了进给系统的自动化控制，进而提高了加工精度。

1.6.2 用 PLC 改装 CA6140 车床电气控制线路

CA6140 车床在车削加工时，主运动是主轴的旋转运动，溜板箱带动刀架作横向和纵向进给运动，所以电气控制电路包含主轴电动机、刀架快速移动电动机的正反转控制，冷却泵运行控制，电路的短路保护和电动机的过载保护，以及安全电压局部照明控制等。由于车床运行时间长，不间断地往返工作，造成电气控制电路的电流大，接触器、按钮等主令电器触点容易被电弧烧坏，同时控制噪声大、机械式触点控制的反应速度慢，影响实际生产运行。用 PLC 技术对车床电气控制系统进行改装，可以充分提高设备利用率，提高产品的质量和产量。

1. PLC 改造设计技术问题

根据电气控制电路来设计 PLC 梯形图，关键是要抓住电路中控制功能、逻辑功能的对应，控制电器和 PLC 软件的对应关系。在分析 PLC 系统功能时，将其想象成一个电气控制系统中的控制箱，PLC 的 I/O 接线图是控制箱的外部接线，梯形图是控制箱的内部接线图，其对应关系见表 1-8。

表 1-8 电气控制系统与 PLC 控制系统对照表

控制系统类型	电气控制系统	PLC 控制系统
输入端	按钮、控制开关、限位开关、接近开关	按钮、控制开关、限位开关、接近开关
输出端	交流接触器、电磁阀	交流接触器、电磁阀
其他	时间继电器	定时器
	中间继电器	辅助继电器

（1）常闭触点提供信号的处理。梯形图设计中，输入继电器的触点状态要按照输入设备为常开状态进行设计，用输入设备的常开触点与 PLC 的输入端连接。如果只能用常闭触点，则先按照输入设备常开来设计，然后将梯形图中对应输入继电器触点取反（常开改成常闭、常闭改成常开）。

（2）减少 PLC 的输入信号和输出信号。电气控制系统中某些相对独立且比较简单的部分，可以用继电器控制以减少所需 PLC 的输入点。在外部输入接线方式上采用多地控制接线，这样占用 PLC 输入点少，梯形图也简单。

（3）热继电器过载信号的处理。热继电器的常闭触点可以在 PLC 的输出电路中与控制电动机的交流接触器的线圈串联。要注意的是电动机过载保护应作为信号输入 PLC，不像电气控制线路那样串联在输出控制回路中，因为在电气控制线路中，热继电器保护动作会使线路失去自保护功能，系统必须重新启动方能运行。

2. 改装程序设计

CA6140 普通车床具有性能优异、结构先进、操作方便等优点，根据机床电气控制电路要求，首先对 CA6140 电气控制电路图（见图 1-19）进行电路分析，然后画出梯形图，编制程序指令。

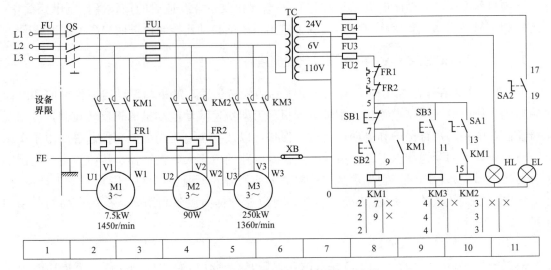

图 1-19　CA6140 机床电气控制电路图

（1）主电路分析。M1 为主轴电动机，完成主轴运动和刀架的纵横向进给运动的驱动，需要正反转控制，不进行电气调速，采用机械变速机构，启动、停止控制需手动按钮操作。M2 为冷却电动机，加工过程中，为对刀具和加工工件进行冷却，冷却电动机需在主轴电动机工作后，依照情况决定是否开启，并且当主轴电动机停止运行时，冷却电动机应同时停止工作。M3 为刀架电动机，可根据需要快速移动刀架，随时手动控制启动和停止。主电路必须具有过载、短路、欠压、失压等保护功能。

（2）控制电路分析。

1）主轴电动机 M1 控制：按下 SB2，KM1 线圈得电，KM1 动合辅助触点闭合自锁，KM1 主触点闭合，M1 启动运转，同时为 KM2 启动创造条件。按下 SB1，KM1 线圈失电，触点释放，M1 停止运行。

2）冷却电动机 M2 控制：采用 M1 \ M2 顺序连锁控制，按下 SB2，在以上主轴电动机启动运转的同时，冷却电动机启动运行，当 M1 停止运行时，M2 也自动停止运行。

3）刀架快速移动电动机 M3 控制：采用点动控制，按下 SB3，KM3 线圈得电，主触点吸合，M3 运转。松开 SB3，KM3 线圈失电，主触点释放，M3 停止运行。

4）提供安全电压照明装置。在控制变压器二次侧输出 24V 和 6V 电压，作为照明灯和信号灯电源。

（3）梯形图设计。根据以上分析可知，电气控制系统需要输入点数为 16 点，输出点数为 7 点，据此点数设计出程序及其梯形图如图 1-20 所示。根据机床控制要求和梯形图，编制程序指令。

3. 程序的调试与运行

在确定改装系统安装无误、各项参数设置完成以后，将程序下载到 PLC 中，对其进行调试并试运行，分析输入点、输出点的闭合与断开是否与设计要求一致，如果出现错误，应检查外部电路，同时结合机床功能和 PLC 程序进行各种操作试验，保证改造后机床达到设计指标要求。在调试完成后，可进行试加工，检验机床改造后的加工性能、精度是否与达到原设计指标要求，确认满足以后，改装工作结束。

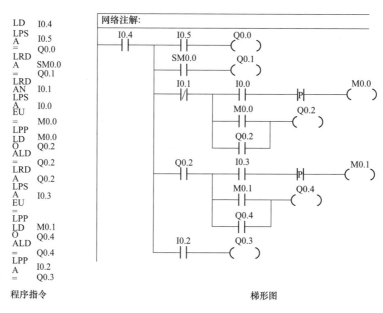

程序指令	梯形图
LD I0.4	
LPS	
A I0.5	
= Q0.0	
LRD	
A SM0.0	
= Q0.1	
LRD	
AN I0.1	
LPS	
A I0.0	
EU	
= M0.0	
LPP	
LD M0.0	
O Q0.2	
ALD	
= Q0.2	
LRD	
A Q0.2	
LPS	
A I0.3	
EU	
=	
LPP	
LD M0.1	
O Q0.4	
ALD	
= Q0.4	
LPP	
A I0.2	
= Q0.3	

图 1-20   程序及其梯形图

1.6.3   基于 PLC 的 C650 型卧式车床电气控制系统改造

C650 型卧式车床采用继电接触器电路实现电气控制。线路繁杂，机床运行中故障多，电气维修量大。采用西门子 PLC 改造继电接触器控制电路，解决了以上问题。此系统操作简便，运行性能稳定，可靠性高，抗干扰能力强，并可方便地进行各种参数的设定和修改。

1. 电气系统控制要求

C650 型卧式车床共配置 3 台电动机 M1、M2 和 M3。为保证主电路的正常运行，主电路中还设置了采用熔断器的短路保护环节和采用热继电器的电动机过载保护环节。主电动机M1 完成主轴主运动和刀具进给运动的驱动，采用直接启动方式，可正反两个方向旋转，并可进行正反两个旋转方向的电气制动停车。为加工调整方便，还具有点动功能。电动机 M1控制电路分为 4 部分。

由正转控制接触器 KM1 和反转控制接触器 KM2 的两组主触点构成电动机的正反转电路。

电流表 PA 经电流互感器 TA 接在主电动机 M1 的主电路上，以监视电动机绕组工作时的电流变化。为防止电流表被启动电流冲击损坏，利用时间继电器的动断触点 KT（P-Q），在启动的短时间内将电流表暂时短接。

串联电阻限流控制部分，接触器 KM3 的主触点控制限流电阻 R 的接入和切除，在进行点动调整时，为防止连续的启动电流造成电动机过载而串入了限流电阻 R，以保证电路设备正常工作。

速度继电器 KS 的速度检测部分与电动机的主轴同轴相联，在停车制动过程中，当主电动机转速接近零时，其动合触点可将控制电路中反接制动的相应电路切断，完成停车制动。

C650 型卧式车床电路图如图 1-21 和图 1-22 所示。

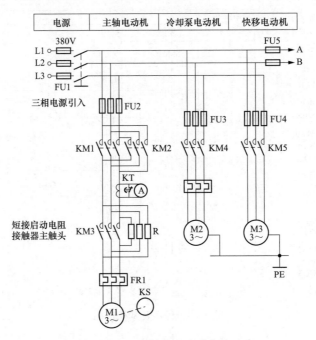

图 1-21　C650 型卧式车床主电路

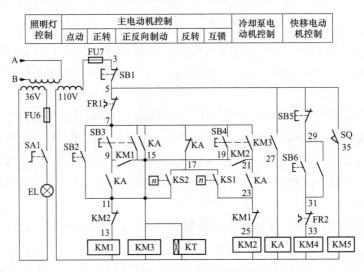

图 1-22　C650 型卧式车床控制电路

（1）M1 主轴电动机控制。

1）M1 的点动控制。调整刀架时，要求 M1 点动控制。合上隔离开关 QS，按启动按钮 SB2，接触器 KM1 得电，M1 串接限流电阻 R 低速转动，实现点动。松开 SB2，接触器 KM1 失电，M1 停转。

2) M1 的正反转控制。合上隔离开关 QS，按正向启动按钮 SB3，接触器 KM3 得电，中间继电器 KA 得电，时间继电器 KT 得电，接触器 KM1 得电，电动机 M1 短接电阻 R 正向启动，主回路中电流表 A 被时间继电器 KT 的动断触点短接，延时 t 秒后 KT 的延时断开的动断触头断开，电流表 A 串接于主电路，监视负载情况。主电路中通过电流互感器 TA 接入电流表 PA，为防止启动时启动电流对电流表的冲击，启动时利用时间继电器 KT 的动断触点将电流表短接，启动结束，KT 的动断触点断开，电流表投入使用。反转启动的情况与正转时类似，KM3 与 KM2 得电，电动机反转。

3) M1 的停车制动。假设停车前 M1 为正向转动，速度继电器正向动断触点 KS1（17-23）闭合。制动时，按下停车按钮 SB1，使接触器 KM3、时间继电器 KT、中间继电器 KA、接触器 KM1 均失电，主回路中串入电阻 R（限制反接制动电流）。当 SB1 松开，由于速度继电器的触点 KS1(17-23) 仍闭合，使得 KM2 得电，电动机 M1 接入反序电源制动。当速度降低，KS1(17-23) 断开时，使得 KM2 失电，制动结束。电动机 M1 反转时的停车制动情况与此类似。

（2）冷却泵电动机控制。电动机 M2 提供切削液，采用直接启动停止方式，为连续工作状态，由接触器 KM4 的主触点控制其主电路的接通与断开。按下冷却泵启动按钮 SB6，接触器 KM4 得电，电动机 M2 转动，提供冷却液。按冷却泵停车按钮 SB5、KM4 断电，M2 停止。

（3）刀架的快速移动控制。快速移动电动机 M3 由交流接触器 KMS 控制，根据使用需要，可随时手动控制启停。转动刀架手柄压下点动行程开关 ST 使接触器 KMS 得电，电动机 M3 转动，刀架实现快速移动。

2. 改造方案的确定

（1）原 C650 型卧式车床的工艺加工方法不变。

（2）在保留主电路的原有元件的基础上，不改变原电气控制系统操作方法。

（3）原系统各元器件（包括按钮、接触器、速度继电器、热继电器和时间继电器）的作用与原电气线路相同。

（4）将原控制电路中硬件接线改为 PLC 控制（梯形图实现）。

3. 设计与实现

（1）主电路设计。C650 型卧式车床有 3 台电动机。主轴电动机 M1 提供主轴转动的动力，具有正反转功能。冷却泵电动机 M2 用于提供冷却液，具有正转功能。快速移动电动机 M3，具有正转功能。

（2）输入、输出设备与 PLC 端子分配及外围接线设计。根据 C650 型卧式车床电气控制要求，其输入输出均为开关量。此控制系统共有 9 个输入开关量，5 个输出开关量。而 S7-200 系列 CPU224 继电器输出型 PLC，有 14 个输入点和 10 输出点。所以用此机型即能满足控制要求。

PLC 的 I/O 配置见表 1-9，接线如图 1-23 所示，梯形图如图 1-24 所示。

由于继电器接触器电路中无论主轴电动机正转还是反转，切除限流电阻接触器 KM3 都是首先动作，在梯形图中，安排第一个支路为切除电阻控制支路。在正转及反转接触器控制支路中，综合了自保持、制动两种控制逻辑关系。正转控制中还加有手动控制。

表 1-9 　　　　　　　　　　　　　PLC 的 I/O 配置

代号	输入/输出设备功能	PLC 输入/输出继电器
SB1	停止按钮	I0.0
SB2	点动按钮	I0.1
SB3	正转启动按钮	I0.2
SB4	反转启动按钮	I0.3
SB5	冷却泵停止按钮	I0.4
SB6	冷却泵启动按钮	I0.5
KS1	速度继电器正转触点	I0.6
KS2	速度继电器反转触点	I0.7
SQ	点动行程开关	I1.0
KM1	主轴正转接触器	Q0.0
KM2	主轴反转接触器	Q0.1
KM3	切断电阻接触器	Q0.2
KM4	冷却泵接触器	Q0.3
KM5	快速电动机接触器	Q0.4

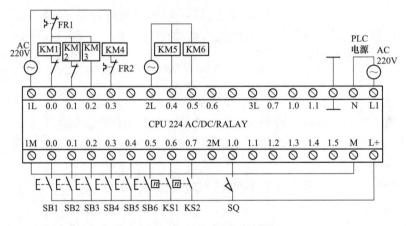

图 1-23　PLC 的 I/O 接线

在梯形图中，用定时器 T37 代替时间继电器 KT，并且通过 T37 控制 Q0.5→KM6（P-Q），在启动的短时间内将电流表暂时短接。

1.6.4　三菱 PLC 用于 C61125 卧式车床电气系统改造

某重型机械制造公司 C61125 卧式车床是 1969 年产品，其直流调速系统采用全分离元件，由扩大机发电机-电动机机组拖动，能耗高。经过长时间的使用，该车床参数发生改变，性能下降，且原控制部分使用大量继电器与接触器，控制线路复杂，常造成接触不良；同时，车床机械磨损严重，加之加工精度较差，设备故障率较高，严重影响正常生产。为此，有必要对该车床电气控制系统进行彻底的技术改造，以降低机床故障率，大幅提高其可靠性

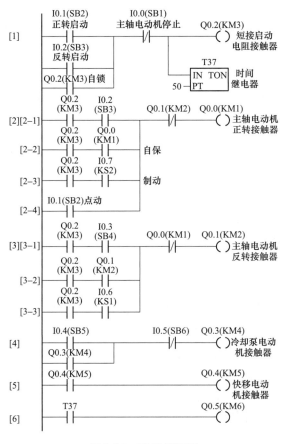

图 1-24　PLC 梯形图

和灵活性。

1. 车床技术改造内容

（1）机械部分。

1）对主轴箱及传动链进行检查并更换磨损件。

2）对导轨进行研磨并重新调整水平。

3）对刀架部分进行检查并处理故障部分。

（2）电气部分。

1）为降低电气技术改造费用，保留原车床主电动机，只将测速发电机更换为永磁电动机（ZYS-3A，110V/22W），去掉原发电机组。

2）采用英国欧陆三相四象限可逆直流调速装置 590(360A) 作为主电动机（55kW/220V 287A）的驱动控制器。

3）控制部分采用三菱 FX2N-64MR-001 及扩展单元 FX2N-2DA 作为控制核心，完成整个系统的信号采集、数据运算和逻辑运算功能。

4）电柜内主要低压电器（如电动机空开、接触器）选用施耐德产品，接线端子选用魏德米勒产品。

2. 控制系统

（1）机床启动：外部电源送电，合总电源开关 QF1，电柜右侧电源指示灯 H1.0 亮，指示机床合闸。

（2）润滑启动：按下"润滑启动"按钮，接触器 KM0 合，润滑泵运行；当润滑压力到位，开关 SP1 动作，主轴箱正常指示灯 21.D 亮，指示润滑良好。只有在润滑良好时才允许对主轴进行运转操作。

（3）刀架快移：由刀架快移电动机（1.5kW）拖动，可直接启动，只需点动控制，不需要调速；按下"刀架左移"按钮，接触器 KM22 合，刀架快移电动机正转；按下"刀架右移"按钮，接触器 KM23 合，刀架快移电动机反转。因电动机每次运行时间较短，不需要配置过热保护。

（4）尾架快移：由尾架快移电动机（1.5kW）拖动，可直接启动，只需点动控制，不需要调速；按下"尾架左移"按钮，接触器 KM20 合，尾架快移电动机正转；选择"尾架右移"按钮，接触器 KM21 合，尾架快移电动机反转。因电动机每次运行时间较短，故不需要配置过热保护。

（5）主轴部分：主轴操作采用床头箱和刀架两地控制，主轴传动包括主运动和进给运动两部分。其中，主运动是主轴通过卡盘带动工件做旋转运动，由主电动机拖动；进给运动是溜板刀架带动刀具的直线运动，也由主电动机拖动。主电动机的动力通过挂轮箱传递给进给箱来实现刀具的横向和纵向进给。加工螺纹时，要求刀具移动和主轴传动有固定的比例关系。直流电动机 M 驱动主轴旋转，通风电动机为 TD，电动机转速可调，有点转和连转两种工作方式。主轴驱动电气原理如图 1-25 所示。

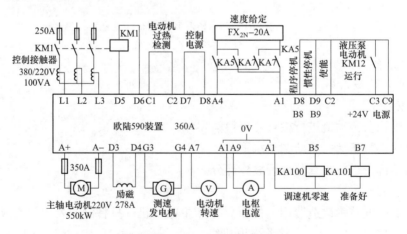

图 1-25 主轴驱动电气原理图

1）主轴换挡：该机床采用电气换挡，当手柄转换到某个挡位时，有相应指示灯 1BD、2BD、3BD 分别指示主轴一挡、二挡和三挡。

2）主轴点动：主轴点动不需要润滑泵运行，"主轴连动 A 点动选择"置主轴点动，分别按下"主轴正传"或"主轴反转"按钮时主轴旋转，松开按钮后停止。

3）主轴连动：连动条件是润滑正常且机械换挡到位，"主轴连动 A 点动选择"置主轴连动，分别按下"主轴正传"或"主轴反转"按钮，主轴便处于连续运转状态。

4) 主轴速度改变：主轴处于运转状态时，可通过"主轴加速"或"主轴减速"按钮改变主轴速度。

5) 辅助部分：包括润滑、冷却等。

控制原理：当送上主电源，启动装置，系统准备就绪 KA101 继电器吸合后，通过操作站上加减速按钮调速，使得带有数模转换的 PLC(FX2N-2DA) 输出的 DC±10V 给定电压变为所需要的电动机转速的给定电压；再通过正反转继电器 KA5 和 KA7 把调节好的给定电压从装置 A1、A4 端输入调速系统，经内部逻辑判断后输出正反电枢电压，从而进行正反转无极调速控制。当输出电压达到 $100\%U_a$(U_a 为电枢额定电压）时，系统自动进入弱磁升速状态。因此，要使主电动机能正常运转，端子 B8、B9、C5、C3 及 B7 必须有 +24V 电源。

3. PLC 设计

(1) 三菱 FX2N 系列 PLC。根据机床电气原理，选用三菱 FX2N 系列 PLC，其由内部软继电器替代大量的中间继电器，可使控制系统的可靠性大幅提高，从而减少了维护量，应用也更加灵活。该机床还选用了 FX2N-2DA 特殊功能模块（数字量转换为模拟量单元），可将 PLC 内部 12 位数字量转化为电压输出，作为传动装置的直流给定。

(2) PLC 设计原理。PLC 控制器采用模块化的功能设计，不同功能由不同模块完成，如图 1-26 所示。模块化的编程方法使整个程序的控制功能清晰，控制顺序调理清楚，便于识读和调试。

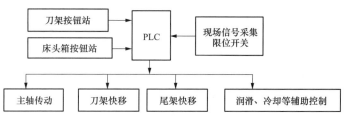

图 1-26 PLC 控制器功能模块框图

(3) PLC I/O 点分配及接线。通过分析该车床的电气原理图，确定对其进行 PLC 改造共需 40 个 I/O 点：数字量输入为 25 点，数字量输出为 16 点，模拟量输出为 1 点。数字量 I/O 分配及其地址编号见表 1-10。

PLC 外部接线如图 1-27 所示。PLC 扩展单元接线如图 1-28 所示。FX2N-2DA 为数字量转换为模拟量双通道模拟量输出模块，其数字输入为 12 位，由主单元内部提供 DC 24V 电源，该机床电压输出取 0~±10V。

(4) PLC 程序。除主轴部分控制较复杂外，其余部分控制相对简单，因此这里只重点介绍主轴控制部分的 PLC 程序。首先，要使主轴运转，就必须先启动润滑泵，且所有交流电动机无过热，590 装置准备就绪为前提，才能使主轴正常运转。选好主轴档位后，按下主轴正转按钮（X002 为 1），且工作制选择开关置于点动位置（X000 为 0）时，主轴正点运行；工作制选择开关置于连动位置（X000 为 1）时，主轴正转运行。同理，选择好主轴档位后，按下主轴反转按钮（X004 为 1），且工作制选择开关置于点动位置（X000 为 0）时，主轴反点运行；工作制选择开关置于连动位置（X000 为 1）时，主轴反转运行。闭点 X002 和 X004 为主轴正向运行（正点/正转）或反向运行（反点/反转）时的互锁点，开点 Y012 为正转自锁点，开点 Y013 为反转自锁点。主轴正、反转程序如图 1-29 所示。

表 1-10 数字量 I/O 分配及其地址编号表

名称	输入信号	编号	名称	输出信号	编号
	功能			功能	
SA1	主轴点动/连转选择	X0	HL1	交流电动机过热	Y0
SB1	刀架按钮站上主轴加速	X1	HL2	主轴故障	Y1
SB6	床头箱按钮站上主轴加速		HL3	压限位	Y2
SB2	刀架按钮站上主轴正转	X2	1BD	主轴第 1 挡	Y3
SB7	床头箱按钮站上主轴正转		2BD	主轴第 2 挡	Y4
SB3	刀架按钮站上主轴减速	X3	3BD	主轴第 3 挡	Y5
SB8	床头箱按钮站上主轴减速		2LD	润滑好	Y6
SB4	刀架按钮站上主轴反转	X4	2HD	润滑不好	Y7
SB9	床头箱按钮站上主轴反转		KM0	油泵电动机	Y10
SB5	刀架按钮站上主轴停止	X5	KA3	主轴电源	Y11
SB10	床头箱按钮站上主轴停止		KA5	主轴转速上升	Y12
SB11	床头箱按钮站上润滑启动	X6	KA7	主轴转速下降	Y13
SB12	床头箱按钮站上润滑停止	X7	KM14	刀架右移	Y20
SP1	润滑压力	X10	KM15	刀架左移	Y21
QF2-5	交流电动机过热	X11	KM20	尾架右移	Y30
KA100	零给定	X12	KM21	尾架左移	Y31
KA101	准备好	X13			
SB20	尾架电动机正转	X20			
SB21	尾架电动机反转	X21			
1XK	主轴 1 挡	X22			
2XK	主轴 2/3 挡	X23			
3XK	主轴 3 挡	X24			
4XK	主轴 2 挡	X25			
SB30	刀架电动机正转	X30			
SB31	刀架电动机反转	X31			

　　选主轴为连动（X000 为 1）时，通道 1 执行 D/A 转换，转换过程分 2 次将 16 位数写入 K16 中，即先将这个 16 位数拆散，把低 8 位写入 K16 中并保持好，再将高 8 位写入 K16 中，最后将 17 号中 b1 由 1 变为 0，执行通道 1 的 D/A 转换。只有在启动主轴正反转的情况下，按主轴加减速按钮才起作用。最先启动主轴加减速时，K800 通过 D/A 转换，即主轴以 2V 给定电压启动转速，以后根据实际情况增减速度，每按 1 次加速/减速，给定电压升高/降低 0.25V。主轴连动程序如图 1-30 所示。

　　选主轴为点动（X000 为 0）时，通道 1 执行 D/A 转换，转换过程与主轴连动时相同。只是主轴点动时，每次点动速度一致，即 K200 通过 D/A 转换为 0.5V 的给定电压。主轴在点动的情况下，按主轴加减速按钮不起作用。

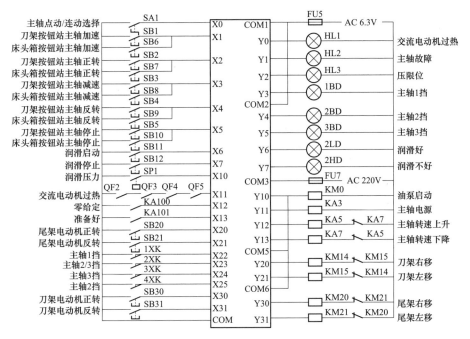

图 1-27 PLC 外部接线图

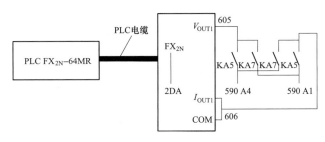

图 1-28 PLC 扩展单元接线图

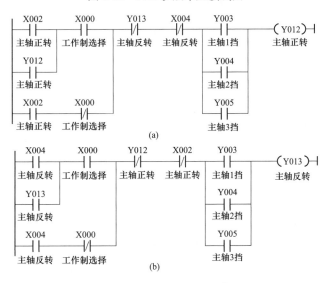

图 1-29 主轴正、反转程序图

（a）正转；（b）反转

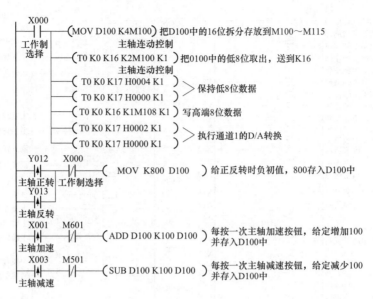

图 1-30　主轴连动程序图

主轴点动程序如图 1-31 所示。

图 1-31　主轴点动程序

1.7　数控车床故障分析与维修

1.7.1　数控技术在车床电气系统的应用

　　数控机床主要由程序介质、数控装置、伺服系统、机床主体四部分组成。程序介质用于记载机床加工零件的全部信息。如零件加工的工艺过程、工艺参数、位移数据、切削速度等。常用的程序介质有磁带、磁盘等。在计算机辅助设计与计算机辅助制造（CAD/CAM）集成系统中，加工程序可不需要任何载体而直接输入到数控系统。数控装置是控制机床运动的中枢系统，它的基本任务是接收程序介质带来的信息，按照规定的控制算法进行插补运算，把它们转换为伺服系统能够接收的指令信号，然后将结果由输出装置送到各坐标控制的伺服系统。伺服系统由伺服驱动电动机和伺服驱动装置组成。它的基本作用是接收数控装置发来的指令脉冲信号，控制机床执行部件的进给速度、方向和位移量，以完成零件的自动加工。

数控技术的应用给制造业带来了革命性的变化，当前数控车床呈现以下发展趋势。

1. 高速、高精密化

高速、精密是机床发展永恒的目标。随着科学技术突飞猛进的发展，机电产品更新换代速度加快，对零件加工的精度和表面质量的要求也越来越高。为满足这个复杂多变市场的需求，当前机床正向高速切削、干切削和准干切削方向发展，加工精度也在不断地提高。

同时，电主轴和直线电动机的成功应用，陶瓷滚珠轴承、高精度大导程空心内冷和滚珠螺母强冷的低温高速滚珠丝杠副及带滚珠保持器的直线导轨副等机床功能部件的面市，也为机床向高速、精密发展创造了条件。

数控车床采用电主轴，取消了皮带、带轮和齿轮等环节，大大减少了主传动的转动惯量，提高了主轴动态响应速度和工作精度，彻底解决了主轴高速运转时皮带和带轮等传动的振动和噪声问题。电主轴又称内置式电动机主轴单元，将高速的主轴电动机置于主轴内部，通过交流变频控制系统，使主轴获得所需的工作转速和转矩，实现电动机、主轴的一体化功能。电主轴可精确实现主轴的定位和轴传动功能。它融合了尖端的高速精密轴承、润滑技术、冷却技术、高速变频驱动技术，是技术含量很高的机电一体化产品。采用电主轴结构可使主轴转速达到 10000r/min 以上。

直线电动机驱动速度高，加减速特性好，有优越的响应特性和跟随精度。用直线电动机作伺服驱动，省去了滚珠丝杠这一中间传动环节，消除了传动间隙（包括反向间隙），运动惯量小，系统刚性好，在高速下能精密定位，从而极大地提高了伺服精度。直线滚动导轨副，由于其具有各向间隙为零和非常小的滚动摩擦，磨损小，发热可忽略不计，有非常好的热稳定性，提高了全程的定位精度和重复定位精度。通过直线电动机和直线滚动导轨副的应用，可使机床的快速移动速度由原来的 10～20m/min 提高到 60～80m/min，甚至高达 120m/min。

2. 高可靠性

数控机床的可靠性是数控机床产品质量的一项关键性指标。数控机床能否发挥其高性能、高精度和高效率，并获得良好的效益，关键取决于其可靠性的高低。

3. 数控车床设计 CAD 化、结构设计模块化

随着计算机应用的普及及软件技术的发展，CAD 技术得到了广泛发展。CAD 不仅可以替代人工完成烦琐的绘图工作，更重要的是可以进行设计方案选择和大件整机的静、动态特性分析、计算、预测及优化设计，可以对整机各工作部件进行动态模拟仿真。在模块化的基础上在设计阶段就可以看出产品的三维几何模型和逼真的色彩。采用 CAD，还可以大大提高工作效率，提高设计的一次成功率，从而缩短试制周期，降低设计成本，提高市场竞争能力。通过对机床部件进行模块化设计，不仅能减少重复性劳动，而且可以快速响应市场，缩短产品开发设计周期。

4. 功能复合化

功能复合化的目的是进一步提高机床的生产效率，使用于非加工的辅助时间减至最少。通过功能的复合化，可以扩大机床的使用范围、提高效率，实现一机多用、一机多能，即一台数控车床既可以实现车削功能，也可以实现铣削加工；或在以铣为主的机床上也可以实现磨削加工。

5. 智能化、网络化、柔性化和集成化

21 世纪的数控装备将是具有一定智能化的系统。智能化的内容包括在数控系统中的各个方面：为追求加工效率和加工质量方面的智能化，如加工过程的自适应控制，工艺参数自动生成；为提高驱动性能及使用连接方面的智能化，如前馈控制、电动机参数的自适应运算、自动识别负载自动选定模型、自整定等；简化编程、简化操作方面的智能化，如智能化的自动编程、智能化的人机界面等；还有智能诊断、智能监控等方面的内容，以方便系统的诊断及维修等。

网络化数控装备是近年来机床发展的一个热点。数控装备的网络化将极大地满足生产线、制造系统、制造企业对信息集成的需求，也是实现新的制造模式，如敏捷制造、虚拟企业、全球制造的基础单元。

数控机床向柔性自动化系统发展的趋势是从点（数控单机、加工中心和数控复合加工机床）、线（FMC、FMS、FTL、FML）向面（工段车间独立制造岛、FA）、体（CIMS、分布式网络集成制造系统）的方向发展。另一方面向注重应用性和经济性方向发展。柔性自动化技术是制造业适应动态市场需求及产品迅速更新的主要手段，是各国制造业发展的主流趋势，是先进制造领域的基础技术。其重点是以提高系统的可靠性、实用化为前提，以易于联网和集成为目标，注重加强单元技术的开拓和完善。

CNC 单机向高精度、高速度和高柔性方向发展。数控机床及其构成柔性制造系统能方便地与 CAD、CAM、CAPP 及 MTS 等连接，向信息集成方向发展。网络系统向开放、集成和智能化方向发展。

1.7.2 数控机床步进进给驱动系统的电气故障分析与维修

数控机床的进给驱动系统是一种位置随动与定位系统，它在一定程度上决定了数控系统的性能和数控机床的档次。进给驱动系统的作用：放大来自 CNC 装置的控制信号，具有功率输出能力；根据 CNC 装置发出的控制信号对机床移动部件的位置和速度进行控制。

进给驱动系统由 CNC 装置、驱动器和执行电动机组成。现阶段工业常用的数控机床，其进给驱动系统一般可以分为两大类：步进进给驱动系统和伺服进给驱动系统。其中，步进驱动系统具有较好的定位精度，无漂移和累计定位误差，性价比较高，主要应用于经济型数控机床。

1. 步进进给驱动系统的电气控制原理

以采用雷塞 M535S 步进驱动器和 57HS13 混合式步进电动机的华中数控 HNC-21TF 数控车床的步进进给驱动系统为例，其控制原理如图 1-32 所示。主要接口有以下几种。

（1）电源接口（＋V，GND）：接入由数控系统电源模块中的整流桥提供的 DC36V 电源，作为驱动动力。

（2）指令接口（CP＋/－，DIR＋/－）：M535S 步进驱动器采用脉冲接口，接收由数控系统 XS30 接口提供的脉冲指令信号。脉冲指令接口有 3 种控制方式：单脉冲、双脉冲和 AB 相脉冲。步进电动机驱动装置一般只提供单脉冲方式。CP 脉冲的个数决定步进电动机转过的角度，CP 的频率决定步进电动机的转速，DIR 的方向决定电动机的转向。

（3）电动机电源接口（A＋/－，B＋/－）：M535S 两相步进驱动器可以带两相的步进电

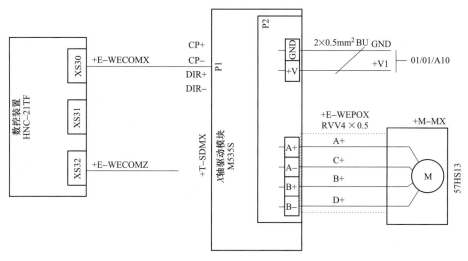

图 1-32　HNC-21TF 数控车床步进进给驱动系统的电气控制原理

动机,也可以带四相的。若所带步进电动机是两相的,将各个接线端子对应连接即可。若带的是四相的,可以有串联和并联两种接法。其中串联接法的特点是低速大转矩,高速特性差;并联接法的特点是低速转矩差,高速特性好。

2. 步进进给驱动系统的故障排查

(1) 步进电动机不转。

1) 检查驱动器的直流供电电源是否正常。观察步进驱动器的电源指示灯是否点亮,还可以用数字万用表的直流电压挡检查端子+V 和 GND 之间的电压是否为 DC36V 左右,M535S 允许的电压范围为 DC24~48V,若电压缺失或不正常,则可用置换法排查上位供电电源是否正常。

2) 检查步进驱动器的拨码开关设置是否正确。M535S 驱动器采用八位拨码开关设定细分精度、动态电流和半流/全流功能,如图 1-33 所示。

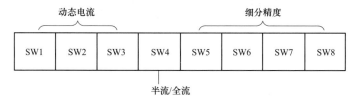

图 1-33　M535S 驱动器拨码开关功能

若没有参照 M535S 的说明书且根据进给驱动系统的实际情况正确设置八位拨码开关的ON/OFF,步进驱动系统就可能会在接到运行指令后不动作。

3) 检查数控系统对应轴参数和硬件配置参数是否正确。数控系统控制步进驱动器时,应按表 1-11 设置轴参数,按表 1-12 设置硬件配置参数。修改轴参数后需重启系统。

(2) 伺服电动机旋向错误。

1) 检查步进驱动器接线是否正确。重点排查 DIR+/-,A+/-或 B+/-中的任意一对是否接反,若接反,会导致步进电动机反转。

表 1-11 坐标轴参数设置

参数名	参数值	说　　明
外部脉冲当量分子	25	根据数控系统的步进电动机的实际
外部脉冲当量分母	256	参数计算
伺服驱动型号	46	无反馈开环系统
伺服驱动器的部件号	0	对应于驱动器连接的脉冲接口名
最大跟踪误差	0	开环系统必须屏蔽跟踪误差
电动机每转脉冲数	200	对应于步进电动机的步距角
伺服内部参数［0］	4	步进电动机的拍数

表 1-12 硬件配置

参数名	型号	标识	地址	配置［0］	配置［1］
部件 0	5301	46（不带反馈）	0	0（单脉冲）	0

2）查看数控系统参数中对应的"轴参数"（见图 1-34），将"外部脉冲当量分子"或"分母"的符号改变，重启数控系统，就会发现电动机的旋向改正了。

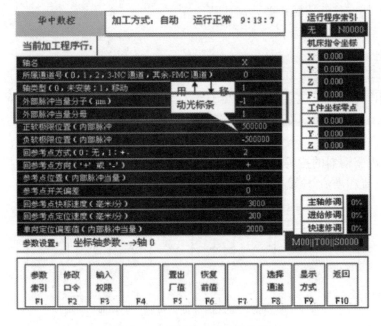

图 1-34　HNC-21TF 的轴参数

（3）步进电动机对应的机床工作台移动距离与指令不符。

这种情况是外部脉冲当量（外部脉冲当量分子与分母的比值）与机床实际参数不符造成的。对于步进驱动系统而言，外部脉冲当量的计算方法为：

$$\frac{\text{外部脉冲当量分子}(\mu m)}{\text{外部脉冲当量分母}}=\frac{L \cdot J}{N \cdot X_1 \cdot X_2}$$

式中　L——丝杆螺距；

J——机床进给轴的机械传动齿轮比；

N——电动机每转一圈所需要的脉冲数；

X_1——数控系统的细分数；

X_2——伺服驱动器的内部电子齿轮比。

修改数控系统参数后，重启系统即可。

（4）步进电动机低速时堵转。

1）若步进电动机经常工作在低速段，则可将驱动器与步进电动机按串联方式连接［见图 1-35（a）］，因为串联连接的特点是低速大转矩。

2）若步进电动机经常工作在高速段，则可将驱动器与步进电动机按并联方式连接［见图 1-35（b）］。但要通过拨码开关，将步进驱动的输出电流增大为步进电动机额定相电流的1.4 倍，这样才不至于降低低频段的输出转矩而导致堵转。

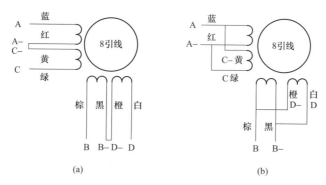

图 1-35　步进电动机串联与并联接法

（a）串行连接；（b）并行连接

对数控机床的步进进给驱动系统电气故障，应从电气控制线路、系统参数及驱动器设置3 个方面进行故障分析和排查。数控系统参数和步进驱动器参数一般在出厂时就已设置好，用户不应频繁修改，如果修改则一定要做维修记录，以便下一次维修时查阅。

1.7.3　数控车床主轴控制系统及故障排除

主轴旋转运动是数控车床的主运动，输出功率大，在使用过程中启动频繁，容易出现故障，因此，主轴故障是数控车床中最常见的故障之一。对于数控维修人员，能根据故障现象，进行分析、判断故障的部位并进行排除是必备的技能之一，同时也是从业人员岗位职业能力的基本要求。

1. 数控车床主轴驱动系统的特点及要求

主轴控制系统的作用是按程序要求驱动主轴，在数控车床的加工方式中，主轴主要是带动工件旋转，与进给伺服驱动轴相配合，完成切削运动。数控车床对主轴位置精度和速度调节不像要求进给伺服系统那样高，所以执行部件多采用通用交流异步电动机，很少采用价格昂贵的永磁交流伺服电动机，"变频器＋交流异步电动机"进行矢量控制、编码器进行速度检测的方式，可以满足一般精度零件加工和车削螺纹的要求，并且调速方便，造价成本相对较低，被广泛采用。沈阳华中数控系统 CAK36S 型数控车床主轴驱动系统采用此种配置形式。

数控车床的主轴运动是传递主切削力，消耗的功率占到机床总功率的60%左右，所以驱动系统要有足够的功率、刚性好、低转速时要保持足够的转矩；另外，要适应不同加工工艺对主轴转速的要求，如车削螺纹、粗加工及精加工等，需要主轴有较宽的调速范围。

2. 主轴电气控制电路组成与原理解析

在此以沈阳华中数控系统CAK36S型数控车床为例，介绍主轴驱动电路的控制原理。

(1) 主轴控制电路。主轴控制电气原理图如图1-36所示。其中变频器采用VACON变频器，三相电源通过空气开关QF1接入，U、V、W外接三相异步主轴电动机，电动机的速度通过数控系统的XS9输出到变频器的"0～10V模拟电压"引脚进行控制，而电动机的转向通过继电器KA4(正转)，KA5(反转) 触点的闭合接通变频器的8、9脚为低电平进行控制（具体工作模式可以通过变频器的参数进行设置）。

(2) 控制原理。主轴正（反）转控制原理框图如图1-37所示。

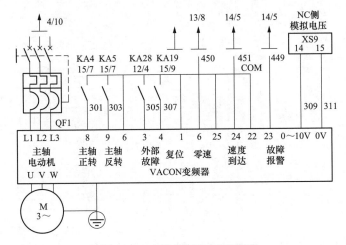

图1-36　主轴控制电气原理图

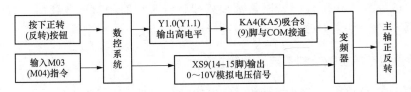

图1-37　主轴正（反）控制原理框图

M03指令输入或是按下"手动正转"按钮，数控系统经过译码PLC Y1.0输出，KA4继电器通电，主触点闭合，变频器工作在"正转"模式；M04指令输入或是按下"手动反转"按钮，数控系统经过译码PLC Y1.1输出，KA5继电器通电，主触点闭合，变频器工作在"反转"模式；MOS指令输入或是按下"手动停止"按钮，数控系统经过译码，PLC Y1.0，Y1.1无输出，主触点断开，变频器工作在"停止"模式。输出端子接口板如图1-38所示。

变频器的第3脚外接KA28继电器的主触点，当此引脚断开，变频器工作在"故障"模式（禁止电动机运转），第4脚的"复位"信号是当故障解除后，数控系统需外加至变频器一个"复位"信号，以便主轴电动机后续能够正常启动，此电路是通过数控系统的PLC输出 Y1.6 驱动 KA19 继电器来实现。另外的"零速"信号、"速度到达"和"故障报警"信号反馈至数控系统，作为数控系统决策、调节的依据；其转速通过安装在主轴上的编码器反馈给数控系统，数控系统接收到转速信号后，再通过输出端口 XS9 调节 0～10V 直流模拟电压对转速进行控制。

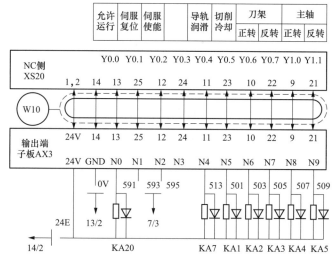

图 1-38　输出端子接口板

3. 主轴常见故障类型及原因分析

主轴常见的故障现象有过流、过载、不能旋转及转速不稳等，其原因有电气、机械、外部电网、环境干扰、用户使用及加工参数等方面的原因，故障的类型、原因分析及排除见表 1-13。

表 1-13　　　　　　　　　主轴常见故障类型原因分析及排除

故障现象	可能原因	排除措施
主轴不能旋转	机械传动部分卡死	重点检查传动系统
	控制系统及电动机存在故障	对照控制原理图排查
	负载过重	减小切削用量
变频器电动机过流过载	变频器及电动机的容量较小	选配适宜容量
	加减速时间常数设置过小	加大时间常数
	负载过重	减小切削用量
转速不稳	负载波动大	增大电动机变频器容量
	电源电压不稳	采取稳压措施
	编码器故障或性能不良	更换或维修编码器
主轴振动噪声过大	机械传动系统缺少润滑或皮带传动链过紧，轴承损坏等	维修、保养、更换
	变频器增益参数设置不当	重新设置
	系统电源相序不正确或缺相	调整校对
	电动机三相绕组对地或相互间局部短路	检查维修

4. 维修实例

在此结合一实例说明主轴故障诊断与排除的具体过程。

(1) 故障现象及背景。某数控车床(沈阳华中数控系统 CAK36S 型),检查机床性能,启动数控系统,按下"主轴正转"按钮发现主轴不能正向旋转。

(2) 维修思路。

1) 结合故障发生的背景,初步判断故障的可能原因:了解在什么时候、什么情况下发生的故障,当初有何现象发生等,有助于尽快锁定故障原因。本实例中机床是经过假期后发生故障的,初步判定这和机床假期的长期闲置有关,如暑假多雨、湿度大及电气元件易受潮失效等。

2) 验证机床功能,进一步缩小故障范围:首先,在主轴不能旋转的情况下看刀架是否可以转位,如果刀位也不能旋转则故障多发生于它们的公共电路部分,如输出控制端口、强电电路等,结果没有发现问题;然后确定主轴只是单向不能正转(反转),还是两个方向都不能旋转。发现主轴的反向旋转正常,这就进一步锁定故障点存在于主轴"正转"的单向控制电路中。

3) 诊断故障,锁定故障点:为了进一步快速缩小故障排查范围,以主轴电动机的正(反)转控制继电器 KA4(KA5)是否吸合为分界点,用以判断故障点是存在于控制继电器之前还是之后,根据电气控制原理图逐一排查,详细的故障诊断流程如图 1-39 所示。

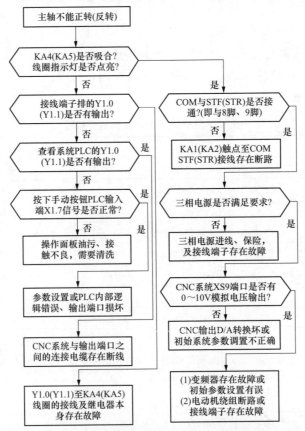

图 1-39 主轴不能正(反)转故障诊断流程图

根据图 1-39 所示的排查思路，首先发现 KA4 继电器未吸合（吸合指示灯未亮），再用万用表测量 KA4 继电器的驱动线圈发现无电压，进一步通过输出端子板上的指示灯确认输出端子板的 N8（507 号线，参见图 1-38 输出端子接口板）及通过数控系统菜单查看 PLCY1.0 的输出正常，因此确定故障点发生于 KA4 继电器驱动线圈至输出端子板之间的连接线部分。

（3）故障排除。用螺丝刀旋下输出端口的 507 号线，发现连接线的"圆柱型"金属接头已经生锈，换上新的接头，用压线钳压牢，开机启动主轴，运转恢复正常。

1.7.4 数控车床电动刀架故障诊断与维修

电动刀架是数控车床进行自动换刀的实现机构。电动刀架具有典型的机械传动机构，具有电动机正反转控制、PLC 程序控制等数控机床电气控制的核心内容。同时，电动刀架的正常运转直接影响到机床的加工效率和稳定性，电动刀架一旦出现故障，轻则机床不能加工工件，重则造成废品甚至出现碰撞等重大事故。在此以常见的基于 FANUC 数控系统的数控车床为例，分析归纳电动刀架的故障诊断方法。

1. 电动刀架的结构及控制原理

（1）电动刀架的机械结构。以 LDB4 电动刀架为例，该刀架由电动机、蜗轮蜗杆机构、传动轴、蜗杆、下齿盘、上齿盘、定位槽、插销、丝杠螺母机构、反靠槽、霍尔开关、磁性板霍尔元件电路或干簧管、微动开关电路等组成。使用 FANUC 系统的数控车床，电动刀架的控制都是通过 PMC 的控制来实现信号的输入输出。电动刀架的机械结构实际是一蜗轮蜗杆减速器，可以起到减速及增大输出转矩的作用。刀架机械结构中核心是蜗轮蜗杆传动机构，蜗轮蜗杆机构可以实现较大的传动比，传动平稳。刀架的机械结构如图 1-40 所示。

（2）刀架的电气控制原理图及动作顺序。刀架的电气控制通过 PLC 进行信号的输入、输出，电气控制回路通过中间继电器的常开触点来控制刀架正反转的交流接触器线圈。电气控制原理图如图 1-41 所示。

当数控系统发出换刀指令，并把指令送给 PLC，PLC 收到该指令后，判断换刀位置是否在当前位，如果换刀位置是当前位，则刀架不动作，若不在当前位，则 PLC 发出换刀指令控制中间继电器 KA5 得电，刀架换位控制接触器 KM2 接通 220V 交流电源，KM2 吸合，换刀电动机通入 380V 正向旋转电压，驱动蜗杆减速机构、螺杆升降机构使上刀体上升。

蜗轮蜗杆机构带动上刀体上升到一定高度时，离合转盘带动上刀体旋转。刀架上每个刀位都安装一个霍尔元件，分别对应刀具号 T1～T4，当刀架转动到某刀位时，该刀位上霍尔元件向数控系统输入低电平，而其他刀位霍尔元件输出高电平。但 FANUC 数控系统只能接收高电平信号，所以通过继电器模块使刀架当前刀位的低电平信号转换为高电平信号，通过分线器模块再送给数控系统。

刀架在转动过程中，4 个霍尔元件不断检测刀架的位置并向 PLC 反馈刀位信号。数控系统将反馈刀位信号（当前刀位信号）与指令刀位（需换刀刀位）相比较，当两信号相同时，说明上刀架已在所选刀位，否则继续旋转。转到所选刀号后，PLC 控制使得 KA5 断开，而 KA6 接通，刀架反转控制接触器 KM3 接通 220V 交流电源，KM3 吸合，换刀电动机反转，活动销反靠在反靠盘上初定位。

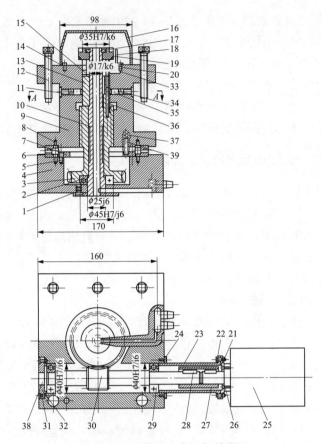

图 1-40 数控车床刀架结构

1—内六角头螺钉 M6×10；2、15—推力球轴承；3—蜗轮；4—下刀架体；5、8、14、20—螺钉 M2×8；
6—齿盘；7—反靠盘；9—上刀架体；10—中心轴；11—开槽盘头螺钉 M8×10；12—螺钉 M10×65；13—反靠套筒；
16、21 端盖；17—螺母；18—电刷；19—霍尔元件；22—螺栓；23、33—套筒；24—开槽盘头螺钉；25—电动机；
26—开槽盘头螺钉 M2×8；27—套筒联轴器；28—键 5×20；29—轴承；30—蜗杆轴；31—开槽沉头螺钉 M4×8；
32—轴承盖；34、37—弹簧；35—碰销；36—圆柱销；38—螺旋盖；39—反靠销

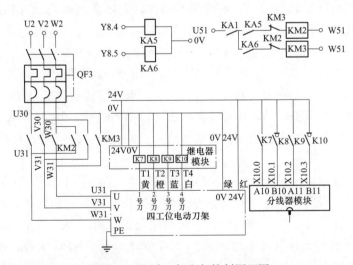

图 1-41 电动刀架电气控制原理图

在活动销的作用下，蜗轮蜗杆机构带动刀体下降，直至齿轮盘啮合，完成精定位，通过锁紧螺母锁紧刀架，刀架电动机反转延时时间到，PLC 发出换刀完成信号，KM3 断电，切断电源，电动机停转，换刀过程完成，可进行其他操作。

2. 电动刀架的 PLC 控制原理

刀架 PLC 程序框图（见图 1-42）中主要是 MDI 和自动方式的 PLC 控制逻辑关系，对于手动方式，只需通过按键即可实现，程序简单。

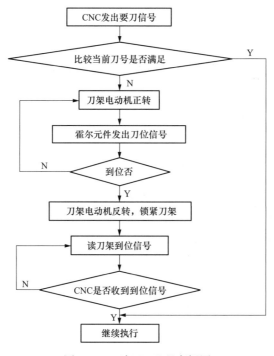

图 1-42　刀架 PLC 程序框图

3. 电动刀架的常见故障

电动刀架的故障主要分为两类：一是机械故障，二是电气故障。

（1）电动刀架故障诊断实例一。

故障现象：一台应用 FANUC Oi 系统的四刀位数控车床，发生 3 号刀位找不到，其他刀位能正常换刀的故障现象。

故障分析：只有 3 号刀找不到刀位，所以可以在手动方式下再现故障现象，判断是机械故障还是电气方面的故障。通过再现故障，确定是电气故障。调出 PMC 程序（见图 1-43），查看刀架换刀是否有输出信号。

通过手动换刀，当到 3 号刀位时，刀架正转输出继电器 Y8.4 一直有输出，刀架刀位判断信号 R621.1 一直不输出"1"，说明刀架一直不到位。由此判断可能是刀位检测信号出问题。检测 3 号刀位信号的信号转换继电器，发现继电器触点、线圈正常，判断可能是霍尔元件的线路或霍尔元件本身出了问题。用万用表检测，发现霍尔元件本身故障。

解决措施：更换新的霍尔元件，再执行换刀，各种动作均正常，故障解决。

（2）电动刀架故障诊断实例二。

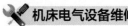

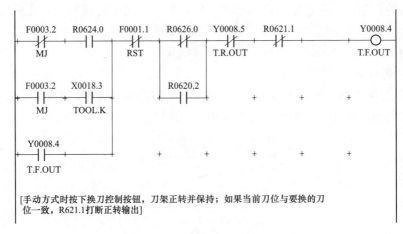

[手动方式时按下换刀控制按钮，刀架正转并保持；如果当前刀位与要换的刀
 位一致，R621.1打断正转输出]

图 1-43　PMC 程序

故障现象：一台应用 FANUC Oi 系统的数控车床，四工位刀架在换刀过程中，刀架电动机有瞬时停止现象。

故障分析：根据故障现象，分析可能是控制换刀的信号有瞬时中断的情况。在手动换刀方式下，通过 PMC 的诊断功能，观察刀架正转输出信号正常。考虑可能是外围电路出现问题，对照电路图发现可能是控制刀架正转的中间继电器和交流接触器的触点接触不良所致。

解决方法：采用模块置换法，更换控制刀架的中间继电器，刀架恢复正常。

4. 技术要点

刀架故障种类很多，具体问题要具体分析。在电动刀架故障诊断与维修中，可从以下几个方面考虑。

（1）首先要仔细观察故障现象，准确判断故障类型（机械或电气故障）。这一点非常关键，关系到是否能够快速准确解除故障。观察故障现象一定要仔细认真，不放过任何一个细节，不盲目处置。

（2）充分利用 PLC 来进行故障诊断。通过 PLC 程序可以快速地诊断出刀架输出信号是否正常，从而可以快速判断故障的来源。

（3）根据刀架控制原理及实践经验，刀架常见故障主要发生在刀架的位置检测元件、锁紧装置、继电器及接触器触点上。

（4）借助检测工具、电路图等进行检测和分析，对刀架故障进行定位。

（5）定位故障后，采用更换或其他维修措施解决故障。

1.7.5　数控车床伺服刀塔故障诊断与维修

数控刀塔是数控车床的重要组成部分，它是通过刀塔头的旋转、分度、定位来实现机床的自动换刀，其结构特性直接影响着机床的切削性能和工作效率。数控刀塔按其驱动方式，一般可分为液压刀塔、电动刀塔和伺服刀塔。其中伺服刀塔以高速、高精度、高可靠性、大扭矩、结构简单、维修方便等显著特点代表着数控刀塔技术的发展方向，符合当今数控机床高速、高精度的发展趋势，因此在国内外的中、高档数控车床中得到越来越广泛的应用。

1. SAUTER 伺服刀塔结构与工作原理

德马吉森精机公司 CTX-320 型数控车床，采用德国 SAUTER 品牌伺服刀塔（0.5.450.416），此伺服刀塔配备动力头，刀塔定位和动力头共用电动机，具有高精度定位、双向就近选刀、液压锁定、超载保护等特性，且内部采用三片式啮合机构，使刀塔在换刀时不会抬起，避免铁屑及水气进入刀塔内部，损坏刀塔。

刀塔机械结构和液压原理图如图 1-44 所示。该型号伺服刀塔具有 12 个刀位，刀盘上还能安装动力刀头，可车、铣两用，采用回转刀架换刀方式实现换刀动作。

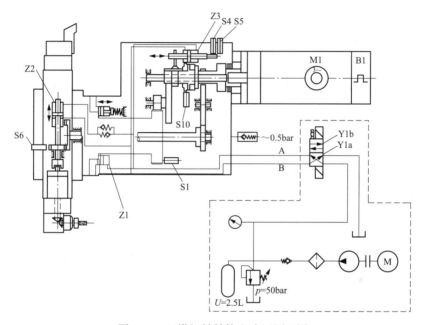

图 1-44　刀塔机械结构和液压原理图

M1—伺服电动机；B1—编码器；S1—刀塔零位检测开关；S4—刀塔锁紧检测开关；

S5—刀塔放松检测开关；S6—动力头旋转检测开关；S10—啮合到位检测开关；

Z1—刀盘液压缸；Z2—动力头液压缸；Z3—刀盘旋转液压缸；

A—刀塔锁紧控制油路；B—刀塔放松控制油路

SAUTER 伺服刀塔的控制由 PCU 单元、伺服放大器、伺服电动机及液压锁紧机构组成，刀塔换刀由 PCU 单元内的 PLC 编程实现。SAUTER 刀塔动力头和刀塔旋转共用同一伺服电动机，该伺服电动机主要有两个功能：平时驱动动力刀头旋转；换刀时驱动刀塔旋转。参照 CTX-320 型数控车床电气原理图，伺服刀塔换刀动作 PLC 接口信号见表 1-14。

表 1-14　　　　　　　　　伺服刀塔换刀动作 PLC 接口信号表

序号	PLC 地址	检测控制	接口类型	含　义
1	E35.4	S1	机床→PLC	刀塔零位检测输入信号
2	E35.5	S5	机床→PLC	刀塔放松检测输入信号
3	E35.6	S4	机床→PLC	刀塔锁紧检测输入信号
4	E35.7	S6	机床→PLC	动力头旋转检测输入信号

序号	PLC 地址	检测控制	接口类型	含义
5	E36.1	S10	机床→PLC	啮合到位检测输入信号
6	A48.6	Y1a	PLC→机床	刀塔刀盘锁紧输出信号
7	A48.7	Y1b	PLC→机床	刀塔刀盘放松输出信号

结合图 1-44 和表 1-14，分析刀塔换刀过程（以自动换刀为例）：输入换刀指令后，按程序自动执行按键，若刀架在指定刀位，则无任何动作；如果刀架不在指定刀位，则顺序完成以下过程。

（1）刀塔刀盘放松电磁阀 Y1b 打开，刀盘锁紧电磁阀 Y1a 关闭，刀盘液压缸 Z1 向左移动，刀盘啮合脱开，动力头液压缸 Z2 向下移动，动力头不能旋转，到位后 S6 指示灯灭。

（2）刀盘旋转液压缸 Z3 向右移动，S4 指示灯灭，S5 指示灯亮，给 PLC 发出"刀盘松开"信号，进入换刀模式。

（3）带绝对编码器的交流伺服电动机，按最短距离顺时针或逆时针旋转到指定刀位。

（4）刀塔刀盘锁紧电磁阀 Y1a 打开，刀盘放松电磁阀 Y1b 关闭，刀盘液压缸 Z1 向右移动，刀盘啮合，动力头液压缸 Z2 向上移动，动力头旋转，到位后 S6 指示灯亮。

（5）刀盘旋转液压缸 Z3 向左移动，S4 指示灯亮，S5 指示灯灭，给 PLC 发出"刀盘锁紧"信号，处于平时动力刀工作位置。

2. 诊断与修复

德马吉森精机公司 CTX-320 型数控车床，采用德国 SAUTER 品牌伺服刀塔，在使用过程中，出现了自动换刀指令输入执行后，刀塔刀盘不旋转故障，无法换刀，致使机床无法加工工件。

从故障现象分析，刀塔不旋转可能原因如下。

（1）液压换向阀故障、液压阀线路不通或 PLC 输出点故障，致使刀塔刀盘啮合未松开，刀塔不能旋转。

（2）检测霍尔元器件故障，未能检测到刀塔刀盘放松信号。

（3）刀塔内部故障，机械结构不能实现啮合松开。

为了监控刀塔各个霍尔元器件输入状态，需要刀塔诊断画面，PLC 输入输出点的状态，需要用到 PLC 状态监控画面。故障分析与诊断采取由简单到复杂，由电气到机械的方式进行，对可能原因逐步分析排除。

（1）根据换刀工作过程分析，换刀首先电磁阀 Y1b 打开，即 A48.7 为"1"，A48.6 为"0"，从 PLC 监控画面可见，PLC 输出正常，排除 PLC 输出点故障可能性。

（2）手动液压阀后，S5 状态为"1"，S4 状态为"0"，完成拨叉位置改变，由动力头旋转状态切换至刀塔刀盘旋转工作状态，排除检测开关和刀塔内部机械故障可能性。

（3）自动换刀时，在刀塔状态监控画面，S5 和 S4 状态未改变，即内部拨叉开关还处于动力刀工作状态，再检查液压阀线路上 LED 指示灯，绿色状态未改变，判断是否液压阀不良或线路不良，检测后发现，电缆插头处接触不良，导致液压阀不能完成油路切换，未能推动刀盘旋转液压缸 Z3 动作，实现刀塔刀盘啮合脱开，故刀塔刀盘不能旋转。

通过紧固电缆和液压阀紧固螺钉，保证电缆信号和电磁阀触点良好接触。使得液压阀工作正常，排除了自动换刀刀塔刀盘不旋转故障，恢复了刀塔换刀功能。

SAUTER刀塔换刀不动作故障的排除，需要先利用原理分析法和状态分析法，充分结合刀塔机械结构图、液压图和检测技术，分析引起故障可能原因，逐步排除，最终确定故障由于电缆连接不良，导致液压阀工作不正常。该故障排除过程中，刀塔换刀工作过程的分析对SAUTER品牌伺服刀塔故障排除具有一定借鉴意义。

1.7.6 数控机床电源故障的诊断及维护

1. 数控机床电源

电源是电路板的能源供应部分，电源不正常，电路板的工作必然异常，而且电源部分故障率较高，修理时应足够重视，在用外观法检查后，可先对电源部分进行检查。

电路板的工作电源，有的是由外部电源系统供给；有的由板上本身的稳压电路产生，电源检查包括输出电压稳定性检查和输出纹波检查。输出纹波过大，会引起系统不稳定，用示波器交流输入档可检查纹波幅值，纹波大一般是由集成稳压器损坏或滤波电容不良引起运算放大器、比较器，有些用单电源供电，有些用双电源供电，用双电源的运放，要求正负供电对称，其差值一般不能大于0.2V（具有调零功能的运放除外）。

2. 数控机床电源故障

数控系统中对各电路板供电的系统电源大多数采用开关型稳压电源这类电源种类繁多，故障率也较高，但大部分都是分立元件，用万用表、示波器即可进行检查，机修开关电源时，最好在电源输入端接一只1∶1的隔离变压器，以防触电。电源常见几种故障见表1-15。

表 1-15　　　　　　　　　　　　电源常见故障

故障现象		故障原因	排除方法
系统上电后系统没有反应、电源不能接通	电源指示灯不亮	(1) 外部电源没有提供、电源电压过低、缺相或外部形成了短路 (2) 电源的保护装置跳闸或熔断形成电源开路 (3) PLC的地址错误或者互锁装置使电源不能正常接通 (4) 系统上电按钮接触不良或脱落 (5) 电源模块不良、元气件的损坏引起的故障（熔断器熔断、浪涌吸收器的短路等）	(1) 检查外部电源 (2) 合上开关、更换熔断器 (3) 更改PLC的地址或接线 (4) 更换按钮重新安装 (5) 更换元器件或更换电源模块
	电源指示灯亮系统无反应	(1) 接通电源的条件未满足 (2) 系统黑屏 (3) 系统文件被破坏，没有进入系统	(1) 检查电源的接通条件是否满足 (2) 见"显示类故障"排除方法 (3) 修复系统
强电部分接通后、马上跳闸		(1) 机床设计时选择的空气开关容量过小，或空气开关的电流选择拨码开关选择了一个较小的电流 (2) 机床上使用了较大功率的变频器或伺服驱动，并且在变频器或伺服驱动的电源进线前没有使用隔离变压器或电感器，变频器或伺服驱动在上强电时电流有较大的波动，超过了空气开关的限定电流，引起跳闸 (3) 系统强电电源接通条件未满足	(1) 更换空气开关，或重新选择使用电流 (2) 在使用时须外接一电抗 (3) 逐步检查电源上强电所需的各种条件，排除故障

63

续表

故障现象	故障原因	排除方法
电源模块故障	(1) 整流桥损坏引起电源短路 (2) 续流二极管损坏引起的短路 (3) 电源模块外部电源短路 (4) 滤波电容损坏引起的故障 (5) 供电电源功率不足使电源模块不能正常工作	(1) 更换 (2) 更换 (3) 调整线路 (4) 更换 (5) 增大供电电源的功率
系统在工作过程中，突然断电	(1) 切削力太大，使机床过载引起空开跳闸 (2) 机床设计时选择的空气开关容量过小，引起空开跳闸 (3) 机床出现漏电	(1) 调整切削参数 (2) 更换空气开关 (3) 检查线路

3. 电源故障案例

故障现象：一普通数控车床，NC 启动就断电，且 CRT 无显示。

故障分析与排除：初步分析可能是某处接地不良，经过对各个接地点的检测处理，故障未排除之后检查了一下 CNC 各个板的电压，用示波器测量发现数字接口板上集成电路的工作电压有较强的纹波，经检查电源低频滤波电容正常。在电源两端并接一小容量滤波电容，启动机床正常。本故障为 CNC 系统电源抗干扰能力不强所致。

1.7.7 数控机床主轴编码器故障及处理

1. 故障现象

一台型号为 SVT160×10/5Q-NC 的高速数控单柱立式车床开机时出现主轴不动作，CRT 显示伺服故障，报警号 025201，显示内容为"轴 Z1 主动编码器硬件出错"。再次开机显示内容为"380500，Profibus-DP：驱动 Z1，代码 504，数值 0，3137 出错"。

该机采用 SINUMERIK 802D 数控系统，伺服驱动系统是 SIMODRIVE 611D+1FT6 伺服电动机，主轴角度检测元件是主轴电动机（型号为 1FT6105-1AC71-4AH1，不带 DRIVE-CLIQ 风冷电动机）的内嵌编码器（型号为 6FX2001-2CF00）。

根据 NCK 自诊断系统提供的信息和提示，"轴 Z1 主动编码器硬件出错"，"总线 Profibus-DP 出错"，应该是编码器故障。

2. 处理经过

在排除了机床周围有大型电动机、电焊机频繁启动造成的干扰，及和动力线同一管道传输等问题后，对数控系统进行了下列检查。

（1）进行零部件、系统线路外观检查。因该编码器属于内置编码器，外观无法检查。故先判断是否 Z 轴伺服单元故障，外观检查伺服电动机，未见异常，因该机床的伺服电动机倒立在立柱的顶端，拆卸机械部分检查的工作量较大，因此先对电气部分的主轴控制器及电动机和进给模块上的实际值插头、测量电路插头进行检查，未发现问题，可排除控制器故障。

（2）拆卸电动机进行机械部分检查。为确定故障在电动机还是在机械传动部分，Z 轴机械传动系统的连接是否有问题，必须将电动机和机械传动部分脱离。因此，在立柱顶端先查看 Z 轴伺服电动机与丝杠间联轴器是否存在异常或间隙，压紧螺母或法兰是否有松动，伺服电动机、丝杠轴头或其他相关部件是否磨损，均未发现问题。拆卸下伺服电动机，手握住 Z

轴滚珠丝杠轻轻用力，能够转动丝杠，说明问题不在机械传动部分。

（3）采用换轴检查伺服电动机判断故障。用手转动 Z 轴伺服电动机轴，没有阻力，进行电缆的连接和短路或接地的检查，通电旋转正常。为判定伺服电动机是否有问题，采取了排除法，将 X 轴上的电缆拆下，接入 Z 轴伺服电动机，输入信号，CRT 显示伺服故障，报警号 025201，显示内容为"轴 X1 编码器硬件出错"，基本排除是 Z 轴伺服电动机故障问题。经过试验，判明确属 Z 轴伺服电动机的内嵌编码器故障。返厂修理后，故障排除。

3. 使用编码器应注意的问题

（1）机械方面。伺服电动机内嵌编码器与机床丝杠间的连接，应采用弹性软连接（切忌采用刚性连接），以免因用户轴的窜动、跳动，造成编码器轴系和码盘的损坏。对于空心轴编码器，安装时应轻轻推入被套轴，严禁用锤敲击和摔打碰撞，以免损坏轴系和码盘。选型时注意轴负载不得超过其极限负载。应保证编码器轴与用户输出轴的不同轴度<0.2mm，与轴线的偏角<2°（一般说明书是这样要求的，也有要求<1.5°）。

编码器如超过其电气所允许的极限转速时，电气信号可能会丢失。

$$n_{\max}=(\text{最高响应频率}/L)\times 60$$

式中　$n_{\max}$——编码器最大转速，r/min；

　　　L——光栅脉冲数。

由于是光电码盘，无机械损耗，只要安装位置准确，其使用寿命会很长。

（2）电气方面。输出线与动力线等不得绕在一起或同一管道传输，也不宜在配电盘附近使用，以防干扰。配线时应采用屏蔽电缆。安装开机前，应检查产品说明书与编码器型号是否相符，接线是否正确。错误接线会导致内部电路损坏。长距离传输时，应考虑信号衰减因素，选用输出阻抗低、抗干扰能力强的输出方式。

脉冲信号的传送距离与频率、输出电路、输入电路、传输线、发送频率有关。控制系统和编码器的电路接口应匹配。

（3）环境方面。因为编码器是精密元件，使用时要注意周围有无振源。编码器不是防漏结构时，不要溅上水、油等，必要时要加上防护罩。注意环境温度、湿度是否在仪器使用要求范围之内。安装或使用不当会影响编码器的性能和使用寿命。

为了提高设备的可靠性，编码器至少应选择 IP65 等级以上的防护。1FT6 电动机防护等级应为 IP67 和 IP68，带有空气阻隔接口，在 B 侧盖板中有一个内螺纹 M5，可以用于压缩空气连接。电动机中的过压应该为 $(0.05\sim 0.1)\times 10^5$Pa，压缩空气必须干燥和清洁。而一般环境参数是：工作温度 $0\sim 70$℃；存储温度 $-30\sim 80$℃；相对湿度 98%。工作电压 5V±5%，无波动，电源在允差范围。密闭式安装时，应保持编码器内部的气压高于外界，需要配置精密的压缩空气过滤装置或有气孔等。

（4）制造安装方面。伺服电动机选型时，编码器已安装在电动机内，无特殊情况不要轻易拆卸。在长期使用时，应检查与编码器实体相连部分、固定螺钉等是否松动，以免影响设备的正常使用。

1.7.8　数控车床接地故障分析与诊断

为了减少电气干扰、保护数控机床和操作人员的安全、保证数控机床的正常运行，需要进行正确而又良好的接地。数控机床的地包括机床地、系统地，强电地、信号地、屏蔽地，保护地等。接地错误或接地混乱会导致各个接地点电位分布差异，引起地环路电流，造成系统干扰，增加机床噪声，影响数控机床正常工作，甚至出现安全事故。

1. 接地类型

按照接地的作用不同，机电设备的接地可分为安全接地、工作接地、屏蔽接地 3 种模式。

（1）安全接地模式。为了保护机电设备和人身的安全，避免出现静电漏电雷击等危害现象，需将机电设备的机壳、底座所接地线与大地连接，即安全接地，又叫保护接地。一般机电设备的安全接地方式主要有"TT""IN-S""IN-C"三种接地方式。

1）"TT"接地方式。其电源中性点直接接地，电源中性点线与机电设备外壳导体部分的接地保护线不需要连接。

2）"IN-S"接地方式。为三相四线接零方式，电源中性点与保护中性线直接接地，并且电源中性点线与机电设备外壳导体部分的接地保护线是连接的。

3）"IN-C"接地方式。为三相五线接零方式，其电源中性点与保护中性线直接接地，即工作接零，但电源中性点线与机电设备外壳导体部分的接地保护线不需连接。

作为典型的机电设备，数控机床数控系统电源应采用 TT 接地型式，接地时应注意：①机床电气设备都应有专门的保护接地端子，用黄绿双色符号或""符号进行标记，外壳、底座等处的保护接地端子不能用螺栓代替；②安全接地线要避免布置成环路形状；③机电设备金属外壳要与大地保持可靠的接触，既起到屏蔽作用，又起到抑制静电放电干扰的重要作用；④数控系统电气控制柜内的接地排可采用厚度＞3mm 的铜板，并保证接地电阻＜4Ω。

（2）工作接地模式。传输电信号时，常需将一根导线接地，作为参考的零电压，即工作接地，也叫工作地线。实际接地时，由于接地导线总存在一定的电阻，会导致不同的接地点之间出现电位差。如若用一根导线连接不同的接地点，就可能有电流在导线中流动（地环电流），本质上它就是一个干扰源，工作接地的目标就是要避免地环电流的干扰。抑制公共地线阻抗的耦合干扰，可采用集中接地或多点接地方式，其中集中接地（见图 1-45）可以有效地避开地环电流。

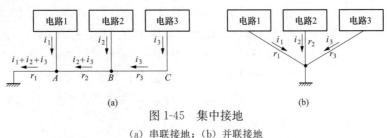

图 1-45　集中接地

（a）串联接地；（b）并联接地

集中接地分为串联接地和并联接地。串联接地时如图 1-45（a）所示，电路 1、2、3 中各有一个电流 i_1、i_2、i_3 流向接地点。由于接地导线存在一定的电阻，导致 A、B、C 点的电位不等于零，3 个电路间相互干扰，特别是强信号电路将对弱信号电路产生严重干扰。并联接地时如图 1-45（b）所示，各电路的地电位只与其自身的地线阻抗和地电流有关，相互之间不会造成耦合干扰，能有效地克服公共地线阻抗的耦合干扰问题。

因此，在保证地线截面积符合要求的情况下，数控机床的接地应尽量采用并联接地方式。接地时，要注意：①数控机床地线不能布置成封闭的环状，并且机床内的电路如功率电路、数字电路、模拟电路、噪声电路等，都应设置各自独立的地线分地，最后汇总到一个总的接地点，采用光电耦合隔离措施，可有效抑制地环路引起的共阻抗耦合干扰。②若电气柜内装有多个电气设备时，工作地线、保护地线和屏蔽地线一般都接至电气柜体的中心接地点，然后再接大地，这样可使设备、机箱、柜体、屏蔽和工作地都保持在同一电位上。③根据频率的不同，应采用不同的接地方式。频率>1MHz 的高频电路一般采用多点接地或混合接地方式；频率<1MHz 的低频电路，多采用树叉型放射式的单点接地方式，地线的长度应<地线中高频电磁波波长（λ）的 1/20，地线较长时，可通过增加地线的宽度，采用矩形截面导体代替圆导体作地线等方法来减小阻抗和电感。

（3）屏蔽接地模式。为了防止电磁干扰，在屏蔽体与地或干扰源的金属壳体之间做永久良好的电气连接，称为屏蔽接地，相应的地线就是屏蔽地线。采用屏蔽电缆接地时应注意：①不同频率，需采用不同的接地方式。频率>1MHz 的高频电路多采用双端接地，屏蔽电缆的屏蔽层也应双端接地，起到对高频磁场和电场的屏蔽作用。当电缆的长度>0.15λ 时，应采用多点接地，一般屏蔽层按 0.05λ 或 0.1λ 的间隔接地。频率<1MHz 的低频电路，常采用单端接地方式，屏蔽电缆的屏蔽层也要单端接地，起到对电场的屏蔽作用。当电缆的长度<0.15λ 时，要采用单点接地。数控系统中数控装置与伺服驱动器、电气柜、变频器间的信号电缆一般要采用屏蔽双绞线，且屏蔽层采用双端接地方式。②高阻抗输入输出电路可采用内外双层屏蔽，内屏蔽层可以在信号源端接地，外屏蔽层则在负载端接地。③输入信号电缆的屏蔽层需在机壳的入口处接地，而不是在机壳内接地。

2. 数控车床接地故障诊断实例

装备 FANUC Oi-T 数控系统的某国产数控车床，当主轴速度>3000r/min 时，工作台出现异常振动。

引起数控机床振动的因素很多，一般而言，多与机械系统有关。主轴发生故障前一直工作正常，并可高速旋转，因此排除机械共振方面的原因。

脱开主轴电动机与机床主轴的连接，观察主轴转速及转矩的显示，发现其值有较大的变化，初步判定故障在主轴驱动系统。

采用替换法，装上一台同类型机床的主轴驱动器，故障依旧，从而排除了主轴驱动器出现故障的可能性，怀疑是主轴驱动器接地不良。

重新接地后，机床恢复正常运行。

3. 正确接地方法

某国产数控车床的正确接地方法如图 1-46 所示。图中信号地、功率地、机械地采用了并联接地方法，形成了 3 个接地通道系统，具有较强的抗干扰能力。①信号接地通道，所有逻辑电路的信号，灵敏度高的信号的接地点都接到这一地线上；②功率接地通道，大功率和大电流部件，如继电器、晶闸管、强电部分的接地点都接到这一地线上；③机械接地通道，底座、面板、风扇外壳、机柜、电动机底座等机床接地点都接到这一地线上。将上述 3 个通道再接到总的公共接地上，公共接地点需与大地保持良好接触，数控柜与强电柜之间的保护接地电缆要足够粗，电缆截面积>6mm²，接地电阻应<4Ω。这种接地方法有较强的抗干扰能

力，能够保证数控机床的正常运行。

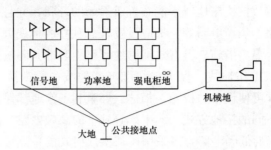

图 1-46 某国产数控车床的正确接地方法

第2章

铣床电气故障诊断与维修

2.1 铣床概述

铣床是用铣刀对工件进行铣削加工的机床。铣床除能铣削平面、沟槽、轮齿、螺纹和花键轴外，还能加工比较复杂的型面，效率较刨床高，在机械制造和修理部门得到广泛应用。图 2-1 所示为某铣床的外形结构。

1. 铣床的用途与特点

铣床用途广泛，在铣床上可以加工平面（水平面、垂直面）、沟槽（键槽、T 形槽、燕尾槽等）、分齿零件（齿轮、花键轴、链轮）、螺旋形表面（螺纹、螺旋槽）及各种曲面。此外，还可用于对回转体表面、内孔加工及用于切断工作等。

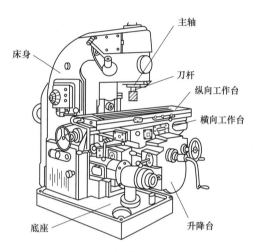

图 2-1　铣床外形结构

铣床在工作时，工件装在工作台上或分度头等附件上，铣刀旋转为主运动，辅以工作台或铣头的进给运动，工件即可获得所需的加工表面。由于是多刃断续切削，因而铣床的生产率较高。简单来说，铣床可以对工件进行铣削、钻削和镗孔加工的机床。

2. 铣床的分类

（1）按布局形式和适用范围分类可分为以下几类。

升降台铣床：有万能式、卧式和立式等，主要用于加工中小型零件，应用最广。

龙门铣床：包括龙门铣镗床、龙门铣刨床和双柱铣床，均用于加工大型零件。

单柱铣床和单臂铣床：前者的水平铣头可沿立柱导轨移动，工作台做纵向进给；后者的立铣头可沿悬臂导轨水平移动，悬臂也可沿立柱导轨调整高度。两者均用于加工大型零件。

工作台不升降铣床：有矩形工作台式和圆工作台式两种，是介于升降台铣床和龙门铣床之间的一种中等规格的铣床。其垂直方向的运动由铣头在立柱上升降来完成。

仪表铣床：一种小型的升降台铣床，用于加工仪器仪表和其他小型零件。

工具铣床：用于模具和工具制造，配有立铣头、万能角度工作台和插头等多种附件，还可进行钻削、镗削和插削等加工。

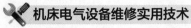

其他铣床：如键槽铣床、凸轮铣床、曲轴铣床、轧辊轴颈铣床和方钢锭铣床等，是为加工相应的工件而制造的专用铣床。

（2）按结构分类。

台式铣床：小型的用于铣削仪器、仪表等小型零件的铣床。

悬臂式铣床：铣头装在悬臂上的铣床，床身水平布置，悬臂一般可沿床身一侧立柱导轨做垂直移动，铣头沿悬臂导轨移动。

滑枕式铣床：主轴装在滑枕上的铣床。

龙门式铣床：床身水平布置，其两侧的立柱和连接梁构成门架的铣床。铣头装在横梁和立柱上，可沿其导轨移动。通常横梁可沿立柱导轨垂向移动，工作台可沿床身导轨纵向移动，用于大件加工。

平面铣床：用于铣削平面和成形面的铣床。

仿形铣床：对工件进行仿形加工的铣床。一般用于加工复杂形状工件。

升降台铣床：具有可沿床身导轨垂直移动的升降台的铣床，通常安装在升降台上的工作台和滑鞍可分别做纵向、横向移动。

摇臂铣床：摇臂铣床也可称为炮塔铣床，摇臂铣，万能铣，机床的炮塔铣床是一种轻型通用金属切削机床，具有立、卧铣两种功能，可铣削中、小零件的平面、斜面、沟槽和花键等。

床身式铣床：工作台不能升降，可沿床座导轨做纵向、横向移动，铣头或立柱可作垂直移动的铣床。

专用铣床：例如工具铣床：用于铣削工具模具的铣床，加工精度高，加工形状复杂。

（3）按控制方式分类。铣床又可分为仿形铣床、程序控制铣床和数控铣床等。

2.2 X52K 立式升降台铣床电气故障诊断与维修

X52K 立式升降台铣床是应用较为普遍的铣床。

2.2.1 电气控制线路

X52K 立式升降台铣床的电气控制线路如图 2-2 所示。

1. 主电路

主电路有 3 台电动机，主轴电动机 M1，工作台进给电动机 M3 及冷却泵电动机 M2。

主轴电动机 M1 能正、反转，由转换开关 SA5 控制，停车时由全波整流能耗制动，主轴通过机械装置进行调速。

工作台进给电动机 M3 也能正、反转，由接触器 KM4、KM5 控制。通过机械传动可使工作台在横向、纵向及垂直方向作手动进给、机动进给和快速移动。

主轴和工作台都采用调速盘选择速度，在切换齿轮以改变速度时，主轴电动机 M1 使工作台进给电动机 M3 作短时的低速转动，或叫冲动，使齿轮易于啮合。

冷却泵电动机 M2 通过传动机械，将冷却液输送到切割处进行冷却。

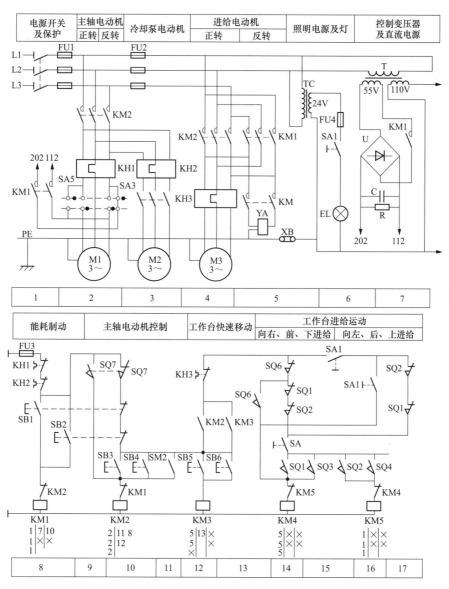

图 2-2　X52K 立式升降台铣床电气控制线路图

2. 控制电路

（1）主轴电动机 M1 的控制。主轴电动机 M1 的正、反转由转换开关 SA5 控制，SB1 和 SB2 是主轴电动机 M1 的启动按钮，SB3 和 SB4 是停止按钮。这两套操作按钮，分别安装在机床的正面和左侧，以实现两处控制。主轴电动机 M1 的定子绕组经接触器 KM1 的主触点接通直流电源进行能耗制动。

按下启动按钮 SB1 或 SB2，接触器 KM2 得电吸合并自锁，KM2 主触点闭合，使电动机 M1 启动。主轴电动机 M1 的旋转方向事先由转换开关 SA5 选定。同时 KM2 的动合触点闭合，接通工作台控制电路的电源。

按下停止按钮 SB3 或 SB4，其动断触点断开接触器 KM2 的线圈电路，动合触点接通接触器 KM1 的线圈电路，KM3 释放后，KM1 吸合，将全波整流电源送到电动机 M1 的定子绕组，进行能耗制动。松开 SB2 或 SB3，接触器 KM1 断电释放，主轴电动机 M1 制动结束。

行程开关 SQ7 与主轴的调速机构联动，在切换主轴转速时，能使主轴电动机 M1 短时冲动。主轴调速应在主轴电动机 M1 停转时进行，先将调速手柄扳开，将变速盘转到需要转速，再将手柄扳回到原来位置。在手柄扳回原位时，压合行程开关 SQ7，其动合触点短时闭合，接触器 KM2 短时吸合，随后又释放，主轴电动机 M1 短时冲动，使齿轮易于啮合；其动断触点断开，使接触器 KM2 的自锁回路断开。行程开关 SQ7 复原时，其动合触点断开，KM2 线圈断电释放；其动断触点恢复闭合，主电动机 M1 停车。

(2) 工作台进给电动机 M3 的控制。工作台进给电动机 M3 需要经常改变旋转方向，接触器 KM3 吸合使电动机 M2 正转，工作台向右、向前或向下进给；接触器 KM2 吸合使电动机 M3 反转，工作台可向左、向后或向上进给。

工作台纵向进给操作手柄有三个位置，即向左、向右和停止。纵向进给操作手柄转到向右位置时，推动一个离合器接通纵向进给丝杆。同时手柄通过联动机构操纵行程开关 SQ1 吸合，其动合触点闭合，使接触器 KM4 线圈通电吸合，进给电动机 M3 启动正转，工作台向右进给。手柄扳到向左位置时，行程开关 SQ1 复原，SQ2 被推动，其动合触点闭合，接触器 KM5 线圈通电吸合，电动机 M3 启动反转，使工作台向左进给。手柄扳到零位，SQ1 和 SQ2 都复原，接触器 KM4 和 KM5 的线圈电路都断开，进给电动机 M3 停止转动。

工作台横向和升降进给操作手柄有五个位置，向前、向后、向上、向下和零位，手柄能接通横向和升降丝杠，通过联动机构又能控制行程开关 SQ3 和 SQ4。手柄在向前和向下位置时，SQ2 的动合触点闭合，动断触点断开。手柄在向后和向上位置时，SQ4 的动合触点闭合，动断触点断开。手柄在零位时，SQ3 和 SQ4 的动合触点断开，动断触点闭合。

操作手柄的各个位置互相联锁，不可能同时接通不同方向的进给运动。行程开关 SQ1 和 SQ2、SQ3 和 SQ4 的动断触点串接，两条支路再并联连接。这样可以防止出现两个手柄都扳离零位的不正确操作现象，使两条并联支路都不通，接触器 KM4 和 KM5 的线圈都不能得电吸合，工作台进给电动机 M3 不会启动。

在调速时，若将调速手柄扳回原位，行程开关 SQ6 短时压合，其动合触点闭合，接触器 KM4 短时间吸合又释放，进给电动机 M3 短时冲动，使齿轮易于啮合。

工作台的快速移动用接触器 KM3 和电磁铁 YA 控制，工作台的快速移动和进给运动由同一台电动机 M3 拖动。快速移动的方向也由操作手柄的位置来决定。当扳好工作台操作手柄的位置时，按下按钮 SB5 或 SB6，接触器 KM3 线圈得电吸合，其主触点闭合，接通电磁铁 YA 吸合，使工作台快速移动的传动机构接通。KM3 的动合触点闭合，接通工作台控制线路的电源，使接触器 KM4 或 KM5 吸合，工作台就在选定的方向快速移动。工作台快速移动用点动控制，松开按钮 SB5 或 SB6，工作台停止快速移动。

使用圆工作台时，应将转换开关 SA1 扳到接通位置，主轴电动机 M1 启动后，若工作台的两个进给操作手柄都在零位，使接触器 KM4 线圈得电吸合，圆工作台便可转动起来。

(3) 冷却泵电动机 M2 的控制。冷却泵电动机 M2 用转换开关 SA3 控制。接通 SA3，接触器 KM2 吸合，使冷却泵电动机 M2 与主轴电动机 M1 同时启动。

(4) 机床照明灯的控制。变压器 TC 将 380V 电压降为 24V 供给照明灯 EL，合上 SA1，照明灯 EL 亮。

2.2.2 故障诊断与维修

X52K 立式升降台铣床电气故障诊断与维修见表 2-1。

表 2-1　　　　　　　　　**X52K 立式升降台铣床电气故障诊断与维修**

故障现象	故障诊断维修方法
全部电动机都不能启动	电源有故障。可用万用表电压挡检查电源有无电压
	电源开关 QS 接触不良。可用试电笔检查开关 QS 出线端是否有电，或用万用表电压挡检查电压是否正常
	控制变压器 TC 的输出电压不正常，应紧固变压器的接线端，若变压器绕组损坏，要更换绕组
主轴电动机 M1 不能启动	接触器 KM2 未吸合，M1 不能启动，可用短接法依次检查熔断器 FU3 有无熔断；热继电器 KH1 和 KH2 的动断触点是否跳脱；行程开关 SQ7，按钮 SB4、SB1（或 SB2），接触器 KM1 的动断触点是否断路或接触不良，并予以修复
	接触器 KM2 吸合，M1 不能启动。用万用表电压挡检查接触器 KM2 的主触点和转换开关 SA5 接触是否良好
主轴变速时无冲动	由于行程开关 SQ7 经常受到频繁冲击，使开关位置改变，机械顶销未压合 SQ7，应检查机械顶销，使其压合良好
	行程开关 SQ7 的动合触点接触不良，应检查 SQ7 的触点，使其接触良好
主轴电动机停车时无制动	按下按钮 SB3 或 SB4 时，接触器 KM1 未吸合，M1 停车时无制动。应检查按钮 SB4 或 SB3，接触器 KM2 动断触点接触是否良好，接触器 KM1 的线圈是否断路或损坏
	接触器 KM1 吸合，但 M1 停车时无制动：桥式整流器 U 有故障，可检修整流器元件有无短路或断路，并更换损坏的元件
	接触器 KM1 主触点接触不良，使直流电源不能通入定子绕组，应检修或更换触点
工作台各方向都不能进给	进给电动机不能启动,应先检查主电动机接触器是否吸合，只有 KM2 吸合后，进给电动机接触器 KM4、KM5 才能得电。若 KM2 不能得电，说明控制回路电源故障。应检查控制变压器 TC 一、二次绕组和电压是否正常，熔断器是否熔断。若 KM2 吸合，主轴旋转后，而各方向仍无进给，可扳动手柄至各方向。观察有关接触器是否吸合。若能吸合，说明主回路和进给电动机有故障，应检查接触器主触点有无脱落或接触不良，电动机绕组有无断路或接线脱落，机械是否卡死等
	行程开关 SQ1、SQ2、SQ3、SQ4 位置发生变动或开关被撞坏，使线路断开
	变速冲动开关 SQ5 在复位时，不能闭合接通或接触不良。应检查开关或调整位置，使其接触良好
工作台都能左、右进给，而不能前、后、上、下进给	行程开关 SQ1 或 SQ2 未压合或接触不良。由于在工作中，行程开关 SQ1 或 SQ2 经常被压合，使螺钉松动、开关移动、触点接触不良、开关机构卡阻，造成线路断开或开关不能复位闭合，应用万用表电阻挡检查 SQ1 或 SQ2 的接触情况，找出故障部位，进行修理或更换元件
	行程开关 SQ3 或 SQ4 被压开。由于上述线路断开，在操作工作台前后或上下运动时，行程开关 SQ3 或 SQ4 被压开，使进给接触器 KM4、KM5 的线圈回路均被断开，造成工作台只能左右运动，而不能前后、上下运动

续表

故障现象	故障诊断维修方法
工作台能前后、上下进给，而不能左右进给	由于行程开关 SQ3 或 SQ4 未压合，其动合触点未接通，动断触点未断开，使接触器 KM4、KM5 不能得电吸合，进给电动机不能转动。应检查行程开关的接触情况，使其接触良好
工作台没有快速移动	牵引电磁换 YA 由于冲击力大，操作频繁，经常造成铜质衬垫磨损严重，产生毛刺，划伤线圈绝缘，引起匝间短路，线圈烧毁。或线圈受到振动，接线松动，使线路断开，造成工作台不能快速移动
	控制回路电源故障或接触器 KM3 线圈断路、短路烧坏，按钮 SB5 或 SB6 接线松脱，也会造成工作台不能快速移动
	机械方面的原因，如机械机构卡住或位置变动，使电磁铁线圈得电后不能推动离合器，时间稍长就会烧坏线圈；快速移动离合器摩擦片之间的间隙过大，传递不了足够的转矩，使工作台不能快速移动
进给电动机不能冲动	由于行程开关 SQ5 未压合，其动合触点接触不良，造成进给电动机不能瞬时冲动，应检查行程开关触点的接触情况，使其接触良好
工作台各方向进给正常，圆工作台不能回转	工作台方向进线都正常，说明行程开关 SQ1～SQ4 和 SQ6 的触点接触良好，接触器 KM4、KM5 动作正常，必定是转换开关 SA1 的触点接触不良造成圆工作台不能回转。故应检查转换开关，使其接触良好

2.2.3　X52K 铣床的数控化改造

随着计算机与工业化的发展，对普通机床进行数字化改造已经成为现实。此例依据目标和要求，采用了"NC 嵌入 IPC"模式的数控系统，控制 X、Y、Z 三轴中任意两轴联动。系统软件是在 Windows 平台上用 VC++6.0 编写而成。

1. 数控系统硬件结构

整个数控系统硬件部分由工业 PC 机（IPC）、运动控制伺服模块、I/O 模块和主轴变频调速模块等构成。各模块均采用商品化产品，模块间的接口符合标准化要求，系统具有较强的稳定性，且易于维护。其硬件结构如图 2-3 所示。

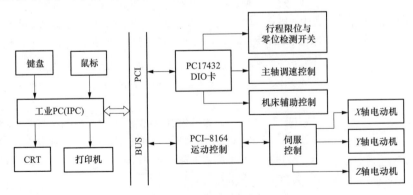

图 2-3　系统硬件结构框图

（1）工控机（IPC）采用台湾凌华 PⅢ工控机。它能提供人机对话界面，进行动态仿真，对数据处理及资源进行管理等。

（2）运动控制卡选用 PCI-8164。该卡是一种先进的 4 轴控制卡，有 32 位的 PCI 数据总线。运动控制功能包括线性和 S 曲线加/减速，任意两轴间的圆弧插补，2～4 轴间的直线插补，定位和回零等都由其内部的 PCL6045 硬件实现。因此大大增加了系统的实时性。它被安装在 IPC 的 PCI 扩展槽中。

（3）I/O 接口板采用 64 路（32 路输入，32 路输出）光电隔离的数字 DIO 板 PCI-7432。通过 PCI 总线与 IPC 通信。

（4）伺服机构采用 MDMA152A1G 和 MDMA252A1G 交流伺服电动机并配有相应的驱动器。

（5）主轴的调速控制选用松下的变频器实现。

（6）行程限位开关和零位检测开关安装在机床本体上，起到回零和限位的作用，避免机床因加工错误而损坏。

2. 系统软件设计

系统采用面向对象的 VC++6.0 作为开发工具，结合运动控制卡提供的丰富的 API 函数，在 Windows 操作系统下，对开放式数控系统的软件进行开发。软件结构如图 2-4 所示。软件开发采取了模块化设计方法，各模块既可独立执行，也可几个模块连续执行。此外还可根据需要对模块进行增删、修改等，有力地体现了系统的开放性。

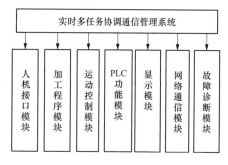

图 2-4　系统软件框图

（1）实时多任务协调通信管理系统。此模块是系统软件的核心，由它动态调度各任务进程及管理系统中的资源，实时向 I/O 卡发送数据或采集数据。各个模块在该系统的协调下得以安全、高效运行。

（2）人机接口模块。该模块实现用户输入，系统输出的功能。由参数设置、加工程序输入、加工方式选择、插补设置等子模块组成。

（3）加工程序模块。此模块是数控系统的核心模块之一。主要完成对输入信息进行译码、解释，以及加工前的运算，变换与处理。此外，还对加工过程进行仿真，以检查加工程序的正确性和机床运动的合理性。最后发出加工指令

（4）运动控制模块。是数控系统的另一核心模块，用来实现工作台的各种运动。模块分为连续移动、步进移动、直线插补与圆弧插补运动及回零点运动等，且在运动中实现了速度可调。

（5）PLC 功能模块。主要用来处理各种 I/O 量和开关量。系统输入量包括操作面板输入、机床移动部件的实际位置和速度信息等。输出主要是主轴与坐标轴的位置与速度控制。开关量包括润滑、冷却液及行程开关控制等。

（6）显示模块。该模块负责将各种信息通过显示器反馈给操作者。包括程序编辑，加工仿真，刀具的运动轨迹，系统的运行状态等。便于操作者对整个系统运行进行监视。

（7）网络通信模块。实现系统内各模块间信息交换或通过服务器进行远程控制。

（8）故障诊断模块。该模块负责系统运行出现故障时的分析、诊断，并将结果反馈给操

作者。

3. 机床本体改造

（1）机械部分。机床本体机械部分的数控化改造，包括主传动系统与进给系统的改造。由于主传动系统的精度及刚性均良好，满足加工精度的要求，故保留主轴的机械部件与电动机，增设变频器，利用变频调速，使其主运动的调速范围得到进一步扩大，以适应不同零件和材料的加工。进给系统机械机构无法保证加工精度，不能满足现在的加工要求，故对其进行彻底改造。选择秦川机床的滚珠丝杠，X 轴（纵向）首先是拆除机床原来的摇手柄、普通丝杠、传动齿轮、走刀机构等机械零部件。系统采用四级双螺母内循环滚珠丝杠，同步带传动减速箱，伺服电动机等部件来组成新的机床进给传动机构。Y 轴改造（横向）同样采用一套双螺母内循环滚珠丝杠、同步带传动机构来替换机床原来的普通丝杠和齿轮、花键轴等，丝杠的安装基准借用机床花键轴的基准，用一个新的丝杠螺母座替换机床原来的齿轮转换机构，在机床工作台中间花键轴的位置安装新配置的滚珠丝杠等。减速机构和伺服电动机安装在机床原来的快速进给电动机的位置（机床的正面），同步带减速机构安装好后，在其外面安装一个装饰性的护罩。充分地利用了机床原来的基准和机床自身的空间。Z 轴（升降）传动机构与横向相同。丝杆安装支座借用机床原件和安装基准，用同步带传动机构替代以前的齿轮变速机构。由于滚珠丝杠无自锁能力，为防止机床断电时工作台自行下滑，所以升降轴又设置了一可调节的阻尼器。

（2）电气部分改造。由于铣床原有的升降、纵向、横向等各坐标轴的进给驱动均已拆除，但可通过机床电气的改造，即将原机床电气电路改为与数控系统连接，并受数控系统控制的电路来实现。另外还可将原来手动完成的主轴启/停和正/反转、冷却液的开/关等改为受数控系统控制和手动两用。增加了紧急停机、机床原点设置、各坐标轴限位等功能。对机床电气进行改造，须拆除原机床相应强电线路，改为通过电缆与系统控制箱相连，附件板安装在原机床强电柜内，将控制线分别接到机床电气的受控点接受系统的控制。

改造后，系统具有模块化、标准化和开放化等特点，且以较低的成本提高了铣床的加工精度，扩大了加工范围，并具有人机集成的特点。

2.2.4 用 SINUMERIK802S base line 数控系统改造 X52K 铣床

西门子公司的 SINUMERIK802S base line 系统，是高度集成、紧凑型的经济型数控系统，配置 8 英寸液晶显示器，全功能操作键盘，机床操作界面，可控制 2～3 个步进电动机轴和一个伺服主轴或变频器。应用 SINUMERIK802S base line 对 X52K 铣床改造，扩大了铣床加工范围，可以加工凸轮等形状复杂的零件，提高了加工精度和生产效率，工作性能稳定，且改造的成本也较低。

1. 系统总体电路设计

SINUMERIK802S base line CNC 控制器电气连接线路如图 2-5 所示。图中 X1 连接数控系统工作电源，可选用高质量的开关电源；X2 为串行接口 RS232，连接 9 芯 D 型插座；X7 为 X、Y、Z 连接 3 个进给轴驱动和变频主轴控制，3 个步进驱动器选用 step drive c＋系列；X10 连接电子手轮，X20 为系统的高速输入接口，连接铣床 3 个进给轴，用于产生参考点脉冲的接近开关；X100～105 为 PLC 输入接口接线端子，共有 48 个输入点，X200～201 为 PLC 输出接口接线端子，可提供 16 个输出点。

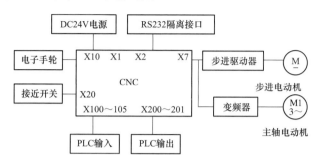

图 2-5 电气改造总电路图

2. 电控线路设计

（1）电控主电路。电控主电路如图 2-6 所示，图中 M1 为主轴电动机，由 CNC 控制器 X7 接口输出 0～±10V 信号送到变频器速度给定口调节其转速，继电器 KA1、KA2 与变频器控制正、反转电动机；M2 为冷却泵电动机，M3 为润滑泵电动机，分别由 KM1、KM2 接触器控制起动运行及停止。

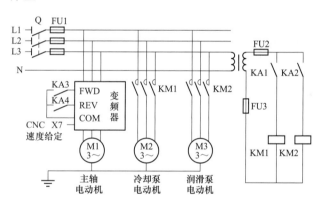

图 2-6 电控主电路图

（2）PLC 输入输出接口电路。连接 X100～105、X200～201 的接口电路如图 2-7 所示。图中 SQ0～SQ8 为硬件限位和回参考点减速的接近开关（NPN 型常开，即 24VD 电平输出），SB 为急停按钮；KA1、KA2、KA3、KA4 分别为主轴正反转控制，冷却和润滑控制的中间继电器。

有关 PLC 输入口 I0 与 I1 的有效使能定义参数为 MD14512 [0] [1]；逻辑定义参数为 MD14512 [2] [3]。输出口 Q0 与 Q1 的有效使能定义参数为 MD14512 [4] [5]；逻辑定义参数为 MD14512 [6] [7]。

其梯形图设计如图 2-8 所示。

为此，PLC 参数应作如下设定：MD14512[0]＝BFH，MD14512[1]＝1CH，MD14512 [2]＝00H，MD14512 [3] ＝00H，针对 X200，MD14512[4]＝FFH，MD14512[6]＝00H。

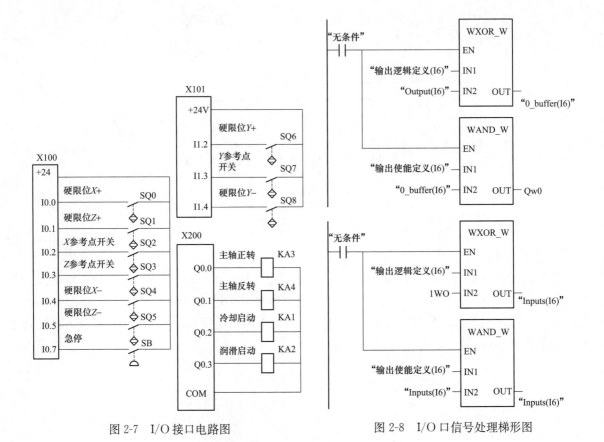

图 2-7　I/O 接口电路图
图 2-8　I/O 口信号处理梯形图

3. 调试

在系统安装完毕，完成各部件的连线后，必须调试 PLC 应用程序中的相关动作，如伺服使能、急停、硬限位等。只有在所有安全功能都正确无误时，才可以进行以下几个步骤的调试：①参数设置；②进给坐标动态特性调试；③参考点逻辑调试，反向间隙补偿，软限位设定；④螺距误差补偿（根据需要）；⑤数据保护（数据存储，备份试车数据等）。

在调试过程中会涉及许多参数的设定，如 PLC 参数、坐标参数、回参考点参数、软限位及反向间隙补偿参数、丝杠螺距误差补偿参数、主轴参数等。每一参数均应按手册说明及机床配置合理设置，方能进行调试。

机床改造后，进给速度为：$v_x = 0 \sim 10\text{m/min}$，$v_y = 0 \sim 10\text{m/min}$，$v_z = 0 \sim 4\text{m/min}$；定位精度为 $\pm 0.05/250$；重复定位精度为 0.01mm。

2.3　X62W 型万能铣床电气设备故障诊断与维修

2.3.1　电气控制线路

1. 电气控制线路

X62W 型万能铣床电气控制线路如图 2-9 所示。

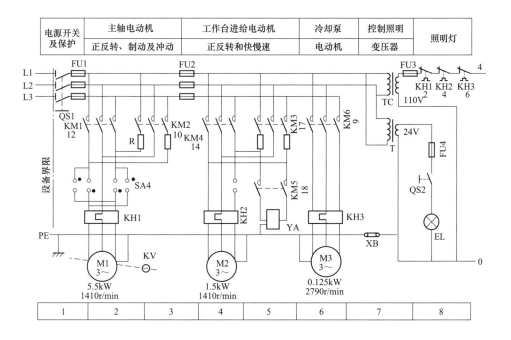

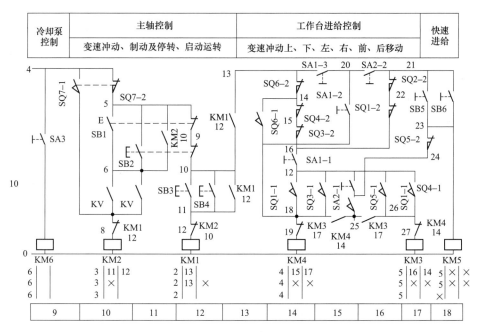

图 2-9　X62W 型万能铣床电气控制线路图

2．主电路

　　主轴电动机 M1 是通过转换开关 SA4 与接触器 KM1、KM2 来进行正、反转和反接制动及瞬时冲动控制，并通过机械机构进行变速。工作台进给电动机 M2 能进行正、反转控制及快慢速控制和限位控制，还可通过机械机构使工作台进行上、下、左、右、前、后方向的改变。冷却泵电动机 M2 只能进行单方向转动控制。

3. 控制电路

（1）主轴电动机 M1 的控制。

1）主轴电动机 M1 的启动。首先合上电源开关 QS1，再将转换开关 SA4 扳到主轴所需要的旋转方向，然后按下启动按钮 SB3（或 SB4），接触器 KM1 吸合，其主触点闭合，主轴电动机 M1 启动。

2）主轴电动机 M1 的停车制动。按停止按钮 SB1（或 SB2），接触器 KM1 释放，同时接触器 KM2 吸合，其主触点闭合，使主轴电动机 M1 的电源相序改变，进行反接制动。当主轴电动机转速低于 $100r/min$ 时，速度继电器 KV 的动合触点自动断开，使电动机的反向电源切断，制动过程结束，电动机 M1 停止转动。

3）主轴变速时的冲动控制。主轴变速时的冲动控制是用变速手柄与行程开关 SQ7 通过机械联动机构进行控制。

（2）工作台进给电动机 M2 的控制。工作台进给运动必须在主轴旋转后才能进行，也就是说，只有接触器 KM1 动作后，其辅助动合触点才能将工作台进给控制电路的电源接通。

1）工作台的上下和前后运动的控制。①工作台向上运动的控制。将手柄扳至向上位置，其联动机构接通垂直传动丝杠的离合器，并使行程开关 SQ4 动作，其动断触点断开，动合触点闭合，接触器 KM3 吸合，其主触点闭合，电动机 M2 正转，工作台向上运动。②工作台向后运动的控制。将操作手柄扳至向后位置，由联锁机构拨动垂直传动丝杠的离合器，使它脱开而停止转动，同时将横向传动丝杠的离合器接通进行传动，使工作台向后运动，其电气上作原理同向上运动完全一样。③工作台向下运动的控制。当操作手柄向下扳时，其联动机构使垂直传动丝杠的离合器接通，并压合行程开关 SQ3，其动断触点断开，动合触点闭合，接触器 KM4 吸合，其主触点闭合，电动机 M2 反转，使工作台向下运动。④工作台向前运动的控制。当操作手柄向前扳时，其联动机构使垂直传动丝杆的离合器脱开，将横向传动丝杠的离合器接通，使工作台向后运动，其电气工作原理与向下运动相同。

2）工作台左右运动的控制。将手柄扳至向右或向左运动位置，其联动机构压下行程开关 SQ1 或 SQ2，使接触器 KM2 或 KM4 吸合而控制电动机 M2 正、反转。当手柄扳至中间位置时，行程开关复位，电动机 M2 断电，工作台停止运动。

3）工作台进给变速时的冲动控制。将蘑菇形手柄向外拉到极限位置瞬间，其连杆机构瞬时压合行程开关 SQ6，其动断触点断开，动合触点闭合，接触器 KM4 吸合，进给电动机 M2 反转，并瞬时冲动一下，从而保证变速齿轮啮合。当手柄推回原位后，行程开关 SQ6 复位，接触器 KM4 释放，进给电动机瞬时冲动结束。

4）工作台的快速移动控制。当按下快速移动按钮 SB5（或 SB6），使接触器 KM5 吸合，其主触点闭合，使牵引电磁铁 YA 吸合，工作台按原来运动方向作快速移动。当松开按钮 SB5（或 SB6）时，电磁铁 YA 断电，快速移动停止。

（3）机床照明电路。机床照明电路由变压器 T 供给 24V 电压，并由开关 SQ2 控制。

2.3.2　常见故障诊断与维修

X62W 型万能铣床电气故障诊断与维修见表 2-2。

表 2-2   **X62W 型万能铣床电气故障诊断与维修**

故障现象	故障诊断维修方法
全部电动机不能启动	无电源或电源缺相，应检查电源电压
	电源开关 QS1 接触不良或接线松脱，应检查开关和接线是否良好
	熔断器 FU1～FU3 熔断，应逐级检查 FU1～FU3 是否熔断，找出原因排除故障后，更换熔体
	控制变压器 TC 绕组烧断或线头松脱，应测量变压器的一、二次电压是否正常
	热继电器 KH1～KH3 动作，应检查动作原因，并进行复位
	控制回路元件及接线故障，应逐一检查控制回路元件及接线情况
按停止按钮后主轴电动机 M1 不停	由于主轴电动机启动和控制频繁，使接触器 KM1 主触点产生熔焊，造成不能分断主轴电动机电源，应检查 KM1 主触点，避免频繁启动和制动
	制动接触器 KM2 的主触点中有一相接触不良，当按下停止按钮 SB1（或 SB2）时，启动接触器 KM1 释放，制动接触器 KM2 吸合，但 KM2 的三副主触点只有两相接通，因此电动机不会产生反向转矩，仍按原方向旋转，速度继电器 KV 仍然接通，只有切断进线电源才能使电动机停转
	速度继电器 KV 的动触点弹簧压力不足，使触点返回得太晚，应重新调整 KV 的动触点弹簧压力
	启动按钮 SB3、SB4 或停止按钮 SB1、SB2 绝缘击穿，应更换已损坏的按钮
	接触器 KM1 的铁心接触面有油污或剩磁而粘住，使触点不能迅速断开，应清洁铁心吸合面或消除剩磁
主轴电动机 M1 停车时无制动	速度继电器 KV 中推动触点的胶木摆杆断裂，使速度继电器 KV 的转子虽然随电动机转动，但不能推动动触点闭合，造成停车时无制动作用。故应拆开速度继电器检修摆杆
	速度继电器 KV 的动合触点不能按旋转方向正常闭合，也不会有制动作用，应检修速度继电器，使其正常闭合
	速度继电器转子的旋转是通过联轴器与电动机轴同时旋转的，当弹性连接件损坏，止动螺钉松动或打滑，联动装置轴伸端圆销扭弯、磨损，都会使速度继电器的转子不能正常旋转，其动合触点也不能正常闭合，造成停车时无制动作用。故应更换损坏元件，紧固止动螺钉，使速度继电器的转子能正常旋转
	速度继电器动触点弹簧调得太紧，制动过程中反接制动电路会过早被切断，弹制停车的作用随之过早结束，这样自由停车的时间必然延长，使制动效果不显著。故应调整速度继电器动触点弹簧压力
	速度继电器 KV 的永久磁铁转子磁性消失，使制动作用不明显，应更换转子
主轴停车制动后产生短时反向旋转	由于速度继电器 KV 的动触点弹簧调整得过松，使触点分断过迟，以致在反接制动的惯性作用下，电动机 M1 停止后仍会反向短时旋转，应适当调节触点弹簧，便可消除故障
主轴变速时无冲动	主轴冲动行程开关 SQ2 未压合，应检查主轴变速手柄，使机械顶销碰压行程开关
	行程开关 SQ7 的动合触点闭合时接触不良，应检查行程开关触点，使其接触良好

故障现象	故障诊断维修方法
工作台各方向都不能进给	用万用表检查控制回路电压是否正常,如果控制回路电压正常,可扳动操作手柄至任一运动方向,观察其相关接触器是否吸合,若都能吸合,说明控制凹路正常。此时着重检查主电路,常见故障有接触器主触点接触不良、电动机 M2 接线松脱或绕组断路等
	熔断器 FU2 熔断或熔体未拧紧,应更换并旋紧熔体
	进给正、反转接触器 KM3、KM4 主触点接触不良或线圈烧坏,应检查正、反接触器是否良好
	热继电器 KH2 动作,应找出动作原因后,进行复位
	电动机 M2 接线松脱或电动机本身故障,应检查接线情况或更换电动机
	电动机 M2 的控制回路故障,应检查控制回路电压是否正常;接触器 KM1 的联锁触点及热继电器 KH2 工作是否正常,行程开关 SQ1~SQ4 的工作情况及接线是否良好;电磁铁接触器 KM5 及牵引电磁铁 YA 是否正常,线圈有无烧坏,活动部分铁心有无机械卡死等
工作台不能向上运动	如果发现接触器 KM3 未吸合,应检查 SA1、SA2、SQ1、SQ2、KM4 动断触点及 KM3 线圈;如果向下、向左和向右进给都正常,只有向上运动没有,其原因是行程开关 SQ4 动合触点未闭合
工作台前后进给正常,而左右不能进给	由于工作台前后进给正常,说明进给电动机 M2 主回路和接触器 KM3、KM4 及行程开关 SQ1、SQ2 动断触点工作都正常,而行程开关 SQ1、SQ2 的动合触点同时发生故障的可能性也较少,这样,故障范围就缩小到行程开关 SQ1、SQ4、SQ6 上三副动断触点中只要有一副接触不良或损坏,就会使工作台向左或向右不能进给。可用万用表分别测量这三副触点之间的电压来判断哪对触点损坏,并予以更换
工作台不能快速移动	当工作台不能快速移动时,应着重检查控制回路和电磁铁,并根据检查结果进行相应处理
	按下快速按钮 SB5(或 SB6),观察接触器 KM5 及牵引电磁铁 YA 有无吸合。如接触器 KM5 未吸合,应检查接触器 KM5 线圈两端有无电压。若有电压不能吸合,是接触器线圈损坏,应更换线圈;若无电压,是 SB5(SB6)、KM5 与 KH2 间的连接线松脱或接触不良,应进行修复
	如果接触器 KM5 已吸合,牵引电磁铁 YA 仍未吸合,应检查电磁铁 YA 接线端有无电压。若无电压,是接触器 KM5 主触点接触不良或连接端连线松脱;若有电压不能吸合,是电磁铁 YA 线圈损坏,应检查和更换
	由于牵引电磁铁安装歪斜,或铁心行程调整过长,动铁心吸合时拉不到底,连杆机构不能压紧快速行程摩擦离合器,从而不能快速移动。应调整牵引电磁铁的安装位置,使动铁心的吸合与释放不得碰撞静铁心内壁,并适当调整动铁心行程
	快速行程摩擦离合器片间隙调整过大,也会造成工作台不能快速移动,应重新调整摩擦离合器片间隙,一般为 2~3mm
主轴电动机不能启动	当主轴电动机不能启动时,应从主回路和控制回路逐一检查,并根据检查情况进行相应处理
	检查主电路 QS1、SA4、KM1 各触点及连接线接触是否良好,FU1 是否熔断。检查时先测量 M1 接线柱上三相电压是否正常,有无缺相和不平衡,发现问题后再逐一检查

续表

故障现象	故障诊断维修方法
主轴电动机不能启动	检查控制电路中 FU3 有无熔断，KH1 是否复位，各按钮、接触辅助触点、行程开关及连接线接触是否良好，只要有一处发生故障，按 SB3（或 SB4）时接触器 KM1 线圈两端就没有电压
	主轴机械卡住或电动机本身故障，应根据情况进行检修
按启动按钮主轴电动机启动，但放开按钮电动机自动停转	主轴启动接触器 KM1 自保触点接触不良，应检查接触器 KM1 自保触点，调整弹簧压力，使其接触良好
	接触器 KM1 自保触点被异物卡阻，应消除杂物
	接触器 KM1 自保回路接线松脱，应检查自保回路接线情况

2.3.3　X62W 型万能铣床电气故障处理方法与实例

1. X62W 型万能铣床的电气控制

X62W 型万能铣床具有主轴转速高、调速范围宽、操作方便、工作台能自动循环加工等特点。机械部分主要由底座、床身、主轴、悬梁、刀杆支架、工作台、滑板和升降台等部分组成。主轴运动带动刀具做旋转运动，工作台的进给运动可作垂直（上、下）、纵向（左、右）、横向（前、后）6 个方向的运动。6 个方向均可自动、手动，以及快速移动机床的垂直、横向进给运动由十字复式操作手柄控制，纵向进给运动由纵向操作手柄控制。

X62W 型万能铣床的电气控制原理如图 2-10 所示（图中略去主电路），主轴、工作台和冷却泵分别用单独的三相鼠笼式异步电动机拖动。主轴电动机 M1 由接触器 IBM1 控制，其正反转是采用控制开关 SA3 手动控制，停车时的制动是通过接通制动电磁离合器 YC1，使主轴电动机制动停转工作台的垂直、纵向、横向进给运动由同一台电动机 M2 传动，正反转由两个正反接触器 KM3、KM4 控制。工作台的快速进给由电磁离合器 YC3 及机械装置完成冷却泵电动机 M3 由接触器 KM1 及组合开关 QS2 控制。主电路中有短路、欠压、失压和过载等保护。

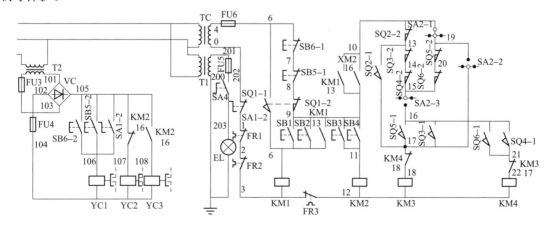

图 2-10　X62W 型万能铣床电气控制原理图

2. X62W 型万能铣床电气控制故障分析与处理

机床电气故障种类繁多，同一种故障症状可对应多种引起故障的原因，而同一故障的原因，又可能有多种症状的表现形式。根据机床故障的征兆准确地判断机床存在的问题，并迅速地排除故障，这是机床维修人员的基本工作技能。控制电路的故障检测尽量采用电压法同时结合电阻测量法（测电阻时要停电），当故障检测到后应断开电源再排除。

（1）常见故障分析与处理。

1）主轴电动机接触器 KM1 不能吸合故障分析与检修。熔断器 FU1、FU4 熔断，变压器 TC 绕组断线或接线端断线，主轴冲动开关 SQ1 常闭触点接触不良，制动按钮 SB5 停止按钮 SB6 接触不良，启动按钮 SB1、SB2 接触不良，主轴冲动开关 SQ1 常闭触点接触不良，热继电器 FR1、FR2 常闭触点接触不良或 FR1、FR2 已经动作，未复位，接触器 KM1 线圈断线等。

故障排除：先检查电源，电源正常后，检查熔断器 FU1、FU4，再查各电器触点接触情况，若有接触不良的，处理好或更换相应损坏的器件。

2）主轴电动机 M1 不能启动故障分析与检修。在排除接触器 KM1 不能吸合的前提下，故障原因可能为三相电源电压不正常、熔断器 FU1 熔断、接触器 KM1 主触点接触不良，主触头烧坏或卡住，造成缺相、M1 换向开关 SA3 触点接触不良、热继电器 FR1 有断相、电动机 M1 绕组有断相，或主电动机三相线路个别线头烧坏或松脱、电动机绕组烧坏开路、机械传动系统咬死及电动机堵转等。

故障排除：用万用表检测三相电源电压，若三相电源电压正常，沿电路图依次测量 KM1、FRl、SA3、M1 的接线端电压，由此查出具体故障点，并排除是电动机本身的故障等。

3）工作台各个方向都不能进给故障分析与检修。多为进给电动机 M2 不能启动引起，首先检查圆工作台的控制开关 SA2 是否在"断开"的位置，若没问题，接着检查主轴电动机接触器 KM1 是否已吸合，若没问题，主轴旋转，各个方向仍无进给，检查位置开关 SQ3、SQ4、SQS、SQ6 及变速冲动开关 SQ2-2 常闭触点接触情况，有问题可调整位置开关的位置，可扳动手柄至各个运动方向，观察相应的接触器是否吸合，若吸合，则故障发生在电动机 M2 主回路上，检查是否有接触器主触头接触不良、电动机接线脱落及绕组断路等，查出具体故障点，并排除。

4）工作台左右（纵向）进给正常，不能前后上下进给故障分析与检修。工作台左右进给正常，进给电动机 M2、主电路、接触器 KM3、KM4、SQ5-1、SQ6-1 及与纵向进给相关的公共支路都正常，多为控制左右进给的位置开关 SQ5 或 SQ6 由于经常被压合而移位、触头接触不良，使位置开关常闭点 SQ5-2 或 SQ6-2 不能复位闭合，当操作向前下、后上进给运动时，位置开关常闭点 SQ3-2 或 SQ4-2 也断开，造成工作台只能左右进给，不能前后、上下进给运动。

故障排除：用万用表欧姆挡测量 SQ5-2 或 SQ6-2 的接通情况，查找故障部位。修理或更换元件，即可排除故障。注意：测量 SQS-2 或 SQ6-2 的接通情况时，应操作向前后上下手柄，使 SQ3-2 或 SQ4-2 断开。

5）工作台前后、上下进给正常，不能左右（纵向）进给故障分析与检修。出现此故障的原因及故障排除方法可参照上例说明进行分析，此时故障元件可能是位置开关常闭点 SQ3-2 或 SQ4-2、SQ2-2 断开。只要其中有一对触点接触不良或损坏，工作台就不能向左或向右进给。SQ2 是变速冲动开关，常因变速时手柄操作过猛而损坏。

6）工作台不能向上运动故障分析与检修。若发现接触器 KM4 未吸合，则故障原因必定在控制回路，可依次检查 SQ1-2、SQ2-2、SQ3-2、SQ4-2、SA2-3、SQ4-1、KM3 常闭触点及 KM3 线圈若向下、向左和向右进给运动均正常，就是不能向上运动，故障原因必定是 SQ4-1 未闭合。调整位置开关 SQ4-1 的行程，使手柄扳向向上位置时，位置开关 SQ4-1 触点能接通即可排除此故障。

（2）非典型故障分析与处理。

1）主轴停车制动效果不明显或无制动故障分析与检修。变压器 T2 绕组断线或接线端断线，VC 整流器有断线或二极管损坏，FU3、FU4 熔丝熔断，SB5-2、SB6-2、SA1-1 触点接触不良，电磁离合器 YC1 线圈断线，或与其接触的电刷磨损接触不良等，都有可能造成此故障。

故障排除：先检查变压器 T2 输入输出电压，电压正常后，检查熔断器 FU3、FU4，测量整流电压 30V 左右为正常，查看电磁离合器上的电刷，观察磨损是否过度，内部弹簧有无伸缩力量，如不行或不灵活就必须更换。用万用表测量电磁离合线圈 YC1 是否烧坏或者短路，其线圈是否在规定阻值内。再查各电器触点接触情况，有接触不良的，及时处理好或更换相应损坏的器件。

2）按下停止按钮后主轴不停故障分析与检修。若按下停止按钮 SB5 或 SB6 后，接触器 KM1 不释放，常见的原因是由于主轴电动机启动和制动频繁，造成接触器 KM1 的主触头发生熔焊，以致无法分断主轴电动机电源造成的。

故障排除：更换 KM1 或其主触头。

3）主轴不能变速冲动故障分析与检修。故障原因是主轴变速行程开关 SQ1 位置移动、撞坏或断线造成。

故障排除：调整行程开关 SQ1 位置或更换等。

4）主轴有带负荷时，自动停车故障分析与检修。故障原因是主轴热继电器 FR1 动作、接触器 IBM1 老化吸合不牢、三相电源有隐性缺相。

故障排除：用钳形电流表测量主轴电动机 M1 的工作电流，若电动机过载运行，此时应减小负载，如减小负载后电流仍很大，超过额定电流，应检修电动机或检查机械传动部分，如电动机的电流接近 FR1 额定电流动作值，由于电动机运行时间过长，环境温度过高、机床振动造成热继电器 FR1 的误动作。实际工作中也发生过因接触器 KM1 老化、铁心有油污吸合不牢，以及机床电源进线为铝线，因铝线接线处氧化有负荷时电流变大，导致缺相因而造成此故障。应重新校验、调整热继电器 FR1、更换接触器 KM1 或处理进线接头，减少接触电阻。

5）工作台不能快速移动故障分析与检修。工作台进给工作正常而不能快速进给，常见的原因是接触器 KM2 不吸合或电磁离合器 YC3 供电回路不通。SB3、SB4 触点接触不良，KM2 线圈回路断线或松脱。若 KM2 能吸合，电磁离合器 YC3 不动作，且主轴停车有制动，则电磁离合器 YC3 线圈断线或与其接触的电刷磨损接触不良、KM2 常开辅助触点接触不良等都有可能造成此故障。

故障排除：先检查 KM2 的吸合情况，若 KM2 不吸合，查 SB3、SB4 触点接触情况，KM2 线圈回路断线或松脱情况，若有接触不良的，处理好或更换相应损坏的器件。若 KM2 能吸合，电磁离合器 YC3 不动作，且主轴停车有制动，按上例排除方法处理电磁离合线圈 YC3 不动作故障。

6）熔断器 FU2 两相熔断故障故障分析与检修。机床运行中，经常发生熔断器 FU2 两相熔断故障，可能原因是接触器 KM3、KM4 互锁失效。经查发现 KM3、KM4 互锁常闭接点实际接线与原理图不一致，KM3、KM4 互锁常闭接点与相应的接触器线圈 KM4、KM3 互换了位置，且 KM3、KM4 互锁常闭接点两端被并联，相当于 KM3、KM4 互锁失效。

故障排除：按电路图重新接线，安装好接触器 KM3、KM4 控制线，恢复 KM3、KM4 常闭接点互锁。

2.3.4　X62W 型万能铣床电气故障的检测

1．电气控制线路

X62W 型万能铣床电气原理图如图 2-11 所示。

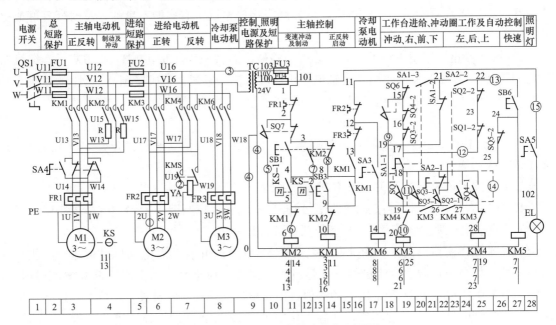

图 2-11　X62W 型万能铣床电气原理图

2．电气故障检测

（1）图区 6，如①处断开（如热继电器 U 相热元件烧断或接线端子接线不良），则 M2 电动机在 KM3 或 KM4 吸合后，缺相运行，出现嗡嗡声，M2 不能启动，时间长了会造成 M2 两相绕阻烧毁。检测方法是：KM3 或 KM4 吸合后，测量热继电器出线端或电动机接线端子的三相线电压是否正常来判断，若热继电器坏了，更换新的即可。

（2）图区7，如②处断开，在KM5吸合后，不能使牵引电磁铁YA得电，工作后不能快速移动。KM5主触头接触不良或电磁铁YA线圈接线端子接触不良或其线圈烧断。

（3）图区8，如③处断开，则TC一次测失电致使整个控制电路不能工作，工作照明再也不能亮。TC的原绕组熔断器熔体熔断或TC的原绕组烧断。

（4）图区9，如④处断开，则TC二次测量有电压，但使整个控制电路0号线断路致使控制和照明电路不能工作。TC的二次绕组端线接触不良。

（5）图区10，如⑤处断开，则在SQ7被压下时，不能进行主轴变速冲动。SQ7触点接触不良。

（6）图区11，如⑥处断开，而使KM2不能得电，致使不能进行M1的反接制动。KM1常闭触点接触不良或弹脱。

（7）图区12，如⑦处断开，使KM2只有点动，不能自锁连续得电，致使M1电动机只能点动制动。KM2常开自锁触点接触不良。

（8）图区13，如⑧处断开，使KM1在按下SB3时，不能得电。SB1常闭触点接触不良。

（9）图区18，如⑨处断开，在压下SQ6后，不能进行工作台变速冲动。SQ6常开触点接触不良。

（10）图区19，如⑩处断开，KM3不能吸合，不能使工作台纵向向右和垂直向下进给。KM4常闭触点未闭合或触头弹脱。

（11）图区19，如⑪处短接，M1工作后，KM3直接吸合而使工作台向下进给的误动作（在扳动向下手柄时的误动作）。SQ1或SQ3常开触点熔焊粘连或SQ1或SQ3内部反作用力弹簧失效，致使常开触点一直闭合。

（12）图区24，如⑫处断开，在压下工作向下或向上行程开关SQ3和SQ4后，不能使KM3或KM4得电，致使工作台不能向下或向上进给。SQ1常闭触点未闭合或接触不良。SQ4常开触点熔焊粘连或SQ4内部反作用力弹簧失效，致使常开触点一直闭合。

（13）图区25，如⑭处短接闭合，在未压下SQ3或SQ4时而KM4直接吸合动作，使工作台向上进给误动作。SQ2或SQ4常开触点直接闭合，SQ2或SQ4常开触点熔焊粘连或SQ2或SQ4内部反作用力弹簧失效。

（14）图区27，如⑬处断开，在按下SB6后，不能使KM5吸合，工作台不能快速进给。SB6端点未接实或触点接触不良。

（15）图区28，如⑮处断开，则SA5闭合后，EL工作照明不亮。FU4熔体熔断或SA5扳动后触点不能闭合，检查FU4和SA5。

2.4 其他铣床电气设备故障诊断与维修

2.4.1 X8126型万能工具铣床电气设备故障诊断与维修

1. 电气原理

X8126型万能工具铣床电气控制线路如图2-12所示。

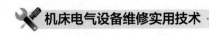
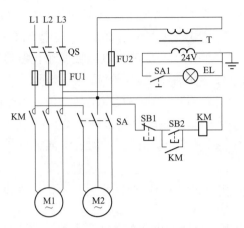

图 2-12　X8126 型万能工具铣床电气控制线路图

2. 故障诊断与维修（见表 2-3）

表 2-3　　　　　　　X8126 型万能工具铣床电气故障诊断与维修

故障现象	故障诊断维修方法
主电动机 M1 不转	电源开关 QS 未接通,应接通电源开关
	熔断器 FU1 熔断,应找出熔断原因后,更换熔体
	启动按钮 SB2 或停止按钮 SB1 接触不良或损坏应修复或更换按钮
	接触器 KM 线圈烧坏或触点接触不良,应更换烧坏的线圈或修复触点,使其接触良好
	电动机内部断线或绕组烧坏,应拆下电动机进行检查,若电动机出口线断开,接好即可,若电动机定子绕组烧坏,应重新绕制绕组
主电动机 M1 通电后发出"嗡嗡"声	熔断器 FU1 熔体一相熔断,使电动机单相启动而发出"嗡嗡"声,应更换熔体
	接触器 KM 主触点有一个烧坏或接触不良,应修复或更换接触器触点
	电动机出口线有一根线折断,应检查电动机出口线,并接好折断线
主电动机启动后,按停止按钮不停车	停止按钮 SB1 动断触点卡住打不开,或进水受潮接触,应修复动断触点或烘干受潮开关
	启动按钮 SB2 动合触点短接闭合,应修复或更换动合触点
	接触器 KM 主触点粘接,可用细锉或砂纸修平触点接触面,使其接触良好,或更换触点
冷却泵电动机 M2 不转	转换开关 SA 未接通,应接通转换开关
	电动机内部断线或定子绕组烧坏,若电动机出口线断开,接好即可,若定子绕组烧坏,应重新绕制线圈

2.4.2　X5030/X6130 型铣床电气设备故障诊断与维修

1. 电气原理

X5030 型立式升降台铣床及 X6130 型卧式升降台铣床电气控制线路如图 2-13 所示。

2. 故障诊断与维修

X5030/X6130 型铣床电气故障诊断与维修见表 2-4。

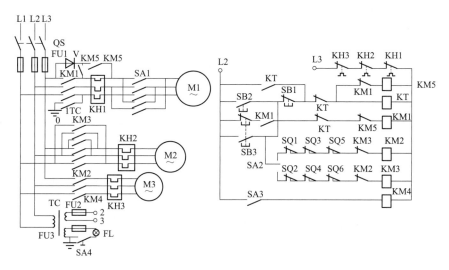

图 2-13   X5030/X6130 型铣床电气控制线路图

表 2-4　　　　　　　　　　　**X5030/X6130 型铣床电气故障诊断与维修**

故障现象	故障诊断维修方法
主电动机 M1 不转	电源开关 QS 未接通，应将电源开关 QS 扳至需要位置
	熔断器 FU1、FU2 熔断，应找出熔断原因后更换熔体
	启动按钮 SB2 接触不良或损坏，应修复或更换按钮
	接触器 KM1 未吸合或主触点接触不良。若电磁线圈断线或烧坏，应接好断线或更换线圈；若磁铁卡住，应调整铁心；若触点接触不良，应修复或更换触点
	热继电器 KH1 跳扣或损坏，应使跳扣复位或修复更换热继电器
	主电动机内部断线或定子绕组烧坏，应接好内部断线或重新绕制绕组
主轴停车或紧急制动失灵	二极管 V 击穿，应更换二极管
	接触器 KM1 未吸合或触点接触不良，可参阅（一）中（4）的方法进行修复
主电动机 M1、进给电动机 M2 接通电源后都不动作	主电动机不启动，进给电动机不能单独启动。要使两台电动机都能动作，必须按（一）的方法进行检查。首先使主电动机旋转后，若进给电动机不能启动，再按（四）的方法进行检查，使两台电动机都能同进动作
进给电动机，M2 通电后不转	主轴电动机未启动，应按（一）的方法检查，使主轴电动机启动才能启动进给电动机
	转换开关 SA2 接触不良或损坏，应检修转换开关，使其接触良好，或更换开关
	行程开关 SQ1～SQ6 未压合或接触不良，使限位未复位。故应检查调整压铁，使其压合，并接触良好
	接触器 KM2 或 KM3 不吸合，或主触点接触不良，应检查接触器线圈控制回路，使之吸合，并修复触点，使其接触良好
	热继电器 KH2 跳扣，应查明跳扣原因并进行复位
	电动机接线松脱或定子绕组烧坏，应检查电动机的接线情况或重新绕制绕组

故障现象	故障诊断维修方法
进给电动机只有一个方向转动	转换开关 SA2 有一对触点接触不良或损坏，应修复触点，使其接触良好，或更换开关
	行程开关 SQ1、SQ3、SQ5 或 SQ2、SQ4、SQ6 未压合或触点接触不良，应检查调整行程开关，使其复位，或修复触点，使其接触良好
冷却泵电动机 M3 不转	转换开关 SA3 未接通，应接通开关，并使其接触良好
	继电器 KM4 未吸合或主触点接触不良，应检查继电器线圈及控制回路，使之吸合或修复触点，使其接触良好
	电动机接线松脱或定子绕组烧坏,应接好电动机连接线或重新绕制烧组

2.4.3　XA6132 型卧式铣床电气设备故障诊断与维修

XA6132 型卧式万能升降台铣床加工范围广，生产效率高，是企业通用的机械加工设备，由于使用时的振动、触点损坏、电器元件老化等一些原因，XA6132 型卧式万能升降台铣床经常发生电气故障。XA6232 型卧式万能升降台铣床有以下常见电气故障及快速维修方法。

1. 主电路电气故障

（1）常见故障现象。电动机不能启动；机床主轴振动、电动机有嗡嗡的响声；电动机不能停止。

（2）故障原因。主电路无电压；熔断器的熔丝熔断；热继电器过载保护；启动控制电路故障，交流接触器线圈不得电；交流接触器主触点损坏。

（3）维修方法。将万用表调至电压档的合理值，测量任意两相电压是否正确，检查主电路电源是否有电；将万用表调至电阻档范围，检查熔断器的熔丝是否熔断；交流接触器能够吸合，主触点常开触点能够闭合，但电动机仍不启动，需检查热继电器是否过载保护，或电动机是否有故障；交流接触器不能吸合时应检查交流接触器是否有故障，若交流接触器完好，可检查交流接触器线圈是否有电压，若无电压需用万用表的欧姆档检查控制电路的各点是否能形成闭合回路；

交流接触器的主触点损坏，需更换主触点或更换交流接触器。

2. 直流控制电路的电气故障

（1）常见故障现象。进给电动机转动，工作进给的各方向不能实现自动进给；不能急停和主轴锁紧；不能实现快速进给。

（2）故障原因。整流控制电路没有电压；熔断器的熔丝熔断；主轴制动电磁离合器没得电；快速进给电磁离合器没得电。

（3）维修方法。直流控制电路图如图 2-14 所示。

用万用表检查变压器输出端交流电压是否为 28V，整流后的输出端直流电压是否为 24V。

用万用表的欧姆档检查熔断器是否熔断，若熔断更换熔断器。

检查工作进给电磁离合器是否有电压，可检查 YC2 的 0～108 线之间是否为 24V 直流电压，检查 KA2 常开触点是否闭合。

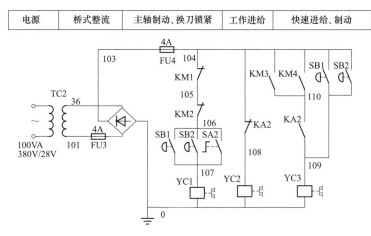

| 电源 | 桥式整流 | 主轴制动、换刀锁紧 | 工作进给 | 快速进给、制动 |

图 2-14 直流控制电路图

主轴不能制动和锁紧往往是主轴制动电磁离合器 YC1 不得电造成的，可将 SA2 开关转至锁紧位置，检查 0~103 线之间是否接通，若没接通逐点排查。

不能快速进给往往是快速进给电磁离合器不得电造成的，按动快速按钮后，检查 YC3 的 0~109 线之间是否为 24V 直流电压，KA2 的常开触点是否闭合，KM3 或 KM4 的常开触点是否闭合。

3. 交流控制电路的电气故障

(1) 常见故障现象。主电动机、进给电动机不能转动；进给电动机始终转动，工作台只能向某一个方向工作进给；工作台纵向不能工作进给；工作台横向向后、升降台向上不进给；工作台横向向前、升降台向下不进给。

(2) 故障原因。电动机不能起动，若主电路无故障，主要是交流接触器没得电。

工作台只能向一个方向进给的原因是控制某一方向的行程开关的常开触点始终闭合。

某个方向不能进给，而其他方向可进给，主要的原因是该方向的控制电路某点断开。

(3) 维修方法。交流控制电路图如图 2-15 所示，各行程开关位置关系见表 2-5。

检查各相关电动机控制电路的交流接触器是否能形成闭合回路，用万用表由远端至近端逐点排查。

工作台始终向一个方向进给。通过此现象可以分析出进给电动机始终是正转或反转，KM3 或 KM4 始终得电，应检查该方向行程开关的常开触点是否始终闭合；若工作台始终向右或向左进给，检查 SQ1 或 SQ2 各自线路所形成的闭合回路常开触点是否始终接触。

表 2-5　　　　　　　　　　　　各行程开关的位置关系表

工作台进给方向	SQ1		SQ2		SQ3		SQ4	
	常开	常闭	常开	常闭	常开	常闭	常开	常闭
向右	+	−	0	0	0	0	0	0
向左	0	0	+	−	0	0	0	0
向后、上	0	0	0	0	+	−	0	0
向前、下	0	0	0	0	0	0	+	−

注　"＋"表示接通；"—"表示断开；"0"表示不受外力作用状态。

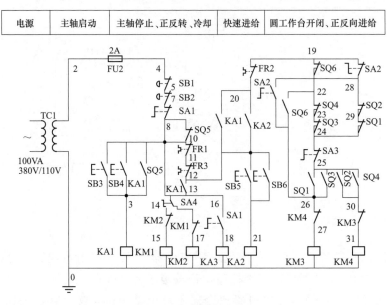

图 2-15　交流控制电路图

工作台某个方向不进给检查该方向的控制电路是否闭合，如纵向向右不能进给，其他方向可以进给，应检查 SQ1 行程开关所形成的闭合回路 19-22-23-24-25-26-27-0 之间是否接通；如工作台横向向后、升降台向上不进给，其他方向能够进给，应检查 SQ3 行程开关所形成的闭合回路 19-28-29-24-25-26-27-0 之间是否接通。

2.4.4　X2010A 型龙门铣床故障分析与解决实例

某 X2010A 型龙门铣床，使用多年后出现爬行问题，即工作台在低速运转时，被铣削的元件表面光洁度不高。而且还时常出现低速时工作台停止的情况。为解决该问题，决定从电器、机械及液压 3 个方面逐个进行排查。

1. 电气问题排查

工作台前后移动的拖动电动机为 $23\sim52.4\mathrm{kW}$ 直流电动机、电动机转速为 $20\sim1000\mathrm{r/min}$。

电气控制系统已改造，采用武汉欧陆 590 直流调速器进行调速，工作台进给速度为 $20\sim1000\mathrm{mm/min}$。

（1）现场观察现象：当主刀架没有走刀，电动机转速 $20\mathrm{r/min}$，电动机不停；当主刀架切屑 6mm，电动机转速 $20\mathrm{r/min}$ 时，电动机不停。

（2）分析：直流电动机能够转动，电气控制部分没有问题。

2. 机械问题排查

（1）现场观察现象。电动机在转，而工作台不进给。

（2）分析。重点应该排查从电动机到工作台进给的机械传动部分，如图 2-16 所示。

（3）传动路线。电动机-1-2-3-4-5-6-7-8-9-10-11-12-13-14-15-16-工作台。

（4）排查过程。

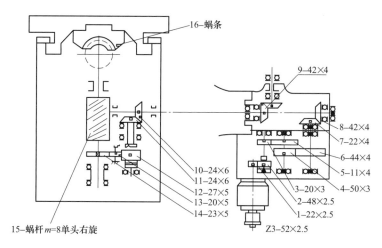

图2-16　工作台传动系统图

1）检查齿轮箱齿轮啮合情况，从齿轮1到10，其啮合没有问题。

2）将工作台拆卸下来，发现工作台反面安装的蜗条（4块），协块蜗条由4个螺钉紧固，共有16个螺钉：其中最两端的4个螺钉是紧的，而中间的12个螺钉是松的。将其拧紧。分析：由于蜗杆蜗条副作传动的重型机床，在长期使用后，啮合侧隙过大而产生撞击所致，这样会引起机床工作台在低速时出现爬行现象。

3）发现机械传动到伞齿轮10，没有继续传动下去。即齿轮11没有动。拆开11、12两个齿轮，发现两个齿轮中间的结合齿磨圆了，啮合状态不好。将磨圆的齿口挫平，重新安装。

4）结合齿修复后，仍然存在一个故障现象：直流电动机正常转，而蜗杆不转，机械传动传不过来。分析：斜齿轮啮合不上来。是液压拨叉力量不够，即蜗杆箱离合器动作不到位，使之啮合不上来；是液压传动的问题。

3. 液压问题排查

液压传动原理如图2-17所示。液压装置安装于床身前部托架内：由油箱、油泵、低压溢流阀、油压表、减压阀、压力继电器、滤油器、电磁滑阀及管路等组成。油泵送出的压力油分成两路，一路通向各操纵部分；一路经减压阀J-25B、片式滤油器Y41-1通向床身及传动箱作润滑用。作操纵用的高压油又分为几条主要路线。其中管路5、6经过电磁滑阀24D-10B操纵蜗杆箱离合器。

压力继电器DP-63B用以控制高压油路的最低压力，调整压力为1.5MPa。当低于1.5MPa时，整个机床不能启动。压力继电器R57-1用以控制润滑油路的最低压力。调整压力为0.2～0.3MPa。当低于此数值时，整个机床不能启动。低压溢流阀P-B25B用以调整高压油路的压力，减压阀J-25B则用于调整润滑油路的压力。液压泵的动力源为液压泵电动机5D交流异步电动机1.5kW。只有液压泵启动，高低液压继电器均动作，才能进行进给操作。

（1）现场观察现象。液压电动机转动6min时自动停止，而且电动机发热。

（2）分析。该现象是由于液压系统启动后，负荷较大，致使电动机停止运转。

（3）排查过程。

1）将联轴器与齿轮泵脱开，发现电动机一直正常运转，证明电动机没有故障。

2）进一步怀疑是油路堵塞问题。

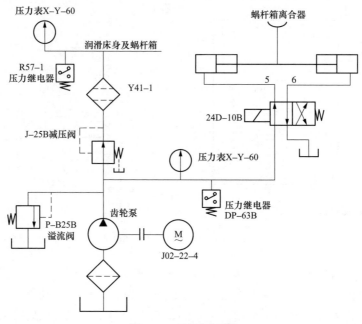

图 2-17　液压原理图

3）恢复电动机连接。

4）检查滤油网，没有堵塞。

5）发现主油路接头处为麻花状扭曲，会影响油压；加热铜管，截掉扭曲部分，重新将主油管装上。

6）处理主油管后，电动机运转到 10min 时，就会发生转速变慢，不正常现象。分析可能是其他油路堵塞而致。

7）发现第 6 根油管抖动，致使电动机抖动。第 6 根为蜗杆箱离合器的回路油管。

8）第 6 根油管松开，正常出油。分析：抖动是正常的，因为是压力机构，不是油回路。

9）发现运行到 6min 时，整个油路开始抖动，听到齿轮泵里面发出不正常的咔咔声，可能是抽空气的声音，同时发现工作台运行槽里面有泡沫状的油冒出来，进一步证明有空气进入。

10）分析：齿轮泵抽空气原因可能是油箱油量不够。

11）将工作台运行槽里的油往油箱里赶，同时向油箱里加液压油。

12）向油箱加油后，电动机运行 6min 后，液压电动机停止工作的问题还是未能解决，工作台运行槽里面还是有泡沫状的油出来。

13）分析：动力在齿轮油泵中有损耗，使得供油动力达不到油路 1.5MPa 的要求。

14）排查齿轮泵的问题。齿轮泵引起的输出油量不足和压力提不高，因为是旧机床，很可能是因磨损引起的泄露问题。拆开齿轮泵，发现齿轮外圆因受不平衡径向液压力的作用，与泵体内孔摩擦而产生磨损及刮伤，导致径向间隙增大。用研磨方法将起线毛刺痕迹研去，并抛光。重新装配。修配后，电动机停转及工作台运行槽里面有泡沫状油的现象消失，机床的爬行问题也得到解决。

4. 结论

综上所述，龙门铣床爬行的问题主要是由以下情况引起的。

(1) 蜗条 16 紧固螺钉松开，导致两个蜗条的接头处的牙距不符合齿距标准，影响机械传动。

(2) 伞齿轮 11 和齿轮 12 中间的结合齿磨圆，影响机械传动。

(3) 主油管产生扭曲变形，影响油压。

(4) 齿轮泵里面的齿轮磨损，影响油压。通过一步一步排查，修复以上部件，龙门铣床的爬行问题迎刃而解。

2.4.5　T6925/1 型镗铣床故障处理实例

1. 异常噪声及处理

T6925/1 型镗铣床在加工工件时，主轴电动机随着转速的提高，发出"嘎啦嘎啦"的声音也就越大。

故障处理：发生故障原因可能有 3 个方面：机械故障、电气故障和电动机本身故障。由于电动机个体太大，拆卸不方便，就先对电气和机械方面进行故障分析。先检查电气装置是否发生故障，对装置的输出电流进行测量，发现实际电流和规定的电流相差不大，可以肯定电气装置没有问题。又对机械部分进行检查，怀疑是滚键造成的响声，将侧盖打开进行观察，发现转速没有发生变化，但是还有很大的响声。所以决定把电动机与机床脱开，电动机外轴没有坏，就确定应该是电动机本身的问题。就对电动机进行拆卸，拆开后发现电动机里面的轴承不对，因为电动机是卧式的，所以轴承也是卧式的，而不是立式，而现在的这个轴承是立式的。这台电动机外包过，肯定是装错了。对其进行更换后，故障消除。

2. 移动滑枕时机床发生颤动

T6925/1 型镗铣床在前后移动滑枕时，向前"一冲一冲"的，使机床发生颤动。

故障处理：检查滑枕补偿电动机是否使液压泵的出油管有润滑油流出，打开油管，发现有润滑油流出，说明滑枕补偿系统是好的。怀疑可能是滑枕丝杠存在一定的间隙，拆开镗床的侧板后，看见丝杠与前面连接轴的螺母松了，使得滑枕进出时有很大的余量，从而产生前述故障。将其拧紧，再次前后移动滑枕，故障消除。

3. 电流异常大

T6925/1 型镗铣床在加工工件，主轴箱在向上移的时候，显示的电流异常大，超过了额定的电流值。

故障处理：经过观察，发现在向上移动 Y 轴时，电流增大，并且有时还伴有振动。判断故障原因从 3 个方面入手：①数字晶闸管 6RA27 装置参数是否改变。②电动机是否损坏。OY 轴的导轨及滑座、丝杠传动及联轴节等负载部分是否损坏。先检查电动机是否由于长时间过热而损坏，用万用表测量电动机的每根接线柱之间的阻值，测量结果发现其阻值相同，可以排除电动机损坏的可能。对 6RA27 装置里的参数与安装该装置时手抄的参数对照，发现参数没有改变，为了防比误判，将电动机与负载脱开进行试验，发现无论电动机进行正反转，运行都十分平稳，没有异常。可以初步判断与电气部分没有关系。再检查 Y 轴移动时，导轨、滑鞍和丝杠里是否有润滑油，经检查有润滑油流出。钻进镗床的立柱里再检查与主轴

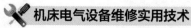

箱相连接的配重块，在移动 Y 轴时，里面发出"吱吱"的声响，用手电一照，发现配重块上的滑轮已经损坏，造成与立柱里滑道发生摩擦，从而使 Y 轴在移动时负载增大，电流也随之增加。经过对滑轮的修复，再次运行主轴箱电流降低了，故障消除。

4. 发生"放炮"声音

T6925/1 型镗铣床主轴在运行吃刀时，发生"放炮"的声音，使 630A 空气开关跳闸。

故障处理：检查主轴 6RA27 装置，把 5 个连接装置的保险丝拆下，用万用表的二极管档对主电路里的两个励磁电源接线柱分别与三相电的三个接线柱测量，发现有一组是通的，说明装置里的晶闸管模块击穿，如不通则晶闸管模块是好的。拆下装置将坏的模块换下，装上新的。6RA27 装置里更换元器件后需对装置进行重新优化，已达到装置里的参数与电动机相匹配。将装置里的显示管调到显示 P51＝2 进行电流参数优化，之后再进行 P51＝3 转速参数和 P51＝5 励磁参数优化。装置优化后，启动主轴，运行正常，故障消除。

2.5　PLC 在铣床电气维修改造中的应用

可编程序控制器（PLC）是一种以微处理器为基础的通用工业自动控制装置，具有可靠性高、编程灵活、开发周期短、故障自诊断等特点，特别适用于机床控制系统的开发和应用。通过使用 PLC 设计机床控制系统，可以减少强电元器件数目，提高电气控制系统的稳定性和可靠性，从而提高产品的品质和生产效率。此外，通过应用 PLC 技术，还可以使机床具有故障自诊断功能，从而保护机床并方便维修。

2.5.1　应用 FX3U-32MR PLC 对 X62W 万能铣床改造

1. 改进设计概况

针对 X62W 型万能铣床控制系统出现故障率高，可靠性差，维修工作量大等问题，在保证原铣床主电路和加工工艺流程不变的基础上，将对 X62W 型万能铣床控制系统进行 PLC 改造，将原继电器控制中的硬件接线改为用软件编程来替代，主要包括 I/O 地址分配、PLC 的外部接线以及软件程序设计。X62W 型万能铣床的工艺流程如图 2-18 所示。

根据 X62W 型万能铣床的控制面板的控制信号，对其输入、输出信号地址进行分配，其 I/O 地址分配见表 2-6 和表 2-7。

表 2-6　　　　　　　　　　　　　　　　输入信号地址分配

元件	地址	说明	元件	地址	说明
SA1	X0	工作台旋转开关	SA4	X10	指示灯开关
SB1	X1	主轴启动按钮	SQ1	X11	向右进给行程开关
SB2	X2		SQ2	X12	向左进给行程开关
SB3	X3	主轴停止按钮	SQ3	X13	向前、向下进给行程开关
SB4	X4		SQ4	X14	向上、向右进给行程开关
SB5	X5	工作台快速进给按钮	SQ6	X16	进给变速冲动开关
SB6	X6		SQ7	X17	主轴变速冲动开关
SA3	X7	冷却泵控制开关			

表 2-7   输出信号地址分配

元件	地址	说明	元件	地址	说明
KM1	Y1	M3 冷却泵控制线圈	KM5	Y5	M2 向后、向上、向左进给控制线圈
KM2	Y2	M1 主轴电动机制动控制线圈	KM6	Y6	M2 快速进给控制线圈
KM3	Y3	M1 主轴电动机运行控制线圈	EL	Y010	工作状态指示
KM4	Y4	M2 向前、向下、向右进给控制线圈			

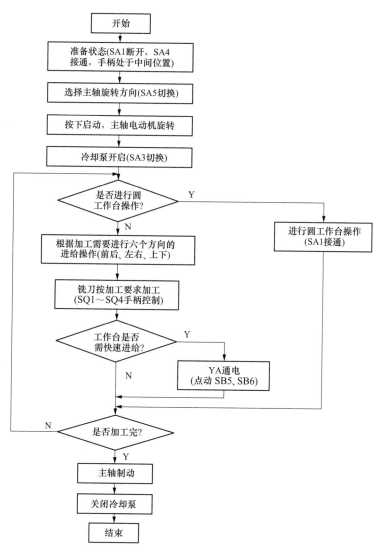

图 2-18   X62W 型万能铣床的工艺流程

2. PLC 的外部接线图

通过对 X62W 型万能铣床的电气控制系统分析，选用三菱 FX3U-32MR 对其电气控制系统进行 PLC 改造，其外部接线如图 2-19 所示。同时为了增加控制系统的可靠性，除了程序上采用软继电器的触点互锁外，还分别对 KM2 与 KM3，KM4 与 KM5 进行硬件互锁，保证控制系统安全稳定。

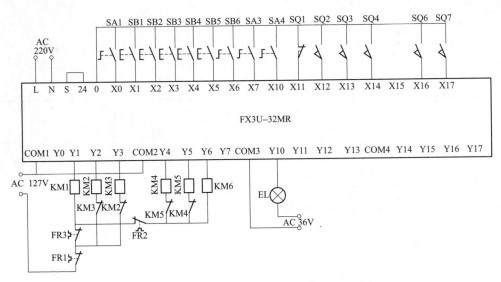

图 2-19   PLC 外部接线

3. PLC 的程序设计

根据 X62W 型万能铣床的控制电路功能及工艺流程，结合 PLC 的 I/O 地址分配，进行 PLC 程序设计。PLC 梯形图程序如图 2-20 所示。

4. 小结

采用 FX3U-32MR 对 X62W 型万能铣床控制系统进行改造，按以上步骤进行安装调试，完全满足铣床的控制要求。采用 PLC 改造控制系统需要的投资少，工作量较小，铣床控制系统的稳定性和自动化程度得到提高，运行的故障率大幅降低，同时检查维护方便，经济效益较显著。改造后的铣床经过企业生产运行的检验，性能非常好。

2.5.2 应用 S7-300 PLC 对 X62W 型万能铣床改造

1. 改造方法

在进行电气控制系统技术改造时，要求 X62W 型万能铣床电气控制线路中的电源电路、主电路以及照明电路保持不变，在控制电路中，用 PLC 来实现。为了保证各种联锁功能，将 SQ1～SQ7，SB1～SB6 分别接入 PLC 的输入端，换相开关 SA4 和工作台自动与手动控制的组合开关 SA2 分别用其一对常开触头和常闭触头接入 PLC 的输入端。输出器件分为 2 个电压等级，一个是接触器使用的 110V 交流电压，另一个是照明使用的 24V 交流电压。

2. I/O 点分配

经过 X62W 型万能铣床控制系统分析和实现 PLC 技术改造要求，铣床控制系统共需开关量 16 个输入，7 个输出，其输出输入点总数在所选 CPU 具有的配置的范围内，故可对分析后的 I/O 点进行分配，其分配表见表 2-8。

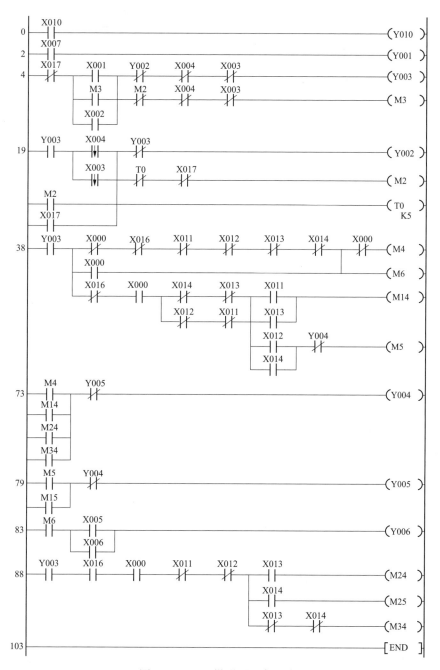

图 2-20　PLC 梯形图程序设计

表 2-8　　　　　　　　　　　　　　I/O 地址分配表

分类	说明	电路器件	编程元件地址
输入	M1 启动按钮 （两地控制）	SB3、SB4	I0.1
	M1 制动按钮 （两地控制）	SB1、SB2	I0.0

续表

分类	说明	电路器件	编程元件地址
输入	工作台快速进给	动合 SB5、SB6	I0.2
	速度继电器	KS1/KS2	I0.3
	右进给	SQ1	I0.4
	左进给	SQ2	I0.5
	下/前进给	SQ3	I0.6
	上/后进给	SQ4	I0.7
	进给变速瞬时开关	SQ6	I1.0
	主轴变速冲动控制	SQ7	I1.1
	换模式开关	SA1	I1.2
	冷却泵开关	SA3	I1.3
	照明灯开关	SA5	I1.4
	M1 热继电器	FR1	I1.5
	M2 热继电器	FR2	I1.6
	M3 热继电器	FR3	I1.7
输出	主轴启动继电器	KA1	Q4.0
	主轴制动/冲动继电器	KA2	Q4.1
	进给正转继电器	KA3	Q4.2
	进给反转继电器	KA4	Q4.3
	快速进给继电器	KA5	Q4.4
	冷却泵继电器	KA6	Q4.5
	照明灯	EL	Q4.6

3. 硬件电路设计

在硬件电路设计环节上，铣床控制系统采用的是西门子公司的 S7-300 系列 PLC，系统控制线路如图 2-21 所示。

I/O 外部接线图中的 PLC 不是一个单独的整体，而是硬件组态，左边是输入模板，右边是输出模板，输出模板直接连接继电器线圈，通过继电器触点来连接交流接触器线圈。

4. 程序设计流程

根据铣床控制系统的电气控制要求，图 2-22 所示的工艺流程表示 X62W 型万能铣床的继电器—接触器控制线路中主轴和进给控制的全过程。

图 2-22 所示主要反映了 X62W 型万能铣床电气控制系统的 PLC 控制工艺流程，对于铣床控制系统的 PLC 技术改造，它不仅保证了原来电路的工作逻辑关系，而且具有各种联锁保护措施，并且这种电气技术改造投资少、工作量较小。改造以后的铣床控制系统取代了传统的继电器—接触器控制系统，从而使得电气控制系统从根本上解决继电器控制效果差的问题。

5. X62W 型万能铣床的 WinCC 监控

WinCC 是西门子与微软公司合作开发的，是开放的过程可视化系统。WinCC 的显著特

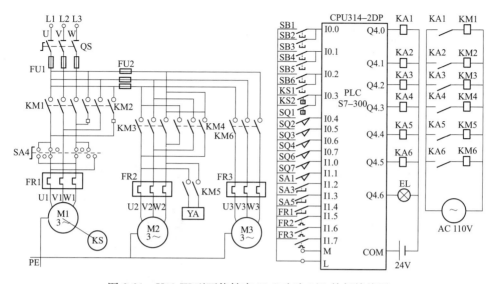

图 2-21 X62 W 型万能铣床 PLC 改造 I/O 外部接线图

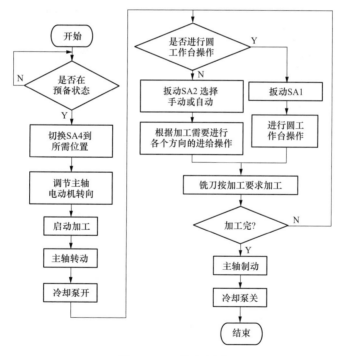

图 2-22 工艺流程图

性就是全面开放，它很容易将标准的用户程序结合起来，建立人机界面，精确地满足生产实际要求。

WinCC 可以运行在 Windows 下，单击 Window 桌面的"开始"按钮，通过"SIMATIC"→"WinCC"→"Windows Contral Center"启动 WinCC。

创建一个 WinCC 新项目，在弹出的对话框中定义新项目的名称和储存路径后，进入

WinCC 资源管理器，为了使 WinCC 能够与 PLC 通信，需要选择 PLC 驱动程序，在此选择 SIMATIC S7 PLC。然后创建过程画面，在 WinCC 资源管理器中，右击"画面编辑器"。单击 WinCC 资源管理器"文件"菜单中"运行系统"，也可以单击"WinCC 资源管理器"的工具栏中的"激活"按钮，经过一段时间装载后，将出现"WinCC 运行系统"画面，即铣床初始画面，如图 2-23 所示。

如果需要"主轴"启动，那么按下启动按钮"SB3/SB4"，如图 2-24 所示，"主轴"启动 Q4.0—主轴接触器得电，WinCC 画面中对应的主轴很快转动起来。

图 2-23　铣床处于初始状态

图 2-24　主轴启动画面

如图 2-25 所示，对于 X62W 型万能铣床的向左、右进给操作、向上或后进给操作、向下或前进给操作、圆工作台启动操作、快速进给操作以及主轴制动操作等都可以通过仿真在 WinCC 画面中一一实现，在此相应的仿真和 WinCC 画面不再列举。

图 2-25　主轴启动仿真界面

WinCC 组态里的输出变量是通过继电器的状态来显示的，而各继电器是用来控制其对应的接触器，所以在继电器接通的同时接触器也接通。

2.5.3　应用台达 PLC 对 X5023 型立式铣床改造

针对 X5023 型立式铣床，从成本、性能、复杂程度、技术要求、定位精度等多方而综合考虑，选用台达 PLC、台达 ASDA-B2 伺服电动机改造立式铣床。

1. X5032 普通立式铣床的控制要求

（1）主轴运动。由 5.5kW 三相笼型异步电动机 M1 单独拖动。主轴为多档调速。主轴是机床高速旋转的运动机构，是机床的关键部件，其性能直接影响零件的加工质量。在实际加工过程中，对于不同的材料为了保证零件的表面粗糙度、形位公差及切削力等，需要主轴有不同的转速。主轴变速则是采用主轴变速箱的形式，即采用不同的齿轮组合实现几挡不同转速的控制，再经过皮带轮的变换实现速度的调整。对于批量生产的零件来讲，此机床从经济角度暂不实施 PLC 控制速度，而是采用机械变速的方法，人工换挡即可满足工作要求。

（2）升降运动。由 0.55kW 三相笼型异步电动机 M2 单独拖动，能完成工作台上下 2 个方向的运动控制。

（3）横向运动。采用步进电动机实现横向正反运动，同时手动控制也可实现微调控制，使得工件的位置可以满足要求。

（4）进给运动。采用的 1.5kW 的交流伺服电动机进行进给伺服运动控制。快速运动由交流伺服电动机与手柄控制共同实现快速运动。进给过程中实现精准定位，且进给速度可以实现无级调速，通过文本显示器进行速度的设定，速度设定范围为 30～1500mm/min。在调速范围内要求均匀、稳定、无爬行，且速降小。在零速时，即工作台停止运动时，要求电动机有电磁转矩以维持定位精度，使定位误差不超过系统的允许范围，电动机处于伺服锁定状态。快速运行也有速度的调整选择可以进行 3m/min、4m/min 和 5m/min 的速度任意一项选择，根据自己的要求可以实现无工作状态的快速移动，节省工作时间。

联锁措施。为防止铣床和刀具损坏，要求在主轴停止后，允许进给运动快速移动。为减小加工工件的表面粗糙度，要求在进给停止后，主轴才能停止或同时停止，本设计采用先停进给后停主轴的控制方式。

（5）冷却泵电动机 M3。采用按钮单独控制，在主轴之后启动。

2. PLC 及进给伺服电动机的选择

（1）PLC 的选择及 I/O 点分配。根据 X5032 型立式铣床的控制要求和主电路的设计，需要输入点数为 15 个，输出点数为 13 个，选择台达 ES2 系列 DVP32ES200T PLC，该铣床的 I/O 点分配图如图 2-26 所示。

（2）进给轴电动机的选择。伺服系统的确定伺服系统对于机床的重要组成部分，性能优劣直接影响着机床的加工精度，表面质量和生产效率，它基本可以划分为 3 种，即开环、闭环、半闭环。

半闭环系统与闭环系统相似，其位置检测装置不是安装在执行部件上，而是安装在驱动电动机的端部或传动杆的端部，间接地测量执行部件的位置或位移量。电动机一般采用伺服电动机，伺服电动机的启动转矩很大，即启动快。很短的时间内就可以达到额定速度。适宜频繁启停而且有启动转矩要求的情况，同时伺服电动机的功率可以做到很大，在生产中用的很广泛；而伺服电动机承受过载能力很强，及时报警，易于检查报警原因，在此基础上采用的伺服电动机的半闭环控制系统。

经计算选择台达 ASDA-B2 的 1.5kW 的伺服电动机，其负载力矩在不切削时大于 3.12(N·m)，最高转速高于 2000r/min。

3. 程序控制

系统控制程序为模块化结构设计思想，包括主程序，初始化程序，电动机控制程序包括

机床电气设备维修实用技术

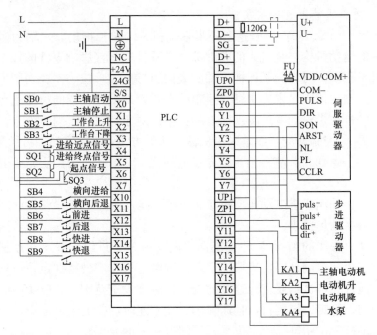

图 2-26　PLC 的 I/O 点分配图

主电动机、升降电动机和前后移动电动机控制，伺服电动机控制程序，人机界面显示程序。

伺服电动机控制为了保证控制精度，采用的原点回归方式进行原点定位，之后分别根据人机控制要求可以进行相对位置控制和绝对位置控制，其控制精度依据反馈的脉冲个数来实现半闭环控制。其中，伺服电动机的编码器为 17 位分辨率，大概有 0.13°的控制精度。

初始化部分程序语句如下。

LD　M1002

DMOV　K131072　D4

MOV　K50　D6

MOV　K100　D8

MOV　K60　D10

MOV　K5　D12

MOV　K3　D14

MOV　K1500　D16

MOV　K0　D1030

LD　M1002

MOV　K20　D1340

MOV　K0　D1220

MOV　D414　D20

CALL　P0

MOV　D408　D20

MOV　D410　D20

MOV　D412　D20

初始化为速度、频率转换和初始数据的赋值过程，这里包括电子齿轮比 M/X 的赋值、螺距、减速齿轮比等的赋值。

为保证控制精度，同时对于使用者有选择性地加工零件，这里设定了 2 种对于位置的控制方式，一种为相对控制，另一种为绝对控制，同时采用交流伺服电动机自身的 17 位编码器进行计数，实现半闭环控制系统的控制。操作程序：

```
LD    M26
AN    M11
DDRIV   D90   D32   Y0   Y1//相对运动脉冲
LD    M27
AN    M11
DDRVA   D92   D32   Y0   Y1//绝对运动脉冲
LD    X3
OUT   Y4//紧急停止
LD    M8
OUT   M1078//暂停脉冲输出
LD    M13
OUT   Y3//异常输出复位
LD    X1
OUT   Y5 //限位开关到正方向运行截止
LD    X5
OUT   Y6//刀限位开关到反方向运行截止
```

4. 安装调试运行

一般用 PLC 对机床改造时，主电路按照原来的线路保持不动，只对控制线路进行改造即可。接线并检查无误后，把程序传入 PLC，然后通电调试。注意事项：程序输入编辑完后，先进行模拟实验；接线完成后，要在不接电动机的前提下试车，确认无误后方可连接电动机；通电调试的过程中，要有专人在现场监护。

（1）调试中出现的报警及解决方法。

将伺服电动机安装到工作台上，与机构有效地结合起来后，运行程序出现进给轴报警 AL006，电动机及驱动器过负荷报警，无论怎么运行均出现此情况，将电动机与机构分离报警消除，经检测电动机轴上的齿轮与减速齿轮双重咬合，即与顺时针转动和逆时针转动的齿轮同时有结合造成无法运动，造成过负荷报警。解决方法为与一个齿轮咬合，机械原因造成过负荷。

减速齿轮比为 6：1，输入程序后，进行运行，遇到限位开关后即会出现报警 AL009，位置控制误差过大报警。原因：①确认最大位置误差参数 P2-35（位置控制误差过大警告条件）设定值，将参数增大至最大值，确定不是此参数设定错误；②增益值设定过小确认设定值是否适当，正确调整增益值，经伺服驱动软件调整后的参数值仍没有改观；③调整电子齿轮比过大导致马达到达最高转速限制，调整 P1-55 参数；④调整程序，在限位开关到达时清除脉冲个数值。经调试试验，最终消除报警，满足了控制要求。

（2）调整增益的方法。以适当的电动机的转动惯量比为前提条件，此处将电动机的转动惯量设定为3，满足"位置增益＜速度增益＜电流增益"；在不产生振动的情况下，尽量提高速度增益和位置增益，减少速度积分时间，以减少整个系统的响应速度。为了保证精度，根据现场条件锁定，确定了转动惯量后，采用台达伺服电动机所固有的位置增益调整软件进行调整。

2.6 数控铣床故障分析与维修

数控铣床是一种综合应用了计算机技术、自动控制技术、精密测量技术和铣床技术的典型机电一体化产品，是机、电、液一体化的高技术密集型机电设备。其结构的复杂性、部件的多样性、控制的智能性、加工工艺的多样性和加工零件的复杂性，决定了数控铣床的故障诊断与维修的艰巨性和专业性。数控设备一旦发生故障，诊断难度大，甚至会造成停产停机。维修人员不但要有较深的理论知识，还要有丰富的实践经验，具有较强的分析问题和解决问题的能力。由于现代数控系统的可靠性越来越高，数控系统本身的故障率越来越低，而大部分故障主要是由系统参数的设置、驱动单元和伺服电动机的质量、程序、电元件、机械装置、光电检测元件等出现问题而引起的，为了加强数控设备使用管理与维修，降低故障率，提高利用率，有必要掌握常见的典型故障诊断与维修方法。

2.6.1 数控铣床伺服运动失控故障的检查

1. 伺服运动系统的组成

一台三坐标铣床，采用美国 AUTOCON DELTA 20 数控系统，该数控系统最多可控制5个坐标，如图 2-27 所示是一个坐标的伺服运动控制单元结构框图，其中旋转编码器、测速电动机及伺服电动机三者同轴安装。这是一个具有内层电流反馈环、中间电压反馈环、外层位置反馈环的典型半闭环数控伺服单元。

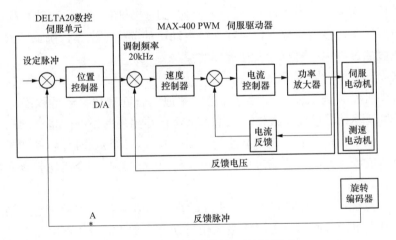

图 2-27　伺服运动控制单元结构框图

2. 伺服运动失控故障现象

该数控伺服控制系统在按设计图纸连线及设定好数控伺服运动有关参数的基础上进行联机调试时，出现了伺服运动失控的现象，表现为：一接通伺服驱动系统的电源后，不管 CNC

伺服控制系统处在何种初始状态，伺服电动机均带动工作台以间歇振荡方式向一方向快速移动，同时数控系统的控制屏幕上出现"伺服控制出错"提示。

3. 故障检查

为找到造成上述失控现象的原因，对该数控铣床从软、硬件两方面进行了分析及参数调试。

（1）软参数调整。从"软"件方面来看，可能会由于数控系统的一些参数设置不当而造成"伺服控制出错"或伺服系统振荡等问题的出现。该数控系统内部对应于每一坐标均有与伺服运动有关的参数单元，可在现场进行参数修改。逐一调试均未缓解问题的现象，因此认为问题可能出在组成伺服环的硬件环节上。

（2）检查位置闭环电路。为分离故障源，断开图 2-27 中编码器与系统伺服单元 A 点的连线，即取消位置反馈控制环。按照数控原理分析，此时若有一设定的距离值转换为脉冲经位置控制器控制后，再经 D/A 转换以电压形式输出，则伺服驱动器将这个信号放大后，就会驱动伺服电动机以某一转速转动。由于没有位置反馈环，初始设定的脉冲值不会减少，因此该转动将不会停止。接通电源后，情况确实如此，通过手动按钮设定正向距离或负向距离值后，伺服电动机均能正向转动或反向转动（转动速度随距离设定值的增大而加快），屏幕上显示设定的距离值不变，同时显示已移动的距离，由此说明数控系统工作正常。

连接数控系统与伺服驱动器并组成位置反馈控制环的一个关键器件是装在测速电动机轴上的旋转编码器。将旋转编码器卸下后，测试结果表明该旋转编码器工作正常，恢复位置控制环电路。但旋转编码器并不安装在测速电动机的轴上，开机后未出现伺服运动失控的现象。设定距离值后，伺服电动机开始转动，这时用手按照伺服电动机的旋向和速度转动旋转编码器轴（模拟旋转编码器安装在测速电动机轴上的情况），工作台可在移动给定距离值后停止运动。由此断定：CNC 数控系统的伺服运动参数、PWM 伺服驱动器的电参数及旋转编码器的参数正常，整个半闭环数控系统处于一种平衡、稳定的状态。

而将旋转编码器装上测速电动机后出现的伺服运动失控现象，表明问题就是出在旋转编码器与系统的连接上。二者连接后，一定有某一因素在起作用，导致数控系统失稳。旋转编码器以两种形式与数控系统连接，一种是用机械连接的方式将其固定在测速电动机的外壳及轴上；另一种就是电脉冲信号的连接。从机械连接方面看，旋转编码器与测速电动机同轴安装，二者转动方向与速度相同，上述的模拟试验表明它们之间是协调的，同步运行不会导致伺服运动失控；从电气方面来看，上述的模拟试验也表明旋转编码器接入数控系统后不会造成伺服运动失控，但用一根导线将旋转编码器外壳与测速电动机的外壳连接后，伺服运动失控的现象立刻出现，断开连线后，系统又恢复正常。

这表明：导致伺服运动失控的因素来自测速电动机。一定有一个来自测速电动机的干扰信号经旋转编码器馈入数控系统位置控制器的脉冲输入比较端，导致伺服运动失控。测速电动机和伺服电动机从外表上看连接为一体，但两者之间实际上是绝缘的。接通伺服驱动器后，测速电动机外壳与伺服电动机外壳（地线）间有一约 5mV 的高频干扰信号。

4. 故障排除及原因分析

将测速电动机的外壳妥善接地后，这个高频干扰信号被旁路，安装好旋转编码器后，数控系统即能正常工作，伺服运动不出错。

从接通伺服驱动器后才有干扰信号这个现象可断定：干扰源来自伺服驱动器，该伺服驱动器采 PWM 控制方式，其调制频率为 20kHz，控制器本身还产生高次谐波。这个高频调制信号及产生的高次谐波信号加在伺服电动机线圈上后通过空间耦合到与其集成为一体的测速电动机外壳上，形成一高频干扰源。从示波器上观察，这个高频干扰信号的正向及负向均有一条边界模糊的干扰信号带。这个干扰信号从测速电动机外壳传到旋转编码器外壳，又通过旋转编码器外壳馈入旋转编码器的信号线，进入数控伺服单元的位置控制器。

以初始设定距离值零为例，干扰信号进入伺服单元的位置控制器脉冲输入比较端后，向伺服驱动器发出进给指令，本系统中干扰信号实际产生的是正向进给指令。得到进给指令的伺服电动机带动旋转编码器正向旋转，这时旋转编码器的脉冲信号也正常进入位置控制器，这些正向脉冲与距离设定值（脉冲个数）零比较，就使位置比较环输出一个反向指令，以逼近设定值。但随之而来的干扰信号又向伺服驱动器发出正向进给指令，导致故障发生，造成伺服运动失控，使数控系统的位置比较环输出发生振荡，伺服电动机带动工作台以间歇振荡方式向正方向快速移动，同时数控系统的控制屏幕上出现"伺服控制出错"提示。

5. 结论

数控系统在接地设计时，既要考虑到一个导体应采取一点接地方式，又要细致地考虑系统内应接地的每一部件，不遗漏接地点。从上述伺服运动失控问题来看，宜从闭环伺服控制的原理着手，分别从伺服控制的"软"参数和控制环节的硬件电参数两方面查找原因，并将闭环先改为开环控制进行调试，确定故障是开环时就存在的，还是引入闭环后才产生的，以找到问题的根源。

2.6.2　数控铣床主轴准停故障与维修

数控铣床的主轴准停功能又称作主轴定向功能，是精镗孔等加工时所必须的功能。通常主轴准停机构有机械式与电气式两种，现代数控铣床采用电气式准停装置方式定位的较多，电气式有磁传感器型、编码器型、数控系统控制型两种方法。

1. 数控铣床主轴电气准停装置

（1）磁传感器型主轴准停装置原理图如图 2-28 所示。磁传感器主轴准停装置是利用磁性传感器检测定位。在主轴上安装一个发磁体，在距离发磁体旋转外轨迹 1～2mm 处固定一个磁传感器，经过放大器与主轴控制单元连接。当主轴控制单元接收到数控系统来的准停信号 ORT 时，主轴速度变为准停时的设定速度，当主轴控制单元接收到磁传感器信号后，主轴驱动立即进入磁传感器作为反馈元件的位置闭环控制，目标位置即为准停位置。准停后，主轴驱动装置向数控系统发出准停完成信号 ORE。

（2）编码器型主轴准停装置原理图如图 2-29 所示。通过主轴电动机内置安装的位置编码器或在机床主轴箱上安装一个与主轴 1：1 同步旋转的位置编码器来实现准停控制，准停角度可任意设定。主轴驱动装置内部可自动转换，使主轴驱动处于速度控制或位置控制状态。

（3）数控系统控制主轴准停装置原理图如图 2-30 所示。

准停的角度可由数控系统内部设定成任意值，准停由数控代码 M19 执行。当执行 M19 或 M19 S×× 时，数控系统先将 M19 送至 PLC，处理后送出控制信号，控制主轴电动机由静止迅速升速或在原来运行的较高速度下迅速降速到定向准停设定的速度 n_{ORT} 运行，寻找主轴编码器零位脉冲 C，然后进入位置闭环控制状态，并按系统参数设定定向准停。若执行 M19 无 S 指令，则主轴准停于相对 C 脉冲的某一缺省位置；若执行 M19 S×× 指令，则主轴准停于指令位置，即相对零位脉冲×× 度处。主轴定向准停的具体控制过程，不同的系统其控制执行过程略有区别，但大同小异。

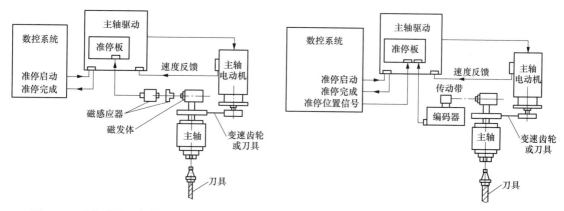

图 2-28 磁传感器型主轴准停装置原理图　　　　图 2-29 编码器型主轴准停装置原理图

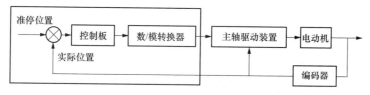

图 2-30   数控系统控制主轴准停装置原理图

2. 主轴准停工作原理

主轴定位时的转速曲线如图 2-31 所示，其工作过程为：①当主轴实际转速 $n_{act} \geqslant 600$r/min 时，输入定位指令，主轴立即减速到定位基准转速（约 600r/min）再旋转 $1.5 \sim 3$r/min 后达到同步，然后进入位置控制，使主轴定位到预置点并保持位置闭环。②当 60r/min $\leqslant n_{act} \leqslant 600$r/min 时，输入定位指令，主轴以现行转速达到同步，然后进入位置控制（下限 60r/min 为可调节转速）。③当主轴实际转速为 0 或 <60r/min 时，输入定位指

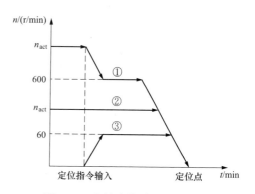

图 2-31   主轴定位时的转速曲线

令，主轴以 60r/min 的转速启动并达到同步，再进入位置控制。主轴准停控制流程图如图 2-32 所示。

3. 主轴准停装置的常见故障

（1）主轴不能准停。故障现象。某采用 SIEMENS 810M 的数控铣床，配套 6SC6502 主轴驱动器，在调试时，出现当主轴转速＞200r/min 时，主轴不能定位的故障。

分析与处理。为了分析确认故障原因，维修时进行了如下试验：①输入并依次执行"S100M03；M19"指令，机床定位正常。②输入并依次执行"S100M04；M19"指令，机床

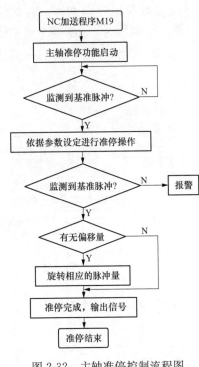

图 2-32 主轴准停控制流程图

定位正常；③输入并依次执行"S200M03；M05；M19"指令，机床定位正常；④直接输入并依次执行"S200M03；M19"指令，机床不能定位。

根据以上试验，确认系统、驱动器工作正常，考虑引起故障的可能原因是编码器高速特性不良或主轴实际定位速度过高引起的。因此，检查主轴电动机实际转速，发现与指令值相差很大，当执行指令 S200 时，实际机床主轴转速为 300r/min，调整主轴驱动器参数，使主轴实际转速与指令值相符后，故障排除。

（2）主轴准停位置不稳定。故障现象。某采用 SIE-MENS 810M 的数控铣床，配套 6SC6502 主轴驱动器，在调试时，出现主轴定位点不稳定的故障。

分析与处理。通过反复试验多次定位，确认故障的实际现象为：①该机床可以在任意时刻进行主轴定位，定位动作正确；②只要机床不关机，不论进行多少次定位，其定位点总是保持不变；③机床关机后，再次开机执行主轴定位，定位位置与关机前不同，在完成定位后，只要不关机，以后每次定位总是保持在该位置不变；④每次关机后，重新定位，其定位点都不同，主轴可以在任意位置定位。

主轴定位的过程，是将主轴停止在编码器"零位脉冲"位置的定位过程，并在该点进行位置闭环调节。根据以上试验，可以确认故障是由于编码器的"零位脉冲"不固定引起的。分析可能引起以上故障的原因有：①编码器固定不良，在旋转过程中编码器与主轴的相对位置在不断变化；②编码器不良，无"零位脉冲"输出或"零位脉冲"受到干扰；③编码器连接错误。

逐一检查上述原因，排除了编码器固定不良、编码器不良的原因。进一步检查编码器的连接，发现该编码器内部的"零位脉冲"U_{a0} 与 $*U_{a0}$ 引出线接反，重新连接后，故障排除。

（3）主轴准停时出现振荡。现象。某采用 SIEMENS 810M 的数控铣床，在更换了主轴器后，出现主轴定位时不断振荡，无法完成定位。

分析与处理。由于该机床更换了主轴器，机床在执行主轴定位时减速动作正确，分析原因应与主轴反馈极性有关，当位置反馈极性设定错误时，必然会引起以上现象。更换主轴器极性可以通过交换器的输出信号 U_{a1}/U_{a2}，$*U_{a1}/*U_{a2}$ 进行，当交换器定位由 CNC 控制时，也可以通过修改 CNC 机床参数进行，在本机床上通过修改 810M 的主轴反馈极性参数（MD5200bitl），主轴定位恢复正常。

2.6.3 数控铣床电气主电路的安装调试与故障排查

正确规范地对数控机床电气系统相关电路进行安装调试，快速准确地排查故障，是数控机床电气装调维修人员亟待解决的问题。

1. 安装调试前的准备工作

(1) 数控铣床电气主电路的识读与原理分析。XK714A 型数控铣床的电气主电路(或称 380V 动力电路)如图 2-33 所示。整个电路分为四个部分：电源电路、伺服电动机电路、主轴电动机电路、冷却泵电动机电路。电源电路由低压断路器 QF1 控制；伺服电动机电路由 QF2 与左边 1 个接触器 KM1 控制；主轴电动机电路由 QF3 与中间 1 个接触器 KM2 控制；冷却泵电动机电路由 QF4 与右边 1 个接触器 KM3 控制。

各电气元件在数控铣床的电气主电路中的作用：低压断路器 QF 在各自的电路中起接通电源、短路保护及过流保护作用，其中 QF4 断路器还带有辅助触头，该触头信号输入到 PLC 中作为报警信号；从左至右的接触器 KM1、KM2、KM3 分别为接触器的主触头，分别控制相应回路的电动机；TC1 为主变压器，将 380V 电压变换为交流 220V 电压，输出的 220V 交流电供给伺服电源；RC1、RC2、RC5 为阻容吸收器，当相应的电路断开后，可吸收伺服电源模块、主轴变频器、冷却电动机的瞬时释放能量，进行过电压保护。

原理分析。QF1 闭合，三相电源通电；QF2 与接触器 KM1 闭合，伺服电动机供电；QF3 与接触器 KM2 闭合，主轴电动机供电；QF4 与接触器 KM3 闭合，冷却电动机供电。

(2) 各电气元件安装前的功能检测。数控机床电气系统涉及的主电路与控制电路较多，安装之前，对电路图中使用的电气元件进行功能检测，保证各个元件能正常工作，这是非常重要的一步。只有做好了准备工作，才能大大提高安装调试的成功率和效率。在数控机床电气主电路中使用的元件主要有低压断路器、交流接触器、变压器、电动机。在安装之前，需要对这四类元件分别进行检测。在检测时，可采取外观检查和仪器仪表相结合的方法。

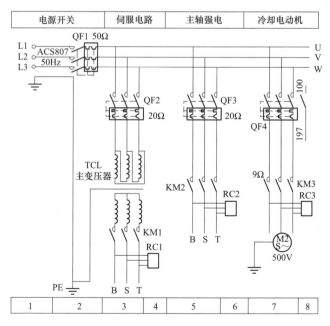

图 2-33　数控铣床的电气主电路

1) 低压断路器 QF 的检测。低压断路器 QF 即是日常生活中的自动空气开关，既可以接通和分断正常负载电流，又可以分断过载电流和短路电流。自动空气开关主要用于在不频繁操作的低压配电线路中作为电源开关使用，具有过载、过电流、短路、失压和漏电等保护作用，是低压中功能最完善的电器。其主要特点是操作安全，分断能力强，能开断的电流大。目前主要有框架式和塑壳式两大类。低压断路器主要由触头系统、灭弧装置、脱扣机构和传动机构组成。低压断路器的检测方法如下。

外观检查。检查断路器在运输过程中有无损坏，紧固件是否松动，可动部分是否灵活等，如有缺陷，应进行相应的处理或更换。

技术指标检查。检查断路器工作电压、电流、脱扣器电流整定值等参数是否符合要求。断路器的脱扣器整定值等各项参数出厂前已整定好，原则上不准再动。

绝缘电阻检查。安装前用 500V 绝缘电阻表检查断路器相与相、相与地之间的绝缘电阻，不小于 $10M\Omega$，不然断路器应烘干。

2）交流接触器 KM 的检测。交流接触器主要是由触头系统、电磁系统和灭弧系统组成。触头系统包括主触头和辅助触头，主触头用于接通和分断主电路，辅助触头用于控制电路，有常开 NO（又称动合触头）、常闭 NC（又称动断触头）触头。电磁系统包括动、静铁心，吸引线圈和反作用弹簧，用于给线圈通电时带动相应触头动作。灭弧系统包括灭弧罩及灭弧栅片，用于灭弧。

交流接触器。线圈加额定电压，衔铁吸合，主触头闭合，动断触头断开，动合触头闭合；线圈电压消失，触头恢复常态。为防止铁心振动，需加短路环。

交流接触器 KM 的检测方法。正常时接触器功能：接触器线圈断电，主触头断开，动断触点闭合，动合触点断开；接触器线圈通电，主触头闭合，动断触点断开，动合触点闭合。检测方法如下。

a. 测线圈 A1、A2 端子的电阻。利用万用表电阻挡，如果阻值为 0 说明是线圈短路，如果阻值为无穷大说明线圈开路，如果线圈正常，再用万用表电阻挡测触点通断情况。

b. 根据外壳上的触点常开常闭电路图进行测试。按钮不按时，主触头电阻为无穷大，动合触点 NO 电阻为无穷大，动断触点 NC 电阻为 0，说明主触头常开动合在线圈断电时工作正常。

c. 按下按钮进行模拟通电测试。此时，主触头电阻为 0，动合触点 NO 电阻为 0，动断触点 NC 电阻为无穷大，说明主触头触点在线圈通电时工作正常。

3）变压器 TC 的检测。初、次级所有线圈没有断路。小功率的降压变压器，初级线圈细而多，容易断，次级则粗而少，很少会断。初级电阻一般在几十到几百欧，功率越小，测得的电阻越大。次级电阻就小得多，在几欧左右。

初、次级线圈之间不短路，不漏电。用万用表高阻挡，两表分别接初、次级线圈的各 1 个出线头，指示应在数兆欧以上，无穷大为好。

初、次级线圈各自与铁心不短路，不漏电。

初、次级线圈没有匝间短路的情况。如果匝间短路，空载上电，变压器就异常发热。

4）电动机的检测。用绝缘电阻表检查电动机线圈的绝缘电阻是否大于 $0.5M\Omega$，如果大于 $0.5M\Omega$，说明电动机的绝缘性能良好。

用万用表电阻挡，测试电动机的 3 个绕组的直流电阻是否一样，如果一样或者 3 个绕组的直流电阻的大小偏差很小，那说明 3 个绕组的线圈之间没有匝间短路的问题。

手动转动电动机的转轴，检查是否转动，声音是否异常。

空载通电，检查电动机的 3 相电流是否平衡，电动机运转是否平稳，是否有温升，异响等情况。经过上而四步的检查如果都正常，说明电动机是好的。

2. 数控铣床电气主电路的电气安装与连接

（1）电气元件的布局与安装。

1）检查电气控制柜外型尺寸、面板开孔、柜体/面板标识是否正确。

2）准备好电气控制柜装配所需的电气元件及安装辅材。

数控机床装调维修工准备好数控铣床电气主电路需使用的电气安装底板、电气面板、电气元件（空开、接触器、变压器、电动机）及所需要的安装辅材。

准备好工具包、手电钻等。

（2）将电气元件安装在电气安装底板上。根据电气原理图中的底板布置图量好线槽与导轨的长度，用相应工具截断。用手电钻在线槽、导轨的两端打固定孔。

将线槽、导轨按照电气底板布置图放置在电气底板上，用黑色记号笔将定位孔的位置画在电气底板上。

将电气元件（空开、接触器、变压器、电动机等）按照电气原理图中的底板布置图安装在导轨上。

电气元件的安装方式符合该元件的产品说明书的安装规定，以保证电气元件的正常工作，在屏内的布局应遵从整体的美观，并考虑元件之间的电磁干扰和发热性干扰，元件的布置应讲究横平竖直原则，整齐排列。所有元件的安装方式应便于操作、检修、更换。

元件安装位置附近均需贴有与接线图对应的表示该元件种类代号的标签。

屏底侧安装接地铜排，并粘贴接地标识牌。

（3）电路的连接。

1）连接线的配置：三相电路主回路按照电气原理图中设计要求的铜芯电缆（或铜排）进行连接。A、B、C 三相应分别使用黄、绿、红电缆（若使用铜排应在对应铜排上套黄、绿、红套管），并在每相接线端子处粘贴 A、B、C 标识标贴。

2）对照数控铣床 380V 动力电路的电路图将各个电气元件（除电动机外）连接，并与电路图对照，检查 3 个回路连线是否正确。

3. 功能调试与故障排查

（1）通电前的检查与测试：利用电阻分段测试法。

1）电源回路测试：合上 QF1，用万用表的电阻挡，测试 QF1 首尾两端电阻约为 0，说明电源回路正确。

2）伺服电动机回路测试：合上 QF1、QF2，用万用表的电阻挡，测试 QF1 首端与 QF2 尾端电阻约为 0；合上 KM1，测试 KM1 两端电阻约为 0，说明伺服电动机回路正确。

3）主轴电动机回路测试：合上 QF1、QF3，用万用表的电阻挡，测试 QF1 首端与 QF3 尾端电阻约为 0；再合上 KM2，测试 QF1 首端与 KM2 尾端电阻约为 0，说明主轴电动机回路正确。

4）冷却电动机回路测试：合上 QF1、QF4，用万用表的电阻挡，测试 QFl 首端与 QF4 尾端电阻约为 0；再合上 KM3，测试 QF1 首端与 KM3 尾端电阻约为 0，说明冷却电动机回路正确。

（2）通电检查：利用万用表检查 3 个电路电压是否正常。

用万用表电压挡，检查并测试三相电源之间的线电压是否为 380V，正确后再将四个空开闭合，测量空开之后的线电压也为 380V 才正确，变压器 TC1 二次侧电压为 220V 正确，合上 3 个电路的接触器 KM，测量伺服电动机的电压是否为 220V，主轴电动机电压是否为 380V，冷却泵电动机的电压是否为 380V。如果全部正确，对电动机通电试车。

（3）带上电动机，调试电路的功能是否正常。断开空开，将电动机与冷却回路连接起来；合上空开，试验电动机工作是否正常。

（4）故障排查。通电前利用电阻分段测试法确定故障点：用万用表的电阻挡，从电源侧开始逐级向后检查伺服电动机、主轴电动机和冷却电动机电阻是否符合要求，从而确定故障点。

通电后利用电压分段测量法确定故障点：用万用表的电压挡，从电源侧开始逐级向后检查空开、变压器、接触器之后的电压是否符合要求，从而确定故障点。

故障处理：若属于电气元件故障则断电后更换元件；若属于线路内部断线，则断电后更换线路；若属于线路与元件接触不良，则断电后重新连接线路。

2.6.4　进口数控镗铣床维护与局部改造

1. 数控镗铣床的维护

对于一般设备而言，在使用过程中产生的振动、摩擦、磨损是造成设备精度不断降低的主要因素，而解决上述问题的关键在于是否能够很好地对设备进行精心的维护和保养。某 8 英寸数控镗铣床是从美国 Ingersoll 公司引进的。该机床的主要技术参数如下：镗杆直径为 203.2mm，工作台尺寸为 12000mm × 4000mm，机床主轴上下方向的行程（Y 轴）为 4000mm，数控系统为西班牙 FAGOR 公司的 8025 系统。

考虑到其使用年份已经很长，属于一台超龄使用设备，所以在进行维护保养时需要采取一些较为特殊的方法，同时应用一些较为现代的探测方式来对其进行预防性维护。在机床的机械方面，除了严格贯彻一般通用的日保、周保和一级保养、二级保养之外，还专门增加了一项半周检验项目，就是对镗铣床滑枕和主轴箱的机械润滑油进行化验。采用听声或测振的方式来判断各个传动件的运行情况是有一定效果的，但是很难对传动部件的磨损情况有一个准确的了解，只有等到磨损情况已经很严重时才能知晓。机床各传动件之间虽然有润滑油润滑，但总存在一定的摩擦，特别是机床在长时间运转后这种摩擦势必会加大，摩擦造成的金属磨损就会产生金属细末融进润滑油，因此应定期对润滑油中的金属微粒含量进行定量检测，以判断传动部件之间的磨损是否存在较大变化，从而预先确定传动部件的实际工作状况。

对于机床电气控制柜，采取的日常维护包括以下方面。

（1）机床电气柜的散热通风。通常安装于电柜门上的热交换器或轴流风扇，能对电控柜的内外进行空气循环，促进电控柜内的发热装置或元器件散热。应定期检查控制柜上的热交换器或轴流风扇的工作状况、风道是否堵塞，否则会引起柜内温度过高而使系统不能可靠运行，甚至造成过热报警。

（2）为机床电气控制柜安装了自动关闭门。加工车间飘浮的灰尘、油雾和金属粉末落在电气柜上容易造成元器件间绝缘电阻下降，从而引发故障。因此，电气控制柜平时应将门处于关闭状态。

（3）支持电池的定期更换。数控系统存储参数用的存储器采用 CMOS 器件，其存储的内容在数控系统断电期间靠支持电池供电保持。

对于机床电气控制柜的维护，考虑到生产车间的机床设备较多，各种作业对机床的电气数控部分有着一定的干扰，时间一长必然影响到机床的正常运行，经过分析研究，将这些干扰大致分类，并有针对性地采取了相应的保护措施。第一类是电磁波干扰，车间现场作业的电焊机和电火花机都能产生这种电磁波干扰。而这种高频辐射能量通过空间传播，被附近的数控系统所接收，如果能量足够大，就会干扰数控机床的正常工作。对于这一问题，采取动力线与信号线分离的方式，以减少和防止磁场耦合和电场耦合的干扰，同时变频器中的控制电路接线要距离电源线至少 100mm 以上，两者绝对不能放在同一个导线槽内。第二类是供电线路干扰，动力电网的一种干扰是由大电感负载所引起的。大电感在断电时要把存储的能量释放出来，在电网中形成的高峰尖脉冲，其产生是随机的，由于这种电感负载产生的干扰脉冲频域宽，特别是高频窄脉冲，峰值高，能量大，干扰严重但变化迅速，不会引起电源监控的反应，如果通过供电线路窜入数控系统，引起的错误信息会导致 CPU 停止运行，使系统数据丢失。针对这一问题，在机床的电路中增加了压敏电阻，为数控机床伺服驱动装置电源引入部分压敏电阻的保护电路。在电路中加入压敏电阻，可对线路中的瞬变、尖峰等噪声起一定的保护作用。压敏电阻是一种非线性过电压保护元件，抑制过电压能力强，反应速度快，平时漏电流很小，而放电能力非常大，可通过数千安培电流，且能重复使用。

2. 数控镗铣床的局部改进

某进口的 8 英寸数控镗铣床是 20 世纪 70 年代的产品，在整体技术结构上与现代机床有着很大的差距，图 2-34 所示为这台数控镗铣床镗杆传动用齿轮箱局部结构示意图。

从图 2-34 所示中可以看到，输入电动机采用的是老式的交流变频电动机，从而需要一套复杂的变速传动来满足机床镗杆切削时不同转速的需求，这无疑增加了机床在机械结构方面的复杂性，使机床的维护检修成本很高。另外，由于这套机构过于庞大复杂，

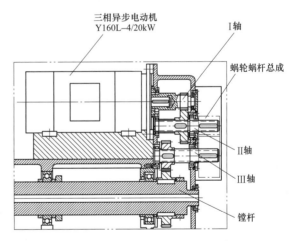

图 2-34　传动齿轮箱局部结构示意图

只能将其安置在镗铣床机床主轴的尾部，造成镗铣床滑枕上下移动时始终存在一个重力偏置，对机床上下方向的移动导轨也存在一定的偏力矩，容易造成导轨损坏。

针对上述问题，经过反复探讨并对其他较为现代的数控镗铣床的结构进行研究，决定对此台机床的镗杆传动齿轮箱进行现代化改进，具体的改进如图 2-35 所示。对照图 2-34 可见，由于采用了较为先进的数字伺服电动机，整个传动齿轮箱的结构大大简化了，中间只需要一个两级变速齿轮就可满足机床在各种工作转速下对切削扭矩的要求。整个传动齿轮箱由于减少了一根中间过渡轴，重量大大减轻（不到原来的 50%），这使机床垂直方向运动时导轨偏

置力矩的情况有了大大的改善，从而有利于机床的长期稳定运行。

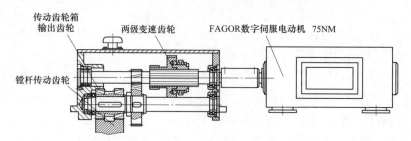

图 2-35　改进后的传动齿轮箱局部示意图

局部改造后，对该机床的几何精度进行了检测。所有与改造相关的设备部件精度都能达到新机出厂时的精度范围，例如，主轴锥孔径向跳动为 0.002mm，主轴的径向跳动为 0.005mm。

2.6.5　数控铣床限位故障及其解决方法

JD240 型数控铣床是一种小规格、高效自动化机床，主要用于小型复杂零件的精密机械加工，例如：汽车、摩托车发动机的小零件、钟表机心等，此类铣床经常出现限位故障。

1. 限位故障分析

JD240 型数控铣床的 X 轴向行程为 400mm，Z 轴向和 Y 轴向行程皆为 200mm，属于典型的小型数控铣床，在操作的过程中很容易忽视各轴向行程限制而造成限位故障。限位故障又分为软限位行程故障和硬限位行程故障。

（1）软限位故障。软限位是利用软件操作来限定 X、Y、Z 三向行程的极限位置。JD240 型数控铣床采用的控制系统是华兴 31DM 液晶显示铣床数控操作系统，此系统可以利用非常方便的 PARAM（参数）功能对铣床进行控制。通过设置位参数 02 号、03 号、09 号和 11 号来对铣床设定软限位，一般情况下软限位要设定在硬限位的前面。当铣床运动范围超出参数功能设定的范围时就会发生软限位故障。

（2）硬限位故障。硬限位是利用行程开关来限定 X、Y、Z 三向行程的极限位置。为了保证数控铣床的运行安全，通常都会设置硬限位，用来与参数设定的软限位形成双重保护。JD240 型数控铣床采用 JW2-11Z/3 行程开关（见图 2-36），以铣床的 X 轴向运动为例，其工作原理示意图如图 2-37 所示。

数控铣床运动时，伺服电动机通过丝杠带动工作台运动，当限位块 1 触动行程开关上的限位键 XW1 时，铣床工作台不能向 X 轴负方向运动；当限位块 3 触动限位键 XW3 时，铣床工作台不能向 X 轴正方向运动；铣床工作台在 X 轴负向返回机床参考点时，当限位块 2 触动限位键 XW2 时，则铣床工作台开始减速（即 XW2 为减速开关）。因此在铣床工作过程中一旦限位块 1 触动限位键 XW1 或者当限位块 3 触动限位键 XW3 就会发生 X 轴向的限位故障，Z 轴 Y 轴向的限位故障原理相同。

2. 软限位故障解决

JD240 型数控铣床发生限位故障后，首先应判断是软限位还是硬限位，判断方法是通过观察每个轴向的限位块与限位开关的位置，如果有限位块触动限位开关的 XW1 或 XW3 限位键则为硬限位故障，反之则为软限位故障。

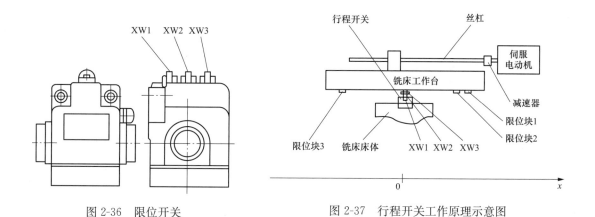

图 2-36　限位开关　　　　　　图 2-37　行程开关工作原理示意图

（1）位参数。在华兴 31DM 液晶显示铣床数控操作系统，对于很多只有两种选择性的条件及分支，可用位参数设定，每个参数有 8 位，每位只有 0 或 1 二种状态，可作为某一状态的开关选择，系统共有 30 个位参数，决定 280 种状态。涉及软限位的有 02 号、03 号、09 号和 11 号，其中 02 号（见图 2-38）和 09 号（见图 2-39）在出现软限位故障时，要首先查验。

BKDP	SLE	SLS	SNZ		ZBKE	YBKE	XBKE

图 2-38　02 号位参数

SLE ＝1：开放软限位功能；

SLS ＝1：软限位时各轴突然停止；

　　＝0：各轴降速停止（推荐）；

SN Z＝1：软限位无须回参考点有效；

　　＝0：软限位必须回参考点后有效；

02 号出厂值为 00000111，若需要软限位则需要设置为 01000111。

SSN	SCOR	OVS			TZR	TYR	TXR

图 2-39　09 号位参数

SCOR ＝1：软件限位以机床坐标决定；

　　＝0：软件限位以工件坐标决定；

09 号出厂值为 00000000，若需要软限位则需要设置为 01000000。

（2）P 参数。位参数是两种条件的选择，具体参数要通过 P 参数进行调整，表 2-9 中的参数是与软限位相关的参数。

P 参数要根据需要设置参数值，但应遵守软限位要设置在硬限位之前的原则，否则软限位的设置就没有意义。

表 2-9   P 参数

参数号	范围	出厂值
60	X 轴从参考点开始正向软限位坐标	0
61	X 轴从参考点开始负向软限位坐标	0
62	Y 轴从参考点开始正向软限位坐标	0
63	Y 轴从参考点开始负向软限位坐标	0
64	Z 轴从参考点开始正向软限位坐标	0
65	Z 轴从参考点开始负向软限位坐标	0

（3）软限位故障解决操作。

确定是软限位故障时，先检查位参数以及 P 参数的设置，如果是位参数错误或 P 参数设定的参数值太小，则改变位参数或 P 参数值；如果不是位参数错误或 P 参数设定的参数值太小，则将系统的操作状态调整为手动，使铣床工作台沿限位的反向运动一段距离，即可解决软限位故障。

3. 硬限位故障解决

JD240 型数控铣床某一轴向发生硬件限位故障后，由于系统原因，不但发生限位故障的轴向无法沿轴向运动，而且另外两个轴向也会限制一个方向的轴向运动，例如 X 轴硬件限位了正方向，则 X 轴在手动状态下两个方向都无法运动，同时 Z 轴 Y 轴也无法沿负方向轴向运动。因此在 JD240 型数控铣床硬限位状态下，只要先拆卸相应的行程开关，然后在手动的状态下沿限位反方向运动一段距离后，空出行程开关位置，重新安装行程开关就能解决硬限位故障。

2.6.6 电源引发的数控铣床故障

1. 数控机床电源的分级

数控机床所使用的电源可分成三级，从一次电源到三次电源，依次为派生关系，其造成的故障频次和难度也依次增加。具体分级如下。

一次电源。即由车间电网供给的三相 380V 电源，它是数控机床工作的总能源供给。要求该电源要稳定，一般电压波动范围要控制在 5%～10%，并且要无高频干扰。

二次电源。由三相电源经变压器从一次电源派生。其用途主要有：①派生的单相交流 220V，交流 110V，供电给 CNC 单元及显示器单元，作为热交换器、机床控制回路和开关电源的电源。②有的数控机床派生的三相低电压做直流 24V 整流桥块的电源（如 MH800 C 铣加工中心此电压为 18V）。有的数控机床由三相变压器产生三相交流 220V，供给伺服放大器电源组件作为其工作电源。

三次电源。是数控机床使用的各种直流电源，它是由二次电源转化来的。主要有这样几种：①由伺服放大器电源组件提供的直流电压、由伺服放大器组件逆变成频率和电压幅值可变的三相交流电以控制交流伺服电动机的转速。②整流桥块提供的交流 24V，作为液压系统电磁阀，电动机闸电磁铁电源和伺服放大器单元的"ready"和"controller enable"信号源。③由开关电源或 DC/DC 电源模块 C 体化直流转换器）提供的低压直流电压，这些电压有：

＋5V、112V 和 115V，分别作为测量光栅，数控单元和伺服单元电气板的电源。

2. 数控机床电源回路使用的器件

数控机床从一次电源到三次电源使用的器件分别有：①车间配电装置，一般包括：与车间电网连接的三相交流稳压器和断路器又称空气开关，或闸刀开关。②机床元器件，包括：滤波器、电抗器、三相交流变压器、断路器、整流器、熔断器、伺服电源组件、DC/DC 模块和开关电源。

3. 数控机床电源故障特点

总结数控机床电源故障，有以下三方面的特点。

（1）故障具有渐进性。也就是说电源故障经常是一点点严重起来的，由于生产任务繁忙，往往使得故障的彻底排查拖延几年甚至十几年。

（2）故障具有转移特征。体现在伺服系统电源故障的报警信息在清除时，往往是同样的信息内容转移到其他驱动轴。如果再清除则再转报下个轴，周而复始。

（3）故障具有伴生性。伴随着故障主报警信息，同时有其他多种报警信息相继出现，而这些信息所反映的现象在故障原因没有完全搞清楚之前是难以理解的。而实际上，把这些信息与主信息联系在一起进行分析，故障的最后排除，往往是从其中某一条伴生信息的排查解决的。

4. 立式铣加工中心电源故障实例分析

故障现象：某 V2 型立式铣加工中心，加工中出现 161 号报警（X-axis over current or drive fault），机床停止运行。使用"BESET"键报警可以清除，机床可恢复运行。此故障现象偶尔发生，机床带病运行两年后，故障发生频次增加，而且出现故障转移现象：即使用复位键清除 161 号报警时，报警信息转报 162 号（Y-axis over current or drive fault），如果再次清除，则再次转报 Z 轴，以此类推。机床已无法维持运行。

故障分析及检查：根据故障报警信息在几个伺服轴之间转移现象，不难看出故障发生在与各伺服轴都相关的公共环节，也就是说，是数控单元的"位置控制板"或伺服单元的电源组件出现了故障。位控板是数控单元组件之一，根据经验分析，数控单元电气板出现故障的概率很低，所以分析检查伺服电源组件是比较可行的排故切入点。检查发现此机床伺服电源分成两部分，其中输出低压直流 112V 两路的是一开关电源。测量结果分别是：＋11.73V，－11.98V。分析此结果，正电压输出低了 0.27V，电压降低幅度 2.3％。由于缺乏量化概念，在暂时找不到其他故障源的情况下，假定此开关电源有故障。

故障排除：为验证输出电压偏差是造成机床故障的根源，用一台 WYJ 型双路晶体管直流稳压器替代原电源，将两路输出电压调节对称，幅值调到 12V，开机后，机床报警消失。在接下来的 20 个工作日的监测运行中，故障不再复现。完全证实了故障是由于此伺服电源组件损坏引起的。为节省资金，没有采购原厂备件，而订购了一部国产开关电源替代了损坏件。

理论分析：运算放大器和比较器，有些用单电源供电，有些用双电源供电，用双电源的运放要求正负供电对称，其差值一般不能大于 0.2V（具有调节功能的运放除外），否则将无法正常工作。而此故障电源，两路输出电压相差了 0.25V，超出了误差允许范围，是故障发生的根本原因。

第3章

磨床电气故障诊断与维修

3.1 磨 床 概 述

磨床是利用磨具对工件表面进行磨削加工的机床。大多数的磨床是使用高速旋转的砂轮进行磨削加工，少数的是使用油石、砂带等其他磨具和游离磨料进行加工，如珩磨机、超精加工机床、砂带磨床、研磨机和抛光机等。如图 3-1 所示为磨床外形结构。

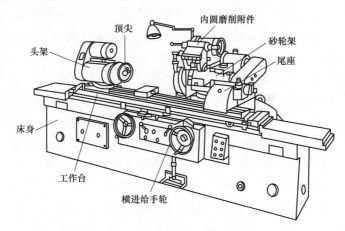

图 3-1　磨床外形结构

1. 加工范围

磨床能加工硬度较高的材料，如淬硬钢、硬质合金等；也能加工脆性材料，如玻璃、花岗石。磨床能作高精度和表面粗糙度很小的磨削，也能进行高效率的磨削，如强力磨削等。

2. 分类

随着高精度、高硬度机械零件数量的增加，以及精密铸造和精密锻造工艺的发展，磨床的性能、品种和产量都在不断地提高和增长。

（1）外圆磨床：是普通型的基型系列，主要用于磨削圆柱形和圆锥形外表面的磨床。

（2）内圆磨床：是普通型的基型系列，主要用于磨削圆柱形和圆锥形内表面的磨床。此外，还有兼具内外圆磨的磨床。

（3）坐标磨床：具有精密坐标定位装置的内圆磨床。

（4）无心磨床：工件采用无心夹持，一般支承在导轮和托架之间，由导轮驱动工件旋转，主要用于磨削圆柱形表面的磨床，如轴承轴支等。

（5）平面磨床：主要用于磨削工件平面的磨床。①手摇磨床适用于较小尺寸及较高精度工件加工，可加工包括弧面、平面、槽等的各种异形工件。②大水磨适用于较大工件的加工，加工精度不高，与手摇磨床相区别。

（6）砂带磨床：用快速运动的砂带进行磨削的磨床。

（7）珩磨机：主要用于加工各种圆柱形孔（包括光孔、轴向或径向间断表面孔、通孔、盲孔和多台阶孔），还能加工圆锥孔、椭圆形孔、余摆线孔。

（8）研磨机：用于研磨工件平面或圆柱形内、外表面的磨床。

（9）导轨磨床：主要用于磨削机床导轨面的磨床。

（10）工具磨床：用于磨削工具的磨床。

（11）多用磨床：用于磨削圆柱、圆锥形内、外表面或平面，并能用随动装置及附件磨削多种工件的磨床。

（12）专用磨床：从事对某类零件进行磨削的专用机床。按其加工对象又可分为：花键轴磨床、曲轴磨床、凸轮磨床、齿轮磨床、螺纹磨床、曲线磨床等。

（13）端面磨床：用于磨削齿轮端面的磨床。

3 电力拖动及控制

根据磨床的运动特点及工艺要求，对电力拖动及控制有如下要求：

（1）砂轮的旋转运动一般不要求调速，由一台三相异步电动机拖动即可，且只要求单向旋转。容量较大时，可采用丫-△降压启动。

（2）为保证加工精度，使其运行平稳，保证工作台往复运动换向时惯性小无冲击，故采用液压传动实现工作台往复运动和砂轮箱横向进给。

4. 变频调速技术应用

标准机械加工所使用磨床，砂轮电动机均按传统启动电路运行。电动机启动后按照额定转速运转，由于电网电压有一定波动，砂轮工件摩擦负载不断变化，都会影响电动机转速误差，标准砂轮电动机启动电路一般只有一种加工速度，难以适应不同工件大小要求不同加工相对线速度，以至于所加工工件加工精密度很难保证。

机械加工行业所加工产品种类繁多，工件大小尺寸不同，要求加工精度各异。相对要求砂轮转速与主轴线速度不同，单纯调整主轴转速来满足工件加工线速度很难调整到理想状态。

由于轴杆类加工过程所产生应力弯曲，磨削过程会产生砂轮进给力矩不同，这样就带来砂轮输出转速/力矩不同变化，相应会产生振刀纹/烧糊纹等，磨削精度很难保证，由此造成生产效率低，精品率低等。

从提高加工质量与加工效率，节约能源等方面考虑，将变频调速技术应用于磨床，可以收到满意效果。随着电力电子技术发展，变频调速技术越来越普及，其中，以变频器无级调速，软启动，恒转矩输出极大满足了机械加工设备对恒速度/恒转矩要求。

3.2 外圆磨床电气故障诊断与维修

外圆磨床是加工工件圆柱形、圆锥形或其他形状素线展成的外表面和轴肩端面的磨床；使用最广泛，能加工各种圆柱形圆锥形外表面及轴肩端面磨床。在所有的磨床中，外圆磨床是应用得最广泛的一类机床，它一般是由基础部分的铸铁床身，工作台，支承并带动工件旋转的头架、尾座、安装磨削砂轮的砂轮架（磨头），控制磨削工件尺寸的横向进给机构，控制机床运动部件动作的电器和液压装置等主要部件组成。外圆磨床一般可分为普通外圆磨床、万能外圆磨床、宽砂轮外圆磨床、端面外圆磨床、多砂轮架外圆磨床、多片砂轮外圆磨床、切入式外圆磨床和专用外圆磨床等。

3.2.1 M1432A 型万能外圆磨床电气故障诊断与维修

1. 电路

M1432A 型万能外圆磨床电气控制电路如图 3-2 所示。

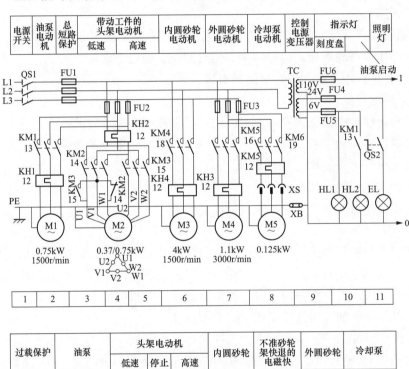

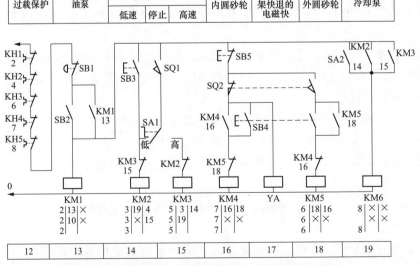

图 3-2 M1432A 型万能外圆磨床电气控制电路图

（1）主电路。

主电路共有五台电动机，M1 是油泵电动机；M2 是带动工件旋转的头架电动机；M3 是内圆砂轮电动机；M4 是外圆砂轮电动机；M5 是冷却泵电动机。

（2）控制电路。

1）油泵电动机 M1 的控制。启动时按下启动按钮 SB2，接触器 KM1 吸合，主触点闭合，油泵电动机 M1 启动。只有当油泵电动机 M1 启动后，其余电动机才能启动。

2）头架电动机 M2 的控制。将开关 SA1 扳到"低速"挡的位置，在油泵电动机 M1 启动后，通过液压传动使砂轮架快速前进。当接近工件时压合行程开关 SQ1，接触器 KM2 吸合，其主触点将头架电动机 M2 的绕组接成△形，电动机 M2 低速运转。若将选择开关 SA1 扳到"高"速挡位置，砂轮架快速前进压合行程开关 SQ1，接触器 KM3 吸合，其主触点将头架电动机 M2 接成双Y形，电动机 M2 高速旋转。SB3 是点动按钮。磨削结束，砂轮架退回原位，行程开关 SQ1 复位断开，电动机 M2 自动停止。

3）内、外圆砂轮电动机 M3 和 M4 的控制　由行程开关 SQ2 进行联锁，内、外圆砂轮电动机不能同时启动。外圆磨削时，将内圆磨具向上翻，压合行程开关 SQ2，其动合触点闭合，按下启动按钮 SB4，接触器 KM5 吸合，外圆砂轮电动机 M4 启动。内圆磨削时，将内圆磨具向下翻，行程开关 SQ2 复原，按下 SB4，接触器 KM4 吸合，内圆砂轮电动机 M3 启动。

当内圆磨具翻下时，由于行程开关 SQ2 复位，使电磁铁 YA 吸合，砂轮架快速进退的操作手柄锁住液压回路，使砂轮架不能快速退回。

4）冷却泵电动机 M5 的控制　只有头架电动机 M2 启动后，由于 KM2 或 KM3 的动合辅助触点闭合，接触器 KM6 吸合，冷却泵电动机 M5 启动。

2. 故障诊断与维修

从 1432A 型万能外圆磨床电气故障诊断与维修见表 3-1。

表 3-1　　　　　　　　　　　　　　M1432A 型万能外圆磨床电气故障诊断与维修

故障现象	故障诊断维修方法
所有电动机都不能启动	熔断器 FU1 熔体熔断，应找出原因后更换熔体
	热继电器脱扣，使控制电路的电源被切除。应查明电动机过载原因，再将热继电器复位
	接触器 KM1 不吸合，应检查接触器线圈接线端是否脱落或断线，接钮 SB1 和 SB2 的接线是否脱落，接触是否良好，使接触器 KM1 通电吸合，电动机 M1 才能启动
电动机 M2 低速挡能启动而高速挡不能启动	选择开关 SA1 高速挡未接通或接触不良。应将选择开关扳到"高速"挡，或检修开关
	接触器 KM3 未吸合，应检查接触器线圈接头是否脱落或接触器 KM2 的动断触点接触不良
内圆砂轮电动机 M3 不能启动	内外圆电动机联锁装置不良，应检查内外圆电动机联锁装置、行程开关 SQ2 和电磁铁 YA 动作是否正常，若不正常要进行修复
	内圆电动机保护装置动作。应检查热继电器 KH3，有无脱扣，并按电动机额定电流的 1.2 倍选取整定电流，容量过小要跳脱，过大电动机会发热
	电动机本身故障。应用绝缘电阻表测量电动机三相绕组绝缘电阻是否正常，并做动平衡校验

续表

故障现象	故障诊断维修方法
电动机 M1、M2 或 M4、M5 同时不能启动	苦熔断器 FU2 熔断、电动机 M1、M2 不能同时启动，应检查或更换熔体
	若熔断器 FU3 熔断，电动机 M4、M5 不能同时启动，应检查或更换熔体
	若接触器 KM1 不吸合，电动机 M1 不能启动，同时使 M2、M4、M5 都不能启动。应检查接触器 KM1 线圈控制回路，使接触器吸合

3.2.2 M1380A 型外圆磨床主轴停机故障处理实例

1. 故障现象

某 M1380A 型外圆磨床经过电气系统改造，将工作台进给和主轴回转改为变频调速控制，采用 VFD-M 型交流电动机驱动器。使用两年后，该磨床出现主轴自行停止或发出"哼哼"声的问题，主轴停止后能自行启动，且没有规律。

2. 故障分析

观察变频器在故障时有无报警显示。发现主轴停止时面板显示屏显示"HL0.0"，从"异常信息显示码"表中未查到此故障信息。将另一台变频器的面板跟这台调换，发现出现故障时面板显示"H00.0"，此为变频器输出频率，因此判断原显示器的数码管损坏，跟主轴故障并没有关系，说明在出现故障时变频器已没有输出。

在不能判断是变频器本身故障还是外部电路故障的情况下，为了排除外部电路影响，将参数 P01 改为"运转指令由数字操作器控制"，采用变频器面板按键控制电动机运行。起动运行一段时间，发现主轴停止现象消失，因此排除操作器内部故障。随即将 P01 改回原来设置，排查外部控制电路。用数字万用表测量变频器控制回路端子 AV1 和 GND（模拟电压频率指令），未发现电压异常。换一指针式万用表，将两表笔接在 AV1 和 GND 端测量，经过一段时间的观察，发现指针有摆动现象。

3. 故障排除

根据电路图 3-3，由外部继电器 KA1 常开接点连接变频器功能端子 M0 和 GND 控制变

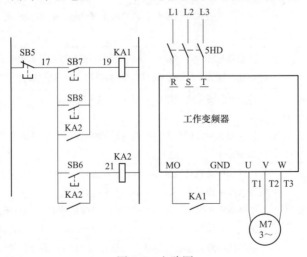

图 3-3 电路图

频器的运转，且继电器 KA1 始终处于吸合状态。于是用导线将 KA1 此接点短接后，试运行正常。由此得出结论，故障为继电器 KA1 常开接点接触不良，引起变频器运转指令有中断引起。更换继电器接点后故障排除。

类似结构的电路应首先排除操作器内部故障，在没有故障报警的情况下，屏蔽外部电路，用操作器控制运行，可分辨出是变频器内部故障还是外部故障。数字式万用表有 A/D 转换过程（包括采样、量化和编码几个步骤），不如指针式万用表反应灵敏，在某些情况下，不能真实反应信号变化。

3.3 平面磨床电气故障诊断与维修

平面磨床主要用砂轮旋转研磨工件以使其达到要求的平整度，根据工作台形状可分为矩形工作台和圆形工作台两种，矩形工作台平面磨床的主参数为工作台宽度及长度，圆形工作台的主参数为工作台面直径。根据轴类的不同可分为卧轴及立轴磨床之分。

3.3.1 M7120 型平面磨床电气故障诊断与维修

1. 电路

M7120 型平面磨床电气控制电路如图 3-4 所示。

（1）主电路。主电路中有四台电动机。M1 是液压泵电动机；M2 是砂轮转动电动机；M3 是冷却泵电动机；M4 是砂轮升降电动机。

（2）控制电路。

1）液压泵电动机 M1 的控制。启动时，按下 SB2，接触器 KM1 吸合，其主触点闭合，电动机 M1 启动。停止时，按下 SB1，接触器 KM1 释放，其主触点断开，电动机 M1 停转。

2）砂轮转动电动机 M2 的控制。启动时，按下 SB4，接触器 KM2 吸合，电动机 M2 启动。停止时，按下 SB3，接触器 KM2 释放，电动机 M2 停转。

3）冷却泵电动机 M3 的控制。由于冷却泵电动机 M3 是直接依靠插座 XS2 与接触器 KM2 的主触点连接，因此 M3 与 M2 是联动控制，即只有当 M2 启动后，插上插头，M3 才能启动，当按下 SB3 时，M2 和 M3 同时停转。

4）砂轮升降电动机 M4 的控制。砂轮上升时，按下 SB5，KM3 吸合，电动机 M4 正转，砂轮开始上升。当砂轮上升到预定位置时，松开 SB5，KM3 释放，电动机 M4 停止。砂轮下降时，按下 SB6，KM4 吸合，电动机 M4 反转，砂轮开始下降。当砂轮下降到预定位置时，松开 SB6，KM4 释放，电动机 M4 停止。

5）电磁吸盘控制电路。电磁吸盘电路由整流装置、控制装置和保护装置组成。而整流装置由变压器 T 和桥式整流器 U 组成，输出 110V 直流电压。充磁时按下 SB8，KM5 吸合，电磁吸盘 YH 工作。去磁时按下 SB9，KM5 释放，YH 线圈通电。

2. 故障诊断与维修

M7120 型平面磨床电气故障诊断与维修见表 3-2。

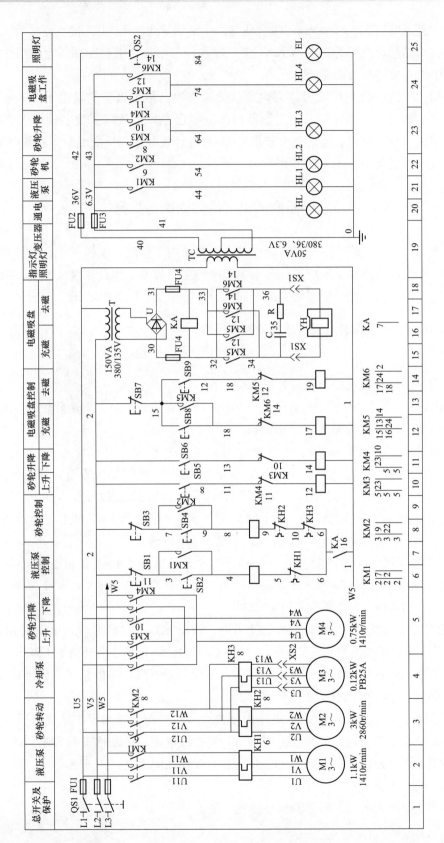

图 3-4　M7120 型平面磨床电气控制电路

表 3-2　　　　　　　　　　　　　　**M7120 平面磨床电气故障诊断与维修**

故障现象	故障诊断维修方法
液压泵电动机 M1 不转	按下 SB2 按钮，接触器 KM1 不动作，首先检查继电器 KA 是否吸合。如果电磁吸盘无吸力，应先检查欠压继电器 KA 线圈是否有电压，若有说明 KA 损坏或触点接触不良；如果 KA 触点（6—1）已接通，应检接触器 KM1 线圈回路，如 SB1、SB2 接触不良或损坏，KM1 线圈损坏或断线，热继电器 KH1 动断触点接触不良或过载脱扣后没有复位
	按下 SB2 按钮，接触器 KM1 吸合，应检查主电路。如电动机是否损坏或断线，若电动机发出"嗡嗡"声，应检查主电路的相电源是否正常，熔断器 FU1 有无熔断，KM1 触点接触是否不良，热继电器 KH1 的热元件是否烧断或接触不良，都会使电动机 M1 不能转动
电磁工作台无吸力或吸力不足	无吸力。应检查 KM5、KM6 是否动作，若都不工作，说明（2—15）可能未接通，即 SB7 有故障；若 KM5、KM6 能动作，应检查（15—18）号位置的电路部分，如变压器 T、整流桥 U、熔断器 FU4、KM5 触点是否损坏或接触不良，电磁吸盘断线或损坏等都会造成无吸力。检查时可用万用表直流电压挡测量 34 号和 36 号线。若无电压，再测量 33 号和 32 号线，直到找出故障点为止
	吸力不足。一般是由于整流桥的某一桥臂的二极管损坏，使整流电压达不到要求值，即小于 110V。应测量整流桥的二次侧直流电压，找出损坏的二极管，并换上新元件后再试。另外电磁吸盘线圈匝间短路也会造成吸力不足，应及时检修线圈

3.3.2　M7120 型平面磨床电气控制电路快速故障排查

1. M7120 型平面磨床操作顺序及指示灯、接触器、电动机的变化

M7120 型平面磨床电气原理如图 3-5 和图 3-6 所示。

M7120 型平面磨床操作顺序及指示灯、接触器、电动机的变化如图 3-7 所示。

图 3-7 之外，SB1 是整个控制电路的停止按钮，SB2 是液压泵电动机的停止按钮，SB4 是砂轮电动机和冷却电动机的停止按钮，SB9 是电磁吸盘的停止按钮。

2. 故障判断示例

（1）HL1（通电指示）不亮，测量 TC 输入电压：无，故障点⑤；有，故障点⑥。故障点⑤代表 L2-73 或 L3-74 之间的器件 QS1、FU1、FU2 或导线断路；故障点⑥代表 78-180-182-179-85-80 通电指示回路之间器件 FU7、HL1 或导线断路。

（2）EL（照明灯）不亮，故障点⑭。故障点⑭代表 77-210-213-179-85-80 照明灯回路之间器件 FU6、EL 或导线断路。

（3）按所有启动（绿色）按钮（SB3、SB5、SB6、SB7、SB8、SB10），KM1-KM6 都不吸合，HL2-HL7 都不亮，故障点⑧、⑭。故障点⑧代表 75-87-150-145-76 整流电源交流支路器件 VC、FU4 或导线断路；⑬代表 147-152-154-149-148 失磁保护支路器件 FU5、FU8、KA 线圈或导线断路。

（4）按 SB3，KM1 吸合，HL2（液压泵）亮→电动机 M1 不转→缺相，故障点①。KM1 不吸合，HL2（液压泵）不亮→故障点⑦。

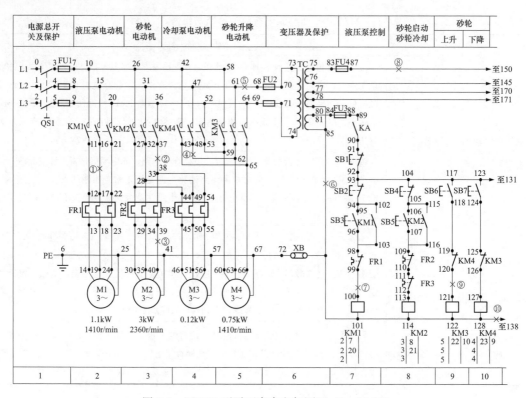

图 3-5　M7120 型平面磨床电气原理（1～10 区）

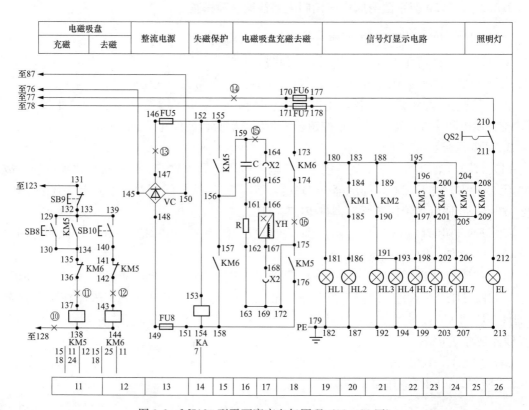

图 3-6　M7120 型平面磨床电气原理（11～26 区）

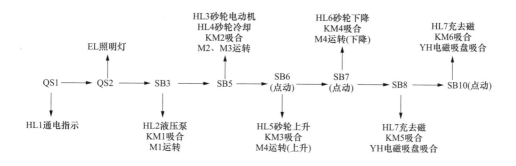

图 3-7 M7120 型平面磨床操作顺序及指示灯、接触器、电动机的变化

故障点①代表 15-24 液压泵电动机主电路有缺相故障,可能是器件 KM1、FR1 或导线断路;故障点⑦代表 93-94-98-100-101 液压泵控制回路之间器件 SB2、SB3、FR1、KM1 或导线断路。

(5) 按 SB5→KM2 吸合,HL3、HL4 均亮,电动机 M2、M3 都不转→缺相,故障点②;电动机 M2 不转、M3 转→缺相,故障点③。故障点②代表 36-38 砂轮电动机和冷却泵电动机主电路有缺相故障,器件 KM2 或导线断路;故障点③代表 38-39-40 砂轮电动机主电路有缺相故障,器件 FR2 或导线断路。

(6) 按 SB6(点动)→KM3 不吸合,HL5 不亮→电动机 M4 不转→故障点⑨。故障点⑨代表 117-122 砂轮启动、砂轮冷却泵电动机控制回路之间器件 SB6、KM4、KM3 线圈或导线断路。

(7) 按 SB7(点动)→KM4 吸合,HL6 亮→电动机 M4 不转→缺相,故障点④。故障点④代表 47-48-62 砂轮升降电动机,控制下降主电路有缺相故障,器件 KM4 或导线断路。

(8) 按 SB8 或 SB10(点动)→KM5、KM6 都不吸合,HL7 不亮→故障点⑩或⑪与⑫同时有故障。故障点⑩代表 131-132 或 138-128 电磁吸盘回路相关器件 SB9 或导线断路;故障点⑪与⑫同时有故障代表充磁 133-129-130-134-138 支路(器件 SB8、KM6、KM5 或导线断路)和去磁 139-140-144-138 支路(器件 SB10、KM5、KM6 或导线断路)同时有故障。

3.3.3 M7130H 型平面磨床电气故障诊断与维修

1. 电气控制电路

M7130H 型平面磨床电气控制电路如图 3-8 所示。机床共有三台电动机,M1 是砂轮电动机;M2 是液压泵电动机;M3 是冷却泵电动机。

磨削时,合上电源开关 QS,将开关 SA 扳到"充磁"位置,使工件被吸在工作台上。按下按钮 SB2,接触器 KM1 吸合,砂轮电动机 M1 和冷却泵电动机 M3 启动。按下 SB4、KM2 吸合(在磁盘通电的同时,欠电流继电器 KA 吸合,其动合触点闭合,为 KM2 动作做好准备),液压电动机运转,开始磨削加工。SB3、SB5 分别为砂轮和液压泵电动机停止按钮,SB1 为急停按钮。

磨削完毕,将开关 SA 扳到"退磁"位置,并跟着再扳到"停"位置,取下工件,加工

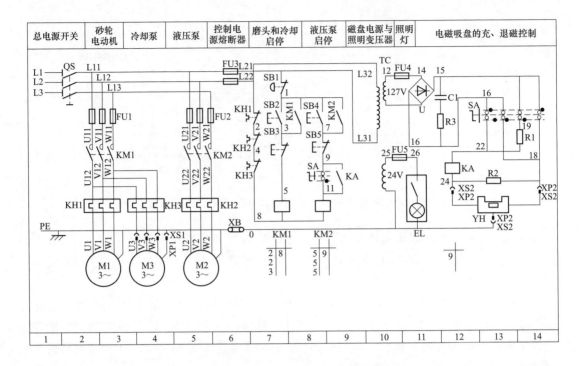

图 3-8　M7130H 型平面磨床电气控制电路图

工序完毕。

2. 故障诊断与维修

M7130H 型平面磨床电气故障诊断与维修见表 3-3。

表 3-3　　　　　　　　**M7130H 型平面磨床电气故障诊断与维修**

故障现象	故障诊断维修方法
（一）砂轮电动机 M1 不能启动	（1）电源未接通，应检查电源电压
	（2）热继电器 KH1 的动断触点断开，应将脱扣复位
	（3）熔断器 FU1 熔断，应查明原因后更换熔体
	（4）接触器 KM1 线圈损坏或触点接触不良，应更换线圈或修复触点
	（5）控制回路未接通，应检查控制回路
	（6）电动机本身故障，应检修电动机
（二）液压泵电动机 M2 不能启动	（1）欠电流继电器 KA 的动合触点未接通或接触不良，应检修欠流继电器的触点，使其接触良好
	（2）磁盘没有电源，应检查桥式整流器（更换整流元件或熔断器 FU4）
	（3）磁盘线圈断开，可测量线圈的直流电阻，一般为 80Ω 左右。若电阻值很大，应检修磁盘
	（4）熔断器 FU2 熔断，应更换熔体
	（5）接触器 KM2 线圈损坏，触点接触不良，控制回路不通，应检修接触器及控制回路
	（6）电动机本身损坏，应检修电动机

续表

故障现象	故障诊断维修方法
（三）磁盘无吸力	（1）磁盘无直流电源。应检查电源是否有直流110V。若没有直流110V，可能是整流桥元件损坏
	（2）转换开关 SA 未接通或接触不良，应接通或检修开关
	（3）插头 XP2 接触不良，应修复或更换 XP2 或插座 XS2
	（4）磁盘线圈断开，应用（二）中〈3〉的方法进行检查
（四）磁盘不退磁或退磁不好	（1）转换开关 SA 未接通或接触不良，应接通开关或检修触点，使其接触良好
	（2）退磁电阻 R1 损坏或线路断开，应更换电阻
	（3）退磁电压太高，可更换退磁电阻后，重新调整退磁电压，一般为5～10V
	（4）对于不同材质的工件，应掌握好退磁时间的长短，否则，也会使工件退磁不好

3.4 PLC 在磨床维修改造的应用

PLC 控制能力强大，而且体积小巧，有自诊断程序，具有维修简单，故障率低。用 PLC 替代继电—接触器控制，以软件编程来替代硬接线，可简化设计和接线，可大大提高磨床可靠性和抗干扰性。

3.4.1 M7130 型平面磨床电气控制系统的 PLC 改造

1. M7130 型磨床的主要结构和运动情况

M7130 型磨床是磨削平面工件的机床，它可以将工件吸牢在电磁台面上或直接固定于工作台上，用砂轮的周边进行磨削，钢、铸铁或有色金属等材料都可施行，适合于磨削精度要求较高的表面。其结构主要由床身、（电磁）工作台、立柱、拖板、磨头、磨头进给机构、机床液压系统等主要部分组成。

磨床的主运动是砂轮的旋转运动，由砂轮电动机带动砂轮旋转。进给运动有三个：一是工作台的往复进给运动，由液压泵电动机带动液压泵旋转，将液压油输送到工作台液压缸，从而推动工作台自动往复运动。二是磨头连续性或间断性的横向进给运动，同样由液压泵电动机带动液压泵运转，将液压油输送到磨头液压缸，从而带动磨头的横向运动。三是磨头连同滑座沿立柱垂直导轨间断性的垂直进给运动，由磨头升降电动机带动。

2. M7130 型磨床电气控制要求

M7130 型磨床由 4 台电动机拖动，即砂轮电动机 M1、液压泵电动机 M2、冷却泵电动机 M3 和磨头升降电动机 M4。对各电动机的具体控制要求如下。

砂轮电动机 M1。4 极装入式异步电动机，7.5kW。带动砂轮旋转，起磨削加工工件作用，要求以直接启动的方式起动，单向运转，连续运行。

液压泵电动机 M2。封闭式鼠笼式 6 极电动机，3kW。工作中通过工作台液压缸带动工作台纵向往复运动，另外通过磨头液压缸带动磨头横向运动。要求单向运转，连续运行。

冷却泵电动机 M3。125W，为砂轮磨削工作提供冷却液，与砂轮电动机同时启动，同时停止，要求单向运转，连续运行。

磨头快速升降电动机 M4。370W，用于调整砂轮与工作件的垂直位置。要求正反双向运转，点动控制，且上升、下降互锁。

3. M7130 型磨床电气控制电路分析

M7130 型磨床的控制电路电源由控制变压器供给，控制电路电压为 AC 110V，照明电路 AC 24V。照明灯 BL 由开关 SA2 控制。其电气原理图如图 3-9 所示。

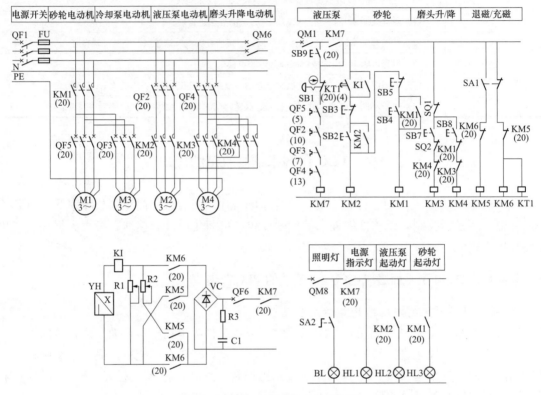

图 3-9　M7130 型磨床电气原理图

（1）充退磁装置。SA1 是充退磁旋转开关，KM6 和 KM5 分别是充磁和退磁的交流接触器。当 SA1 转向充磁位置时，接触器 KM6 线圈得电吸合，电磁吸盘 YH 开始充磁。当 SA1 转向退磁位置时，接触器 KM5 线圈得电，电磁吸盘 YH 退磁。且充磁电路与退磁电路之间有互锁结构。

（2）液压泵电动机 M2 的控制。液压泵电动机 M2 的启停由 SB2、SB3 控制。当按下启动按钮 SB2 后，接触器 KM2 的线圈得电吸合，M2 开始运转，由于接触器 KM2 的吸合，自锁触点吸合使 M2 电动机在松开按钮后继续运行。工作完毕后，按下停止按钮 SB3、KM2 失电释放，M2 便停止运行。

（3）砂轮电动机 M1 和冷却泵电动机 M3 的控制。砂轮电动机 M1 和冷却泵电动机 M3 的启停由 SB4 和 SB5 控制。按下启动按钮 SB4 后，接触器 KM1 便得电吸合，此时 M1 和 M3 同时工作，正向运转。工作完毕后，按下停止按钮 SB5，即可使这两台电动机同时停止工作。

另外，交流接触器 KM1 是串联在交流接触器 KM2 之后的，其作用是实现液压泵电动机

M2 与砂轮电动机 M1 及冷却泵电动机 M3 的顺序启动，要求必须是液压泵电动机 M2 启动后，方可启动砂轮电动机 M1 及冷却泵电动机 M3。其次，控制电路中还有延时装置 KT1，KT1 线圈与交流接触器 KM6 并联，其触点串联在液压泵电动机 M2 的控制电路中，其作用是保证充磁完成后方可启动液压泵电动机 M2。

也就是说，上述控制电路的启动须严格按照如下顺序：①充磁；②液压泵电动机启动；③砂轮和冷却泵电动机启动，以保证设备的使用安全。

（4）磨头升降电动机 M4 的控制。磨头升降电动机 M4 的正反转分别由 SB7、SB8 控制。按下磨头上升点动按钮 SB7 或磨头下降点动按钮 SB8 即可实现磨头的升或降，松开按钮时即可停止工作。另外，限位开关 SQ1、SQ2 分别控制磨头上升与下降运动的极限位置。

（5）照明电路。照明灯电路由变压器提供 24V 电压，由低压灯泡 BL 进行照明。另外还有 3 个指示灯：HL1 亮表明工作台接通电源；HL2 亮表示液压泵电动机已运行；HL3 亮表示砂轮电动机及冷却泵电动机已工作。

（6）安全保护装置。控制线路对 M1、M2、M3、M4 四台电动机有短路、过载热保护及欠电流保护能力：熔断器 FU 为主电路的短路保护，QF5、QF2、QF3、QF4 分别为砂轮电动机、液压泵电动机、冷却泵和磨头升降电动机的短路和过载保护断路器；QM1、QF6、QM8 分别为控制线路、电磁吸盘、照明与指示灯电路的短路和过载保护单级开关；QM6 为变压器原边电路的短路和过载保护双极开关；KI 为欠电流继电器。

4. M7130 型磨床电气控制系统的 PLC 改造

（1）前期处理。将继电器控制系统改为 PLC 控制系统时，需先进行如下处理。

1）对按钮及限位开关（SB1、SB2、SB3、SB4、SB5、SB7、SB8、SB9、SA1、SQ1、SQ2）的处理。按钮或开关属于输入元件，改用 PLC 控制后，分别为它们分配外部输入继电器。对于充退磁旋转按钮 SA1，需分别配充磁输入继电器和退磁输入继电器。另外，继电器控制电路中，一般启动用动合按钮（红色按钮），停机用常闭按钮（绿色按钮），改用 PLC 控制后，启动和停止按钮均采用动合按钮，以符合大多数人的编程习惯。

2）对交流接触器（KM1、KM2、KM3、KM4、KM5、KM6）的处理。交流接触器需外接执行元件，改用 PLC 控制后，分别为它们分配外部输出继电器。

3）对延时继电器（KT1）的处理。延时继电器属于功能元件，改用 PLC 控制后，需为它分配 PLC 内部的定时器。

4）对中间继电器（KM7）的处理。中间继电器对外没有输出，改用 PLC 控制后，需为它分配 PLC 的内部继电器。

5）对断路器（QF5、QF2、QF3、QF4）的处理。断路器 QF5、QF2、QF3、QF4 的热过载保护触点用于控制 KM7 的通断状态，改用 PLC 控制后，需为它分配 PLC 的输入继电器。为节省 I/O 点数，4 个断路器的热过载保护触点可先串联后，再接入 PLC，这样可只用一个输入点。另外，原控制电路中，如果任意一个电动机发生短路或过载故障，系统无法实现报警功能。PLC 改造时，在输出点上增加一个报警指示灯（HL4），并以上述 QF5、QF2、QF3、QF4 的热过载保护触点作为输入信号，以保证当系统中任何一个电动机出现故障时，都能实现报警功能。

6）对单极开关（QM5、QM6、QM7、QM8）的处理。单极开关 QM5、QM6、QM7、

QM8 分别用来控制各电路的电源通断，PLC 改造时，无须改动。

7）对照明电路（EL、HL1、HL2、HL3）的处理。各照明灯、指示灯直接由相应开关控制，不单独占用输入、输出点。

（2）PLC 选型及 I/O 点分配。根据以上分析得知，系统共需开关量输入点 13 个，开关量输出点 7 个。考虑到一定的备用量，PLC 所具有的输入点和输出点一般要比所需冗余 15％～30％，以便于系统的完善和扩展预留，该控制系统选择松下电器公司的 FP1-C24 型 PLC，该机型的基本单元有 16 点输入，8 点输出，可以满足设计要求。I/O 设备及地址分配见表 3-4。

表 3-4   I/O 元件地址分配表

输入信号			输出信号		
名称	功能	编号	名称	功能	编号
SB9	急停按钮	X1	KM2	交流接触器	Y1
SB2	液压泵电动机启动按钮	X2	KM3	交流接触器	Y2
SB3	液压泵电动机停止按钮	X3	KM4	交流接触器	Y3
SB4	砂轮电动机、冷却泵电动机启动按钮	X4	KM5	交流接触器	Y4
SB5	砂轮电动机、冷却泵电动机停止按钮	X5	KM6	交流接触器	Y5
SB7	磨头上升点动按钮	X6	HL4	报警指示灯	Y6
SB8	磨头下降点动按钮	X7			
SA1	充磁旋转按钮	X8			
SA2	退磁旋转按钮	X9			
SQ1	上限位开关	X10			
SQ2	下限位开关	X11			
QF5、QF2、QF3、QF4	断路器	X12			

（3）I/O 外部接线。PLC 的外部接线图如图 3-10 所示。

（4）程序设计。根据控制要求，设计的梯形图如图 3-11 所示。

由上述梯形图可知，磨床工作过程为：

1）开动机床时，先按下电源开关 SB9，将 AC 380V 电源引入磨床。

2）把工件放在工作台上，将 SA1 扳向充磁位置，接触器 KM6 吸合，从而把 DC 110V 电压接入工作台内部线圈中，使磁通与工件形成封闭回路，因此就把工件牢牢地吸住，准备对工件进行加工。

3）电磁吸盘 YH 完全充磁且延时继电器 KT1 到达延时时间后（梯形图中设置的延时时间是 0.5s），按液压泵起动按钮 SB2，KM2 吸合，液压泵电动机 M2 启动，再按启动按钮 SBQ4，KM1 吸合，砂轮电动机 M1 和冷却泵电动机 M3 启动，开始磨削加工。加工过程中，可以根据实际需要，通过按下磨头上升点动按钮 SB7 或磨头下降点动按钮 SB8 实现磨头的升降进给。

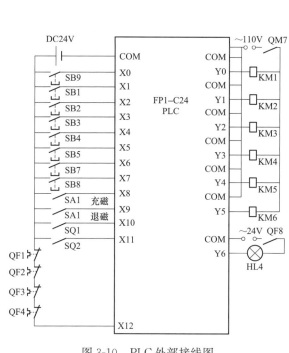

图 3-10　PLC 外部接线图

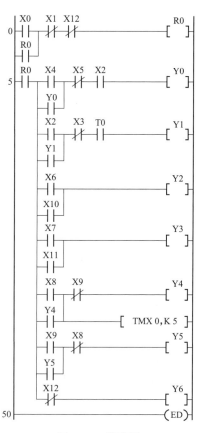

图 3-11　梯形图

4）加工完毕后，按砂轮停止按钮 SB5，KM1 断开，砂轮电动机 M1 和冷却泵电动机 M3 停止运转。再按液压泵停止按钮 SB3，KM2 断开，液压泵电动机 M2 停止工作。后将 SA1 扳向退磁位置，使接触器 KM5 得电吸合，把反向直流电通入工作台，进行退磁，待退完磁后即可将工件拿出，按下急停按钮 SB1，加工过程结束。此外，加工过程中，遇到紧急情况时，也可随时按下急停按钮 SB1，以中止磨床工作。

（5）调试运行。完成程序设计后，先利用计算机软件模拟运行，修改、完善程序，确定能实现原线路各功能后，再与机床联机调试运行。

3.4.2　PLC 用于 M7475 型平面磨床电气系统改造

M7475 型立轴平面磨床，主要用于轴承的平面工序（头道工序）的磨削加工，是一种广泛应用的磨削加工设备。该机床早期的电气控制系统，采用的是继电器接触器控制线路，电气元件较多，连线多，触点多，可靠性不高，有时因一个继电器或一条连线出现故障，都会造成整个系统运行不正常，而且查找和排除都比较困难。针对不足，对其进行了技术改造。磨床的工艺流程，基本上是利用开关量的输入、输出信号去控制一连串的动作，按顺序一步步实现整个加工过程。PLC 控制系统与继电器接触器控制系统输入、输出部分基本相同，输入电路也都由按钮及各类开关所构成，输出电路也都是由接触器、电磁阀等所构成；不同的是原有磨床的电气系统被 PLC 的程序所代替，其控制功能是通过存储程序来实现的，这样一旦生产工艺发生变化，只需修改程序就可以了。它具有适应性强，安装容易，抗干扰能力强，平均无故障时间长的优点，还可大大缩短系统的设计安装和调试周期，具有投资少，见效快的特点。所以采用可编程控制器对其进行改造是较为合适的。

1. 系统硬件设计

（1）输入输出元件的确定。M7475 型立轴平面磨床的整个系统采用 6 台电动机，各电动机用继电器做过载保护，用熔断器做短路保护。使用 PLC 就是代替原有继电器接触器控制系统中的控制线路，原机床中的所有主令电器包括行程开关（ST1～ST4）、选择开关（SA1～SA4）、按钮（SB1～SB10）、热继电器（FR1～FR6）等，为系统的输入信号；而接触器（KM1～KM12），继电器（KA1～KA3）、电磁阀线圈 YA、指示灯、充磁信号等，为系统的输出信号。为了节省输出点，可将各接触器的状态指示灯并联在其线圈两端（外部接线图中未画出）；为了保护 PL（输出继电器，可在电磁阀两端并联 1 只二极管，防止在感性负载断开时产生很高的感应电动势，对 PLC 输出点及内部电源的冲击，二极管的额定电流为 1A，额定电压大于电源电压的 3 倍。

（2）PLC 的选型与外部接线。PLC 是专为在工业环境下应用而设计的一种以微处理器为基础、带有指令存储器和输入输出接口，综合了微电子技术、计算机技术、自动控制技术和通信技术的工业控制装置。它用于逻辑控制，具有运算功能强、控制精度高、故障报表处理能力强、扩展容易、体积小、安装调试方便等一系列优点。M7475 型立轴平而磨床控制系统，为纯开关量逻辑控制，共有 23 个输入信号，19 个输出信号，考虑到留有 15％的备用量，选用日本三菱公司 FX2N-64MR-001 型可编程控制器。PLC 外部接线图如图 3-12 所示。

2. 系统软件设计

磨床电气控制系统的软件，主要完成砂轮电动机的星角降压启动运行、工作台转动电动机的双速运行、工作台移动电动机的进入与推出及砂轮升降电动机的自动和手动控制等。系统的 PLC 梯形图程序如图 3-13 所示。现将砂轮升降电动机的自动和手动控制简介如下。

手动控制。将转换开关 SA4 扳到"手动"挡位置，输入继电器 X20 动作，按下上升或下降按钮 SB6 或 SB7，相应输入继电器 X6 或 X7 动作，在 PLC 的扫描下，输出继电器 Y11 或 Y12 得电，砂轮升降电动机正转或反转，带动砂轮上升或下降。

自动控制。将转换开关 SA4 扳到"自动"挡位置，输入继电器 X21 动作，按下按钮 SB10，相应输入继电器 X12 动作，在 PLC 的扫描下，输出继电器 Y15 或 Y17 得电，自动进给电动机启动，带动工作台自动向下行进，对工件进行磨削加工。

加工完毕，压合行程开关 ST4 输入继电器 X25 动作，时间继电器 T1 开始计时 10s，并自锁，YA 断电，工作台停止进给，10s 后 Y3 和 Y4 失电，自动进给电动机停转。

3.4.3 基于三菱 PLC 和变频控制的 Y7520W 型万能螺纹磨床的电气改造

螺纹磨削与普通外圆磨削类似，工作台沿着床身做滚动和滑动的导轨做纵向进给运动，砂轮架做横向进给运动，为磨削不同导程角的工件，砂轮轴能在垂直面内转一定角度。为消除双向磨削时的换向间隙，在传动链中设有间隙消除机构。机床有铲磨机构和螺距累积

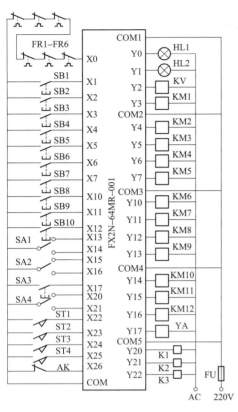

图 3-12　PLC 外部接线图　　　　　图 3-13　PLC 梯形图程序

误差校正机构，保证螺纹加工的精度，另外，保证螺纹螺距精度，还要靠进给电动机传动精度控制，对进给调速电动机控制要求较高。

1. 总体改造方案

Y7520W 型万能螺纹磨床电气控制系统分为交流控制盒直流控制两大主要部分，其中交流控制系统主要作用是控制机床各部分的运动。主要包括砂轮电动机控制，砂轮电动机润滑泵控制，电动机放大机原动机控制，机床润滑泵电动机控制及冷却泵电动机控制等。其中直流控制系统主要包括工作台运动，包括工作台的往复运动和工件的旋转运动。

针对螺纹磨削对头架速度控制以及砂轮架速度控制要求较高，而且直流调速系统复杂，故障率高，维修困难，加工精度难以控制等原因，总体改造方案主要包括三个方面。

（1）对直流调速系统进行改造，用变频器驱动三相异步电动机取代头架传统的直流调速电动机，利用模拟量控制实现无级调速；

（2）鉴于螺纹磨削砂轮架转速影响到螺纹磨削工件粗糙度，因此增加变频器控制机床上原有的三相异步电动机，实现多段速调速控制，以适应不同螺纹磨削精度加工要求；

（3）针对螺纹磨床电气控制系统的输入输出信号多，连锁控制条件烦琐，传统接触器继电器控制系统布线复杂，故障率高，维修困难，用 PLC 取代原先的接触器继电器控制系统。

2. 控制系统电气设计

（1）硬件选型及组成。砂轮架控制：选用三菱 FR-A700 变频器，控制功率为 4kW 的三相异步电动机。

头架控制：原来为 0.45kW，额定转速为 1500 转/分的直流电动机，根据工艺要求，该直流电动机具有较宽的调速范围，使电动机在（12～1800）r/min 的范围内变化，选用三菱 FR-A800 变频器，控制功率为 0.75kW、4 极的三相异步电动机。

系统控制单元：根据螺纹磨床输入输出点数及系统备用点数，选用三菱 FX2N-48MR PLC 作为螺纹磨床的控制单元。

（2）系统控制线路设计。

1）主电路及电源电路。螺纹磨床改造后，去掉了改造前直流部分动力源电动机放大机原动机，砂轮电动机以及工件电动机分别采用变频控制，实现无级调速，其中工件电动机正反转、快速磨、铲磨有 PLC 输出信号控制；工件电动机粗磨精磨通过电位器模拟 0～5V 电压控制。砂轮电动机启动、调速有 PLC 输出信号控制，可实现多段速调速，以满足不同精度螺纹磨削的要求。此外，机床照明灯还是采用 AC 24V 安全电压旋转开关控制，其他电动机、电磁阀、指示灯由 PLC 直接控制。

2）PLC 控制系统电路见表 3-5、表 3-6，如图 3-14、图 3-15 所示。

表 3-5 输入分配

序号	输入信号	信 号 用 途
1	X0	主轴润滑压力检测开关
2	X1	砂轮电动机启动按钮
3	X2	砂轮电动机停止按钮
4	X3	工作台（工件）电动机启动按钮
5	X4	工作台（工件）电动机停止按钮
6	X5	单行程控制微动开关
7	X6	单行程控制行程开关（原点）
8	X7	工作台行程开关（左）
9	X10	工作台行程开关（右）
10	X11	内侧螺纹磨削按开关
11	X12	标尺照明控制开关
12	X13	快速磨控制开关
13	X14	铲磨控制开关
14	X15	工作台夹紧开关
15	X16	冷却电动机开关
16	X17	紧急停车开关
17	X20	砂轮电动机高速
18	X21	砂轮电动机中速
19	X22	砂轮电动机低速
20	X23	行程方式选择开关（单、往复）
21	X24	左右螺纹方式选择开关
22	X25	循环启动
23	X26	循环停止

表 3-6 　　　　　　　　　　　　输出分配

序号	输入信号	信 号 用 途
1	Y0	电源接通指示灯
2	Y1	主轴润滑指示灯
3	Y2	标尺照明灯
4	Y3	工作台夹紧指示灯
5	Y4	工件电动机正转
6	Y5	工件电动机反转
7	Y6	快速磨
8	Y7	铲磨
9	Y10	砂轮电动机正转
10	Y11	砂轮电动机高速
11	Y12	砂轮电动机中速
12	Y13	砂轮电动机低速
13	Y14	机床润滑电动机
14	Y15	主轴润滑电动机
15	Y16	冷却电动机
16	Y17	磨顶尖电动机
17	Y20	机应润滑电磁阀

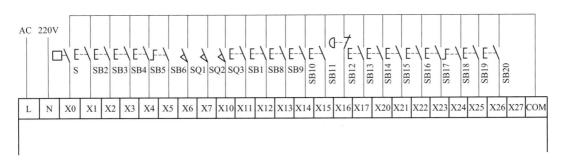

图 3-14　控制系统 PLC 输入信号连接图

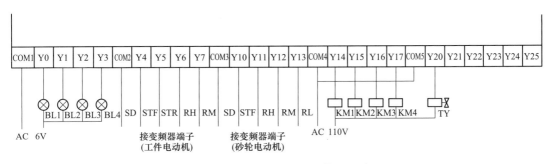

图 3-15　控制系统 PLC 输出信号连接图

3）变频器控制系统电路。砂轮电动机变频电路。如图 3-16 所示，为了满足不同螺纹磨削要求，砂轮电动机采用多段速调速，通过 PLC 连接变频器的多段速端子 RH、RM、RL，分别设置高速、中速、低速，对应部分参数设置如下：

P79＝3，为外部/PU 组合运行模式 1。

P1＝90，为上限频率。

P2＝5，为下限频率。

P4＝80，为高速。

P5＝55，为中速。

P6＝30，为低速。

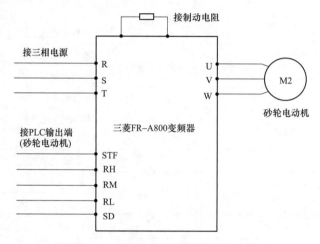

图 3-16　砂轮电动机变频控制原理图

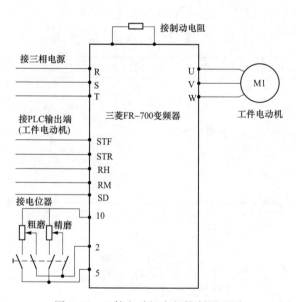

图 3-17　工件电动机变频控制原理图

工作台运动变频电路。在螺纹磨削过程中，对于工作台及工件电动机的控制尤其重要，可以进行铲磨及快速磨的控制，所谓铲磨及快速磨可以理解为慢速（粗磨）与快速（精磨），针对磨削工艺，采用变频多速端子 RH、RM 再加电位器控制方式，控制精度进一步提高。工件电动机变频控制原理如图 3-17 所示，其对应部分参数设置如下：

P79＝3，为外部/PU 组合运行模式 1。

P1＝60，为上限频率。

P2＝5，为下限频率。

P3＝45，为快速磨方式。

P4＝10，为铲磨方式。

P73＝1，为 0～10V 模拟电压输入。

4）电气系统软件设计。Y7520W 型螺纹磨床改造后采用 PLC 控制，控制稳定性高，后期维护维修方便。其中部分 PLC 程序如图 3-18、图 3-19 所示。

图 3-18　电源指示及主轴润滑程序

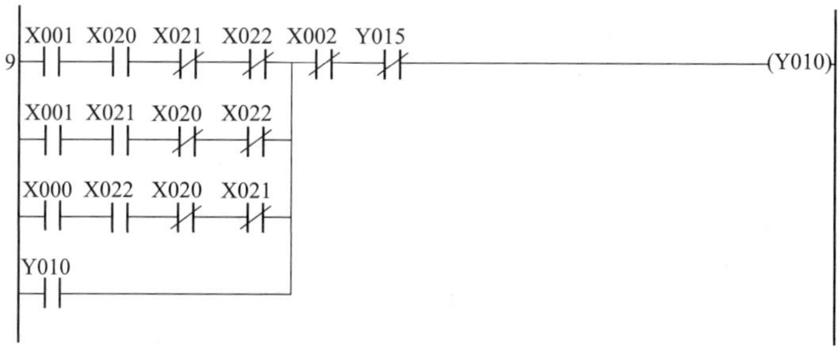

图 3-19　砂轮电动机启停及调速程序

3. 调试

调试前确认三相交流电源电压、PLC 输入电源电压、控制变压器输入输出接线、电动机电源相序及接地线是否正常。以下简要说明 Y7520 型螺纹磨床的调试步骤。

（1）检查三相电源、接地线等是否良好，然后依次接通 QF0～QF10 断路器，依次测量 PLC 输入电源电压、控制变压器输入输出电源等电源电压。

（2）启动机床照明、标尺照明及冷却电动机等，观察工作是否正常。

（3）启动主轴润滑电动机及砂轮电动机，观察油压压力大小及砂轮电动机运行、转向及振动情况。

（4）将转换开关拧到"单向行程"位置，操纵砂轮架手柄进退，观察工件旋转情况、变频调速情况及工作台是否按照选择好的速度向右运动以及按照最高速度向左返回。

（5）将转换开关拧到"往复行程"位置，按下循环启动按钮，观察工件旋转情况、变频调速情况以及是否能够实现自动往复及停止自动往复。并注意观察在工作台每次返程中，机床润滑电动机工作是否正常。

（6）将工作台的操作手柄向外拉至快速位置，按下"快速磨控制按钮"观察快速磨削情况，同样的方法在观察铲磨磨削情况。

（7）选择在"单向行程"方式及"往复行程"方式磨削过程中，按下急停按钮，观察是否切断整个机床控制电路的电源。

3.4.4 PLC 用于 MMB1320B 型外圆磨床的控制

MMB1320B 型外圆磨床是精密半自动磨床，最大磨削直径为 320mm，最大磨削长度为 500mm。该磨床采用液压驱动以实现工作台和砂轮架的动作，依靠继电气控制系统与液压系统的联合控制，可以完成纵向磨削及切入磨削的半自动循环。

1. MMB1320B 型外圆磨床半自动循环系统

MMB1320B 型外圆磨床半自动循环中的动作顺序由电气系统和液压系统联合控制，具体动作包括：原始位置、砂轮架快进、进给活塞快跳、自动进给、光磨、砂轮架快退等。液压系统如图 3-20 所示，该磨床半自动循环电磁铁动作顺序表如表 3-7 所示。

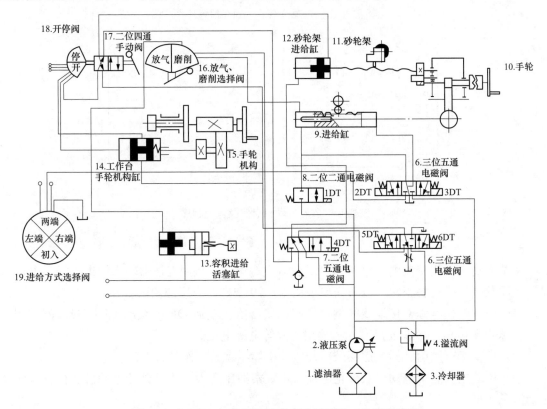

图 3-20 MMB1320B 型外圆磨床液压系统工作原理简图

表 3-7 　　　　　　　　　MMB1320B 型外圆磨床半自动循环电磁铁动作顺序表

状态	1DT	2DT	3DT	4DT	5DT	6DT
初始状态	—	—	—	—	—	—
原始位置	—	+	—	—	—	+
砂轮架前进、冷却开启	—	+	—	+	—	+
切入缸快跳	—	—	—	+	—	+
自动进给	—	—	+	+	—	+
光磨	—	—	+	+	—	+
各部件返回、冷却关闭	—	+	—	—	—	+

注　"＋"表示通电；"－"表示断电。

（1）磨削原始位置。

2DT、6DT通电，液压泵排出的压力油通过三位五通电磁阀6的左位进入缸9右腔，使其停留在左边初始位置；同时，压力油经二位五通电磁阀7的左位，由三位五通电磁阀5的右位进入二位四通手动阀17的左位，最后流入砂轮架进给缸右腔，确保其处左边原始位置。

（2）砂轮架快进。4DT通电，2DT、6DT仍然通电，压力油经二位五通电磁阀7进入砂轮架进给缸的左腔，此时砂轮架快速前进40mm，同时冷却开启。

（3）进给缸活塞快跳。为消除砂轮架进给传动链的间隙，并为自动进给作准备，2DT断电，4DT、6DT仍然通电，此时进给缸9两腔通过三位五通电磁阀6中位接通油箱，进给缸活塞在弹簧作用下向右快跳一段位移。

（4）砂轮架自动进给。砂轮架自动进给有切入磨削和纵磨两种方式，均由进给缸驱动。当进给方式选择阀19转到切入位置，进给缸活塞快跳后3DT延时通电，4DT、6DT保持通电，压力油经三位五通电磁阀6右位进入进给缸9左腔，进油路上由节流阀调节切入速度。当进给方式选择阀19根据需要转到两端、左端或右端位置时，各电磁铁通电状态与切入磨削时相同，此时容积进给活塞缸活塞13左移，容积进给活塞缸左腔排油，经进给选择阀进入三位五通电磁阀6右位，最后流入砂轮架进给缸12左腔，容积进给活塞缸密封活塞可以调整其容积进给活塞的行程，进而调节了周期进给量。

（5）砂轮架返回。此时电磁铁通电状态及油路与原始位置相同。

2. 控制过程及要求

控制过程及要求见表3-7所示，1DT～6DT为电磁阀，各状态及要求如下：

（1）初始状态。1DT～6DT全断开。

（2）原始位置。2DT和6DT闭合，1DT、3DT、4DT和5DT断开。

（3）砂轮架前进、冷却开启。2DT、4DT和6DT闭合，1DT、3DT和5DT断开。由原始位置至砂轮架前进、冷却开启需时20s（时间的设定可以根据现场加工需要修改，下同）。

（4）切入缸快跳。4DT和6DT闭合，1DT、2DT、3DT和5DT断开。由砂轮架前进、冷却开启至切入缸快跳需时30s。

（5）自动进给或光磨。3DT、4DT和6DT闭合，1DT、2DT和5DT断开，由切入缸快跳至自动进给或光磨需时60s。

（6）各部件返回、冷却关闭。2DT和6DT闭合，1DT、3DT、4DT和5DT断开。由自动进给和光磨至各部件返回、冷却关闭需时20s。另外，1DT、5DT被6DT锁住一直断电，2DT和3DT互锁。

3. PLC控制设计

（1）PLC选择。因为需2个按钮控制输入和6个输出控制电磁铁，所以可选择OMRONC系列P型机C20P进行控制。

（2）硬件设计。I/O端口分配见表3-8所示，PLC输入输出接线如图3-21所示。

（3）软件设计。软件设计可采用梯形图进行，根据控制过程编制的梯形图如图3-22所示。

表 3-8　　I/O 分配端口表

输入	继电器	输出	继电器
SB1	0000	1DT	0501
SB2	0001	2DT	0502
		3DT	0503
		4DT	0504
		5DT	0505
		6DT	0506

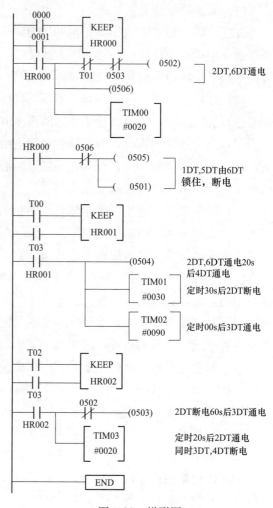

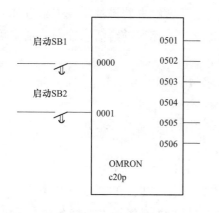

图 3-21　PLC 输入输出接线图　　　　　图 3-22　梯形图

4. 小结

用 PLC 对 MMB1320B 型外圆磨床液压系统进行控制提高了该设备的自动化程度，简化了操作、维护，减少了能耗，提高了工作效率。用 PLC 对采用继电器电气系统控制液压系统的机床设备加以改造，具有积极的现实意义。

3.4.5　PLC 用于 MK5212 型数控龙门导轨磨床电气系统改造

1. 存在的问题

MK52 系列动梁式数控龙门导轨磨床带有两个磨头，周边磨头电动机为三相交流异步电动机，配置变频器；万能磨头电动机为直流电动机，配置直流调速装置。机床有 X、Y（型号为 FANUC15-5）和 Z（型号为 FANUC25-5）等 3 个伺服轴，其中 X、Y 轴分别控制磨头上下移动，Z 轴控制磨头左右向移动（由电磁离合器切换）。该机床机械部分保养较好，加工精度仍能满足要求，强电部分控制基本正常，不影响使用。机床采用 FANUC 3M 数控系统，严重老化，系统备件及直流伺服电动机已停产。机床故障频发，平均每年停机时间为

1～2个月，特别夏天温度高、湿度大，机床会随时停机，影响正常生产。

2. 改造方案

由于设备故障点主要在数控系统部分，因此改造主要针对数控系统。初期方案是采用 FANUC 最新的 0i-MD 系统作为替换，性能可满足要求。但考虑到该厂特点是非标小批量加工，并以加工平面磨削为主，基本用不上数控系统，加之供货期及改造成本原因，最终改造方案采用台达交流伺服电动机＋PLC＋触摸屏的模式，如图 3-23 所示。

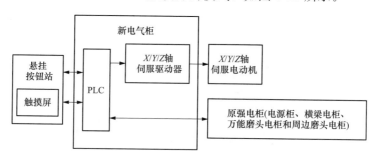

图 3-23 改造后的电气系统控制框图

3. 改造实施

（1）伺服系统采用台达 A2 系列交流伺服系统，其中 X 轴和 Y 轴电动机型号为 ECMA-F11845SS，28.65N・m/1500 (r/min)/4.5kW、带刹车、220V；Z 轴电动机型号 ECMA-F11875R3，47.74N・m/1500 (r/min)/7.5kW 不带刹车、220V；扭矩比改造前有所提升。

（2）PLC 是此次改造控制核心，完成所有逻辑关系的处理和伺服系统的控制，采用台达 EH3 系列主机加 I/O 扩展，输入 90 点、输出 70 点，包括横梁、周边磨头、万能磨头和床面等 4 大部分的控制，主要的程序流程如图 3-24 所示。

（3）采用 PLC 扩展模块 01PU-H2（单轴定位模块）控制 3 个伺服驱动器。该模块专门用于步进或伺服电动机的速度或位置控制，最高 200kPPS 脉冲输出，内建原点回归、点动和单段速定位控制等多种输出模式，覆盖该机床各项应用功

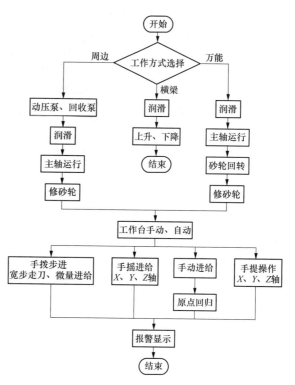

图 3-24 主要的程序流程

能。考虑到该机床没有多轴联动功能，故采用软硬件结合的方式，实现 1 个单轴定位模块控制 3 台伺服电动机（见图 3-25）。将每个伺服驱动器的多功能输出（差动）信号来源设置为与脉冲输入信号一致，这样 3 个驱动器能同时接收到定位模块输出的脉冲，但只有当指定驱

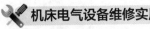
动器的使能信号有效时，对应伺服电动机才会运动。

（4）采用 10 英寸彩色触摸屏作为坐标显示和参数显示及输入。主界面（见图 3-26）根据龙门磨床各项功能设置，可设置宽步走刀及微量进给的数值，并有丰富的辅助功能，可显示各 I/O 口的输入输出状态及故障报警信息，方便操作者使用。

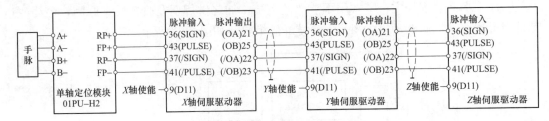

图 3-25　伺服电动机控制原理

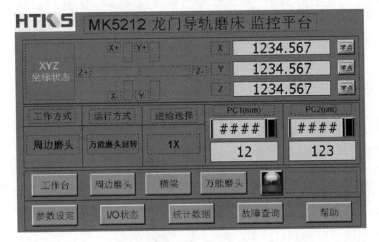

图 3-26　主界面

（5）其他。①利用原数控柜安装伺服驱动器及 PLC 部分，由于现场使用冷却水，湿度较大，故将所有元件安装在背对机床底板，减少水汽对电气设备影响；②输入输出端口均采用新的多针航空插头，连接稳固、可靠性高；③PLC 输入端、输出端和伺服电动机抱闸的 24V 电源均采用独立模块电源，提高抗干扰性及稳定度；④采用新型器件，如波段开关代替十挡旋钮，采用新型数显表代替老式显示表，使悬挂按钮站内使用到的连线减少约 1/3，有效简化日后检修工作。

3.5　数控磨床故障分析与维修

数控磨床是一种综合运用了计算机技术、自动控制技术、精密测量技术和机床设计技术等先进技术的典型机电一体化产品。其控制系统复杂，在运行中可能会产生各种各样的故障。通过科学的方法、行之有效的措施，迅速判别故障产生的原因，随时解决出现的问题，是保证数控磨床安全，可靠运行，提高设备利用率的关键所在，也是当前数控磨床使用过程中亟待解决的问题之一。

3.5.1 数控磨床的电气系统故障及维护

1. 数控磨床电气故障分类

引起数控磨床故障的因素很多,包括磨床本身的性能、电气故障、机械故障、软件故障、操作失误、环境因素等,其中电气故障发生较频繁,而且受其它几方面的影响又很大,电气故障分类如图3-27所示。

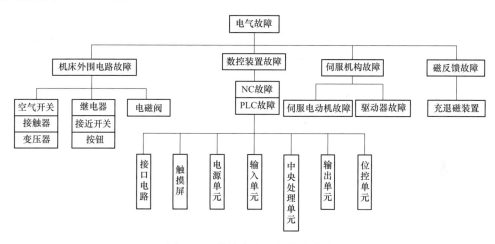

图 3-27 数控磨床电气故障分类

2. 外围控制电路故障

磨床外围控制电路是保证磨床正常运转的先决条件。首先外围电路提供给磨床各部分所需的电压必须准确无误,这样只有保证空气开关、变压器、接触器的性能良好;其次外围电路中的继电器、接近开关、按钮是提供给PLC输入单元信号的;电磁阀是执行PLC输出单元的输出动作的,两者是保证PLC正常工作的必要因素。

3. 数控装置故障

数控磨床包括磨床主体、数控装置、伺服机构三部分。PLC,NC归属于数控装置部分,是数控机床的核心,对整个数控磨床起指挥控制作用。若PLC,NC发生故障,表现为以下原因。

(1)接口电路。应检测PLC与计算机的接口电路是否正确,否则PLC不能正常通信。

(2)触摸屏。触摸屏是NC单元的参数显示、操作控制、数字设定、报警显示的人机界面,从屏幕上显示的自诊断报警内容,初步判定NC的故障所在。

(3)电源单元。检测PLC的电源部分所提供的DC5V、8V、24V等电压是否正常。如不正常,根据绘制的电路图,借助万用表、示波器检测各元器件的性能。此电源多数为开关电源,通过检测开关电源是否起振、是否有正常的反馈、是否所有输出都不正确,来判断故障发生的部位,加以排除。

(4)输入单元故障。通过强行输入法,用编程器观察输入信号是否进入PLC,若没进入PLC,则检测外围控制电路部分的继电器、接近开关、按钮等是否正常工作,否则更换;若输入信号正常,则应检测输入单元上各器件是否良好,通过与正常单元的对照查出故障所在。

（5）中央处理单元故障。中央处理单元是 PLC 的核心所在，发生故障时将出现报警，它的错误大多数是由于部分硬件错误和某些致命的软件错误所致，此时将停止程序，关断所有输出，根据 SR 区中错误代码及信息提示，判断是 8051 芯片、锁存器、译码器、还是接口转换部分失常，确定后加以更换。

（6）输出单元故障。输出单元将信号输出给电磁阀，控制磨床各部位运行。若磨床哪部分出现故障，就说明相应的哪路输出有问题，要依据先外后内的原则，先检查电磁阀有无故障，有就换掉；再检查它与 PLC 连接的线路有无问题，若外围没问题，则可以判断是板的问题，就要检查此路电器元件的好坏，要着重判断一下三极管、继电器、光耦等的性能是否良好。

（7）位控单元故障。位控单元是一个专用的输入输出单元，它接收外部定位命令或可编程序控制器的命令，并使用这些数据向步进电动机传动装置或伺服电动机传动装置输出控制脉冲。当位控单元通电或数据被传送本单元时，进行检查，确保数据形式恰当并可用于操作，如果此时速度或定位动作数据存在错码，则出现报警。例如：当操作者在更换砂轮时磨床没退回到原点、原位，或加工超尺寸工件时按了总停按钮；或磨架超出极限位，撞坏开关。这时触摸屏上显示"请紧急复位"字样，但紧急复位按钮失灵，这时必须对磨床重新设置原点，然后重新传输 DM 参数，必要时手动强行使丝杠复位。

4. 磁路反馈故障

表现为励磁、失磁两部分。故障诊断首先看励磁是否正确，若不正确，检测输入给充退磁装置的信号是否正确，若正确，检查磁盘线圈是否接地；如励磁正确而失磁，则维修电路板。首先检查电路板上电源是否正确，进而检查各个芯片。

5. 伺服驱动故障

伺服机构是驱动磨床执行机构实施运动的。故障表现为如下原因。

（1）伺服电动机故障。其包括电动机电源缺相、匝间短路、轴承损坏等，根据具体情况一一检查即可。

（2）伺服驱动器故障。若伺服驱动器电压输入正常，而其输出给电动机的电压没有或不正常，表明驱动器损坏。先测量保险丝是否熔断，然后借助示波器、万用表检查驱动电源部分，再检查输出电路部分，找出故障产生的原因。

3.5.2　数控磨床伺服驱动故障诊断与维修

数控磨床对加工精度的要求要比一般的数控机床高，而伺服系统在数控磨床的加工精度方面起着至关重要的作用。在此结合生产实践中出现的伺服系统的故障并对其加以分析，探讨数控磨床伺服系统的故障诊断的方法与技巧。

1. 数控磨床伺服系统的工作原理和特点

数控磨床的伺服系统基本构成如图 3-28 所示。数控系统通过测量模块向伺服单元发出运动指令，伺服单元接收到来自数控系统的指令信号后，经过电流、速度双闭环控制，通过伺服放大器控制伺服电动机的运行，同时位置反馈元件将位置信号反馈到数控系统的测量模块，形成半闭环或者全闭环的位置控制系统。PLC 起运行监视作用，一方面监视伺服系统中的伺服电动机是否过热，另一方面监视行程是否在规定范围内，是否到达干涉区，如果出现异常，立即报警，并且停止伺服轴运行。

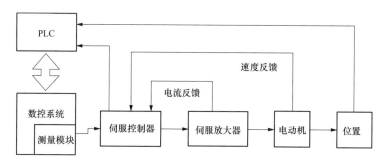

图 3-28　伺服系统控制框图

2. 数控磨床伺服系统故障诊断流程

根据伺服系统的构成，伺服系统的故障可分为伺服控制单元的故障、位置反馈部分的故障、伺服电动机的故障和其他故障。如图 3-29 所示是诊断数控磨床伺服故障的流程图。

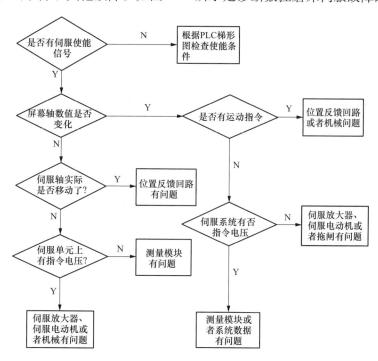

图 3-29　诊断数控磨床伺服故障的流程

3. 数控磨床伺服系统故障诊断实例

（1）实例 1。故障现象：一台 3MZ1412K 型机床报警指示红灯闪烁，触摸屏显示 Z 轴驱动器故障，手动无动作。故障分析：根据伺服系统工作原理 Z 轴驱动器报警可能是参数设置问题，伺服电动机故障，控制线路短路或断路，驱动器本身故障。

故障排除：通过驱动器操作面板检查驱动器报警代码，不显示报警代码，初步判断不是驱动器本身问题。检查伺服参数，发现 Z 轴进给速度参数为零。按工艺标准把参数设为规定

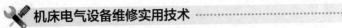

值，按复位按钮，故障排除。

（2）实例 2。故障现象：一台 3MZ205B 型机床在移动 X 轴时，出现报警，指示 X 轴位移超出规定的跟随误差，观察 X 轴根本就没有动。

故障分析：因为 Z 轴正常移动没有问题，说明数控系统没有问题，测量伺服系统上的指令信号，当 X 轴运动按钮按下时，也有电压指令信号，说明问题出在伺服系统上。因为 Z 轴运动没有问题，可能问题出在 X 轴放大器或者 X 轴伺服电动机上。

故障排除：首先采用互换法，将 X 轴的伺服放大器与 Z 轴的对换，问题转移到 Z 轴上，说明 X 轴伺服放大器损坏。更换伺服放大器模块，机床故障被排除。

（3）实例 3。故障现象：一台 MKA1332 型数控外圆磨床 X 轴运动中，出现伺服驱动故障报警。

故障分析：伺服驱动器故障报警除了可由伺服驱动放大器本身故障引起外，还可由数控系统、伺服电动机、编码器引起，也可由机械部分引起。检测手动时，有使能信号，X 轴显示运动并马上报警；考虑伺服电动机的问题，检测伺服电动机正常；怀疑是滚珠丝杠的问题，松开 X 轴伺服电动机与滚珠丝杠之间的联轴器，手动 X 轴，X 轴不报警；判断是滚珠丝杠运动中阻力过大而造成的报警。

故障排除：拆除滚珠丝杠并检修，重新安装，并对机床进行润滑维护，机床故障排除。

4. 小结

故障分析及排除过程，首先要确定故障种类，是突发性故障还是渐发性故障；其次对设备的工作原理和结构进行认真、细致的分析，这是排除故障的重要环节；然后对引发故障的各种因素进行认真的分析和研究，确定引发故障的因素；当故障原因找到之后，应根据设备的结构和工作原理、修复难度、修复费用等方面来确定维修方案；在完成对设备的维修之后，应当立即试运行以检验故障是否排除；最后建立设备运行记录，它是使用经验的高度总结，有利于对故障现象做出迅速判断。采用此处提到的排除设备故障的基本过程，可较大程度缩小检查范围，缩短设备故障的排除时间，提高生产效率。

3.5.3 磨床伺服系统加工尺寸失控故障的分析及排除

1. 磨床控制系统

3MZ135 型磨床主要用于磨削专用轴承芯轴双滚道，加工精度高达半径 $0.5\,\mu m$，生产效率高。其传动系统由机械、液压和电气 3 部分组成。该磨床采用无心式布局型式，砂轮固定，工件进给，工件和修整器布置在砂轮两边。为满足专用轴承的加工，采用双伺服系统，以完成对 2 片砂轮 R 的同步修整。整个系统的构成如图 3-30 所示，其中纵向系统的作用是控制进给尺寸及保证 2 片砂轮 R 的同步修整；横向系统的作用是控制沟距。

2. 磨床加工尺寸控制

加工尺寸是由操作工通过人机界面中的"进给参数设置画面"和"控制参数设置画面"设置相关的加工参数。手工测量时，发现工件尺寸与工艺要求有差距时，先计算出 d（$d =$ 工件实际尺寸－工艺要求尺寸），再将"控制参数设置画面"的"补偿量"设置为 d，然后操作"调整画面"中的"＋补偿"或"－补偿"进行调整（尺寸偏大，则要求加大进给量，所以要进行"＋补偿"；反之则要进行"－补偿"），从而达到工艺要求的尺寸。

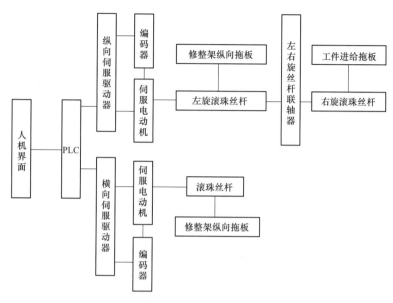

图 3-30　伺服控制及机械传动的系统构成图

3. 故障现象

操作工发现该磨床加工的每个工件尺寸都偏大，设置"补偿量"并进行"＋补偿"操作后，再次测量，发现进给系统未精确地按设定的"补偿量"进行补偿，实际"补偿量"比设定的"补偿量"要小。由于受"补偿量"的范围及"快趋量限值"的限制，要多次进行"补偿量"的计算和设定，并多次进行不同"补偿量"的"＋补偿"，才能使工件尺寸接近工艺尺寸要求。这样不仅生产效率大大降低，更严重的是，尺寸很难把握，造成一些工件报废。

4. 故障分析及排除

初步分析，原因可能是纵向伺服电动机异常，于是更换1台测试，但情况没有改善，说明纵向伺服电动机没有问题。

接着从磨床操作方面找原因。由于进给机构在原点位置和光进位置之间可以进行连续点动的手动进、退操作，于是采用丝表测量工件拖板手动进、退时的实际值，并与人机界面上的显示值进行对比，对比情况见表 3-9。为了对比，还测量了横向修整拖板的情况，见表 3-10。由表 3-10 可知，修整拖板的尺寸控制正常，多次测量均无累积误差，只存在传动间隙 0.080mm。而由表 3-9 可知，工件拖板的实际进给值比显示值小，有累积误差，并且没有定量的规律可寻。本着"先易后难"，尽量减少停机维修时间的原则，先从维修量小的方面分析排查故障。

表 3-9　　　工件拖板的实际测量值与显示值对比表　　单位：mm

序号	进		退	
	显示值	测量值	显示值	测量值
1	0.100	0.070	0.100	0.040
2	0.200	0.150	0.200	0.100
3	1.000	0.740		
4	2.000	1.550		

表 3-10　　　　　　　　修整拖板的实际测量值与显示值对比表　　　　单位：mm

序号	进		退	
	显示值	测量值	显示值	测量值
1	1.000	0.920	1.000	0.920
2	2.000	1.920	2.000	1.920
3	3.000	2.920	3.000	2.920

（1）如果是进给机构的滚珠丝杆磨损，那么根据手册及厂家的建议，可增大伺服驱动器的电子传动比（$B/A = P_n202/P_n203$，出厂值 $P_n202 = 65535$，$P_n203 = 2500$）。根据手册知，$P_n202 = 65535$ 已达最大极限，所以分子分母先约分，使 $B/A = 13107/500$，再根据其中一次实际进给值/显示值的比值，相应地增大分子。用表 3-9 中序号 2 的值进行计算：0.200：0.150 $= P_n202/500$，13107/500（$P_n202/500$ 是要使实际值与显示值一致而应该设置的传动比；13107/500 是当前传动比），由此算出 P_n202 不为整数，取近似值 163840 在此要特别说明，电子传动比一旦被修改，必须重起驱动器，新的传动比才有效。将传动比增大后，经过测量知，虽然减小了实际值与显示值的差距，但仍不能使两者完全一致。显然，用该方法计算新的电子传动比是不合理的，因为：①没有考虑传动间隙（当时该方向没有固定的传动间隙）；②由表 3-9 可知，实际值与显示值没有固定的比例关系，所以用修改传动比的方法解决不了问题。

（2）可能是 PLC 的含 2 路脉冲输出的 CPU 模块异常，于是将该 CPU 模块用到同类机床上。结果，尺寸控制正常，说明该 CPU 模块没问题。

（3）可能是该方向的伺服驱动器异常，于是将其换用到同类的其他机床上。结果，尺寸控制正常，说明该伺服驱动器正常。

（4）可能是该方向的机械连接有问题：可能是伺服电动机与滚珠丝杆的连接有松动，或左、右旋滚珠丝杆在联轴座处有松动，或右旋滚珠丝杆与工件拖板的连接有松动。由于表 3-10 中测量的对象只是工件拖板，于是，采用同一块丝表，换测该方向与工件拖板同步进退的修整滑板，结果见表 3-11。对比表 3-10 与表 3-9 可知，伺服电动机对修整滑板的传动是正常的，于是拆开左、右旋滚珠丝杆的联轴器，发现在联轴座处的传动工件拖板的滚珠丝杆轴承磨损了。将轴承更换后，故障排除。

表 3-11　　　　　　　　修整滑板实际测量值与显示值对比表　　　　单位：mm

序号	进	
	显示值	测量值
1	0.200	0.198
2	0.100	0.098

3.5.4　数控磨床伺服电动机故障处理实例

1. 故障经过

维护人员进行设备点检时，发现 1 台 MK84160×70 型数控轧辊磨床的头架主轴电动机

（1PH7 224-2NF00-ODA0 型西门子交流主轴伺服电动机，71kW，2000r/min）运行中输出轴侧有极其轻微的沙沙响声，电动机表面温度正常（约为 35℃）。借助专用轴承电子听诊器，仔细检查轴承运行情况，结合设备前期运行工况，未超负荷运行，而且使用仅 2 年，认为响声属于正常，计划年底大中修期间拉到专业厂家进行检修。但部分电动机专业人员根据电动机密封环磨损的铁末，按照普通轴承使用经验，认为轴承已碎，需要更换，最后决定送电动机维修厂检修。

2. 常规处理方法

电动机维修厂专业人员拆解电动机后未发现输出轴侧轴承有缺油和磨损现象，但发现风机侧轴承有径向间隙，决定更换。因现场没有原型号轴承（SKF 6216-Z/C3，C3 属于大游隙），改用其他型号轴承代替（FAG UN2216E-M1，M1 属于小游隙）。拉回电动机，安装、试车，电动机振动噪声比安装前大，因生产任务紧，试运行。此后巡检人员报告电动机表面温度超过点检标准规定值，软件监测电动机定子内温度已达到 109℃，检查发现机床制造厂家在 611U 伺服系统控制器对电动机温度检测控制的软件参数设置为 P1602（电动机超温警告阈值）=120℃，P1607（关断电动机极限温度）=155℃。由于温度低于设定阈值，设备正常运行，但电动机内嵌的德国海德汉 ERN1331 系列编码器系统最高可耐温度是 120℃，因此立即停机。

至此，电动机故障已由轻微响声变为发热，故障升级，分析主要原因是对交流伺服电动机和普通电动机差别认识不足。西门子 1PH7 型电动机是配有鼠笼式转子的空冷型 4 极异步电动机，结构坚固、低维护，在数控机床，一般作为 SIMODRIVE611 系统的主轴电动机使用，这次电动机出现明显发热也是初次遇到。

按照检修规定，继续联系电动机维修厂处理。此次电动机维修厂现场重新对电动机进行找正，更换电动机输出轴侧轴承（轴承原型号 FAG NU2216E.TVP2，替换型号 FAG NU2216E-M1）。试车，电动机噪声较大，温度未降低。仔细检查电动机定子和转子部分，未发现问题，排除拆卸过程中电动机二次损坏的可能性。购买电动机原型号轴承，全部重装，发现输出轴侧和风机侧轴承均发热，空转 20min 后表面温度达到 55℃左右。联系轴承厂家，厂家要求改进装配方法，包括用标准油进行油浴加热，轴承润滑脂只装 1/3 略多。再次重装轴承、试车，电动机发出较大非常规噪声，西门子技术支持解释为：在工频 380V/50Hz 对 1PH7 主轴伺服电动机通电试车，可能会烧毁电动机，必须在变频环境下进行。变频环境下试车，电动机温度稍高，噪声稍大，但较前一次明显好转。虽然故障未彻底解决，因生产需要，组织人员特护运行。

3. 控制系统处理法

使用西门子伺服系统调试配置软件 SimoComU 监测电动机运行参数，发现电动机转速和力矩电流波动范围分别为 597～601r/min 和 -55～106A，定子温度约稳定在 67℃，根据经验，电动机转速波动范围过大。根据伺服系统控制框图（见图 3-31），编码器反馈值是关键环节，直接影响电动机速度环和电流环控制过程，电动机异常发热和速度波动，很可能是编码器部分出现问题。考虑到电动机检修过程中，装在电动机尾端的编码器被反复拆装，为此利用换辊期间重新检查电动机，发现编码器安装确实有问题，连接电动机转子轴和编码器的紧固螺栓加力过大（要求为 3kg 左右），造成编码器反馈速度值波动偏大，导致速度和电

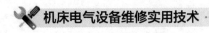

流控制器不断补偿调整，电动机出现异常温升和噪声。

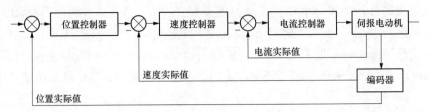

图 3-31 伺服系统控制框图

重新安装调整编码器，24h 内电动机内部定子温度波动范围为 42～47℃，考虑环境温度变化，属于正常，但噪声依然比原始声音大，因更换轴承，故也算正常。再用 SimoComU 软件监测电动机运行参数，转速和矩电流波动范围分别为 599～600r/min 和 55～250A，定子温度稳定在 47℃左右。其中力矩电流随负载变化，此时电动机负载比第一次监测时大，而温度未上升，表明已经恢复正常。

电动机动态曲线如图 3-32 所示，可以看出，在 0～512ms 采样时间内，转速实际值基本接近直线。由于采样时间短，扭矩和负载实际值呈现较大波动，但没有特别大的尖峰和低谷，若延长采样时间，趋势亦较平稳（包括温度曲线），因此，电动机瞬间运行状态平稳。

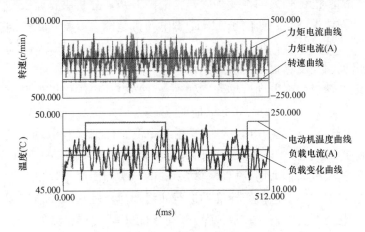

图 3-32 电动机动态曲线

4. 伺服电动机检修注意事项

（1）维修人员最好经过培训或选择专业厂家，请专业人员现场指导，切不可采用普通电动机检修方法。

（2）检修前要准备好轴承、润滑脂、专用工具等备件材料。

（3）检修中要特别注意细节，严格按照技术要求操作，遗漏任何细节均会影响检修质量。

（4）伺服电动机故障处理不仅是电动机问题，还涉及数控和传动知识，只有全面分析、综合各种可能性，才能准确判断故障，否则会导致故障扩大。

（5）要充分利用软件，结合数据和图表判断、查找故障，提高故障处理速度。

3.5.5 数控磨床电源引起的故障分析实例

1. 故障现象

某精密数控磨床，型号为 UR175/1000CNC。该机床在使用的第二年即发生加工运行被急停报警中断故障。诊断信息显示版面光标套在"INTERPOLATOR"词条上，显示为插补器报警，关机后再开机报警消失，机床恢复正常。此故障偶然复发，具体原因不明。机床运行多年后，该故障复发变得频繁，由原来几个月出现一次，变成了天天出现，机床已无法正常工作。

2. 故障检查分析与处理

急停报警"EMERGENCY STOP"使机床进入不了操作运行状态。遵照'先外后内'的排障原则，先后检查并排除了供电干扰和可编程控制器输入端存在报警源的可能原因。在连续实验观察中，发现故障诊断版面上，标示伺服轴故障的字符有时是 X10（standstill out of tolerance）有时是 Z07（maximum contouring error），这种故障报警在两个伺服轴上转移的现象引起了现场人员的注意。

接下来查找与两轴都有关系的电源。检测了 CNC 单元上的"轴位控制板"的工作电压，输入电压正常。故障疑点集中到"轴位控制板"上，继续分析查找故障根源，终于发现该板上有一块 DC/DC 模块，其标称输入电压为+5V，输出电压 3 路，分别为：+5V、+15V 和 −15V。检测发现，该模块在板上测量时没有输出电压，偶然一次输出正常时，机床同时也就恢复了正常，由此确认此件已损坏，而且就是故障的根源。

在国产件市场上买不到相同模块的情况下，分别买了输出+5V 和输出±15V 两个模块合并使用，替代原装件，排除了机床故障。

3. 结论

电源是电路板的能源供应部分，电源不正常，电路板的工作必然异常。电路板的工作电源，有的是由外部电源系统供给，有的由板上本身的电源器件产生（此机床就属于这一类）。此故障发生在"轴位控制板"上的电源器件上，由于供给电路板的电压不正常，导致机床进入不了操作状态。

3.5.6 数控磨床与编码器有关的故障诊断和处理实例

数控磨床常采用旋转编码器作位置反馈元件，形成闭环控制系统。系统在运行中，可能发生与编码器有关的故障。

1. NC 系统产生 113 号报警

某德国进口的数控磨床，数控系统采用西门子 3 系统。在 Y 轴正向运动时正常，但在反向运动时出现 113 号报警"Contour Monitoring"或 222 号报警"Position Control Loop Not Ready"，后者是由 113 号报警引起的，所以重点分析 113 号报警。

这种故障一种可能是速度环参数设定不匹配，但这台机床已运行很长时间，检查了有关的机床参数，没有发现变化，所以这种可能被排除。还有一种可能是由于硬件的故障造成单位时间内伺服轴没有达到设定的速度，为此对 NC 系统相关的线路进行检查，更换伺服控制板和伺服单元，都没能排除故障。经分析，发现如果编码器脉冲丢失或丢转也是原因之一，为此检查编码器。

当把编码器从伺服电动机上拆下时，发现联轴节在直径方向上有一斜裂纹。对比故障现象，这个裂纹是故障的根本原因，因为正向运动时裂纹不受力，编码器不丢转，机床不出故障；而反向运动时，裂纹受力张开，致使编码器丢转，系统出现 113 号报警。更换新的联轴节，故障消除。

2. Z 轴找不到参考点

上述数控磨床，在回参考点时，Z 轴找不到参考点。仔细观察回参考点的过程，Z 轴运动压到零点开关后，能减速反向运动但不停，直到压动极限开关。说明回参考点过程正常，零点开关没有问题；另外，在回参考点时 NC 显示 Z 轴的数值变化也正常。根据这些现象，说明问题出在编码器的零点脉冲上，用示波器测试，没有发现零点脉冲。将编码器拆开，发现内部有许多油，由于编码器密封不好，机床冷却油的油雾进入编码器，时间长了沉淀下来将编码器刻盘遮挡，致使零点脉冲发不出来。将编码器中的油清除并清洗后，重新密封安装，故障消失。

3. E 轴修整器失控

某美国 BRYANT 公司的数控外圆磨床，在自动加工循环时发生故障，砂轮在修整时将修整器根部磨掉一块。对故障进行检查，发现在自动循环加工修整砂轮时，修整器没有按设定速度摆动修整，而是摆动速度太快，并且运动范围超出设定的数值，直到压到极限开关，撞到修整器。

这台磨床的修整器靠 E 轴伺服电动机带动，用编码器做位置反馈元件。在正常的情况下，修整器由 Z 轴带动到修整位置，E 轴伺服电动机带动修整器作 $30°{\sim}12°$ 的摆动，对砂轮进行修整。多次观察发现，在即将压极限开关时，NC 系统显示的 E 轴坐标值只有 $60°$ 左右，而实际位置应该在 $180°$ 左右。显示数值小于实际坐标值，因此认为可能是编码器丢失脉冲。

先后更换了 NC 系统的伺服反馈板和 E 轴编码器，但问题没有得到解决。通过反复试验和观察，发现 E 轴修整器在 Z 轴的边缘时，回参考点和半自动摆动并不发生故障，但当把修整器移到 Z 轴的中间时，半自动摆动就出现故障。根据这个现象断定可能是由于 E 轴电动机随修整器经常往复运动，而使伺服电动机的电缆中的某些导线折断，导致接触不良。基于这种判断，开始校线，在校编码器反馈电缆时发现有几根线接触不良，找到断线部位后，对断线进行焊接并采取防折措施，开机试验，故障消除，机床恢复正常。

由于编码器与机床的零点密切相关，编码器动了之后机床零点肯定变化，因此，机床恢复正常之后，还必须重新调整零点。如果机床零点调整不好，有时会出现其他问题或影响机床精度。因此故障不是特别明显时，不要轻易拆卸编码器。

第4章

镗床电气故障诊断与维修

4.1 镗 床 概 述

镗床是主要用镗刀对工件已有的预制孔进行镗削的机床。通常，镗刀旋转为主运动，镗刀或工件的移动为进给运动。它主要用于加工高精度孔或一次定位完成多个孔的精加工，此外还可以从事与孔精加工有关的其他加工面的加工。使用不同的刀具和附件还可进行钻削、铣削、切削的加工精度和表面质量要高于钻床。镗床是大型箱体零件加工的主要设备。

1. 分类

镗床分为卧式镗床、落地镗铣床、金刚镗床和坐标镗床等类型。

卧式镗床：应用最多、性能最广的一种镗床，适用于单件小批生产和修理车间。

落地镗床和落地镗铣床：特点是工件固定在落地平台上，适宜加工尺寸和重量较大的工件，用于重型机械制造厂。

金刚镗床：使用金刚石或硬质合金刀具，以很小的进给量和很高的切削速度镗削精度较高、表面粗糙度较小的孔，主要用于大批量生产中。

坐标镗床：具有精密的坐标定位装置，适于加工形状、尺寸和孔距精度要求都很高的孔，还可用以进行画线、坐标测量和刻度等工作，用于工具车间和中小批量生产中。其他类型的镗床还有立式转塔镗铣床、深孔镗床和汽车、拖拉机修理用镗床等。

2. 技术特点

（1）主要结构。镗床的主要结构由床身、主轴箱、前立柱、带尾架的后立柱、下拖板、上拖板、主轴（花盘）等组成。例如，T68 型卧式镗床如图 4-1 所示。

（2）运动形式。

1）主体运动。有主轴的旋转运动和花盘的旋转运动。

2）进给运动。有主轴的轴向进给、花盘刀具溜板的径向进给、撞头架（主轴箱）的垂直进给、工作台的横向进给、工作台的纵向进给。

3）辅助运动。有工作台的旋转运动、后立柱的水平移动和尾架的垂直移动。

机床的主体运动及各种常速进给运动都是由主轴电动机来驱动，但机床各部分的快速进给运动由快速进给电动机来驱动。

（3）电气控制要求。

1）主轴旋转与进给量都有较宽的调速范围。

2）由于各种进给运动都有正反不同方向的运转，故主电动机要求正、反转。

3）为满足调整工作需要，主电动机应能实现正、反转的点动控制。

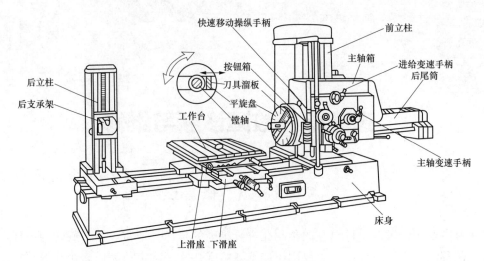

快速移动操纵手柄　前立柱

按钮箱　主轴箱　进给变速手柄
后尾筒

后立柱　刀具溜板

后支承架　平旋盘

工作台　镗轴　主轴变速手柄

床身

上滑座　下滑座

图 4-1　T68 型卧式镗床结构图

4）保证主轴停车迅速、准确，主电动机应有制动停车环节。

5）主轴变速与进给变速可在主电动机停车或运转时进行。

6）为缩短辅助时间，各进给方向均能快速移动，配有快速移动电动机拖动，采用快速电动机正、反转的点动控制方式。

7）主电动机有高、低两种速度，高速运转时应先经低速启动。

8）由于运动部件多，应设有必要的联锁与保护环节。

4.2　镗床电气故障诊断维修方法与实例

在此以典型镗床为例，介绍镗床控制线路及元件故障分析、诊断以及排除的方法。

4.2.1　T68 型卧式镗床电气故障诊断与维修

1. 电气控制线路

T68 卧式镗床电气控制线路如图 4-2 所示。

（1）主电路。主电路有两台电动机，M1 为主轴电动机；M2 为进给电动机。

（2）控制电路。

1）主轴电动机 M1 的控制。主轴电动机 M1 止转控制。按下按钮 SB2，中间继电器 KA1 吸合，其动合触点（9-14）闭合。由于行程开关 SQ3、SQ4 已被操作手柄压合，使接触器 KM2 吸合，其主触点闭合，将制动电阻 R 短接，KM3 动合触点（6-20）闭合，KM1 吸合，使电动机 M1 接通电源，KM1 动合触点（5-6）闭合，KM4 吸合，使电动机 M1 接成△正向启动。

主轴电动机 M1 反转控制。按下 SB3、KA2、KM3、KM2、KM4 相继吸合，电动机 M1 接成△反向启动。

主轴电动机 M1 点动控制。按下 SB4（或 SB5），KM1、KM4 先后吸合，电动机 M1 接成△并串联电阻 R 点动。

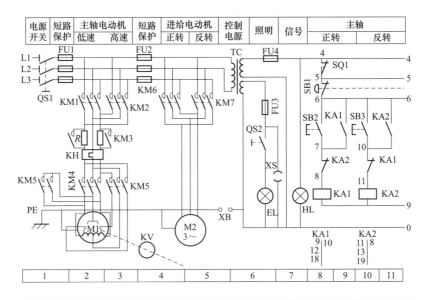

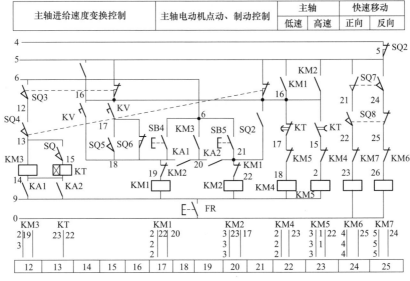

图 4-2 T68 型卧式镗床电气控制线路图

主轴电动机 M1 停车制动。当电动机 M1 正转时，转速达到 120r/min，速度继电器 KV 动合触点闭合，为停车制动做好准备。若要停车制动需要按下 SB1，KA1、KM3、KM1 先后释放，电动机 M1 断电做惯性运转。同时 KM2、KM4 吸合，电动机 M1 串电阻 R 反接制动。当转速降到 12r/min 时，KV 动合触点（16-17）断开，KM2、KM4 释放，反接制动结束。速度继电器另一副动合触点（16-18）闭合，为电动机 M1 反转时停车制动用。

主轴电动机 M1 高、低速转换控制。电动机 M1 低速（△接法）运行，由变速手柄将变速行程开关 SQ 动合触点（13-15）断开，时间继电器 KT 断电，KM5 释放，电动机 M1 由 KM4 接成△连接。

电动机 M1 高速（丫丫接法）运行，由变速手柄将 SQ 压合，其动合触点（13-15）闭合，再按下 SB2，KA1、KT、KM3、KM1、KM4 相继吸合，电动机 M1 接成△低速启动。KT

动合触点（16-17）延时断开，KM4 释放，KT 动合触点（16-15）延时闭合，KM5 吸合，电动机 M1 接成丫丫高速运转。

主轴变速及进给变速控制。运行中需要变速时，只要将操作盘的操作手柄拉出，行程开关 SQ3 触点（6-12）断开，KM3、KM4 先后释放，电动机 M1 断电。由于 SQ3 动断触点（5-16）闭合，KM2、KM4 吸合，电动机 M1 串接电阻 R 反接制动。速度继电器 KV 动合触点（16-17）断开，此时可转动变速操作盘进行变速，变速后将操作手柄推回原位。SQ3 重新压合，KM3、KM1、KM4 吸合，电动机 M1 启动，主轴以新选定的速度运行。进给变速与主轴变速控制一样，只要推拉变速手柄，压合行程开关，就可实现变速。

2）快速移动电动机 M2 控制。

将快速移动操作手柄向里推时，压合行程开关 SQ8，KM6 吸合，电动机 M2 正转启动，做正向快速移动。若将快速移动操作子柄向外拉时，压合 SQ7，KM7 吸合，电动机 M2 反转启动，实现反向快速移动。

2. 故障诊断与维修

T68 型卧式镗床电气故障诊断与维修见表 4-1。

表 4-1　　　　　　　　　　T68 型卧式镗床电气故障诊断与维修

故障现象	故障诊断维修方法
机床不能启动	（1）热继电器 KH 脱扣，应查明过载原因，按热继电器复位按钮，使热继电器复位
	（2）中间继电器 KA1、KA2，接触器 KM1、KM2 没有吸合，应检查它们的控制回路，修复或更换损坏元件
主轴电动机 M1 不能启动	（1）无电源或电源缺相，应检查电源电压
	（2）熔断器 FU1、FU2、FU4 熔断，应找出原因后更换熔体
	（3）接触器 KM4 主触点接触不良，应检修 KM4 主触点
	（4）热继电器 KH 脱扣，应找出过载原因，然后复位
	（5）主回路及电动机 M1 接线松脱，应检查主电路的接线情况
	（6）与主轴电动机有关的控制回路元件损坏或接线松脱，应逐一检查与 M1 有关的控制回路元件及接线
	（7）电动机 M1 烧坏，应修复或更换电动机
主轴电动机 M1 正转方向不能启动	（1）中间继电器 KA1、接触器 KM1 未吸合，应检查 KA1、KM1 线圈控制回路
	（2）中间继电器 KA1、接触器 KM1 的触点接触不良，应修复触点
	（3）正转启动按钮 SB2 接触不良，应修复或更换按钮
主轴电动机 M1 只有低速，而无高速	（1）时间继电器 KT 不动作，而电动机 M1 只能在低速运转，不能转换到高速，可检查微动开关 SQ 动合触点是否接触不良，或时间继电器 KT 线圈有无断线
	（2）KT 的延时闭合动合触点，KM4 的动断触点（19—20）接触不良或 KM5 线圈断线。应检查 KM5 线圈控制回路，并使触点接触良好
	（3）由于行程开关 SQ3、SQ6 安装位置偏移，造成不能压合或触点接触不良，应调整行程开关位置，使其接触良好。SQ3 或 SQ6 绝缘击穿使触点短路，造成手柄拉出后，SQ3 尽管动作，但因短路接通，使主轴仍按原来速度运转
主轴电动机 M1 不能低速旋转	由于微动开关 SQ 位置偏移，如 SQ 始终被压合或触点烧毛、熔焊，使其动合触点始终闭合，造成主轴电动机不能低速旋转。应调整微动开关位置或修复触点
主轴停车无制动	（1）速度继电器 KV 两个方向的动合触点接触不良，应修整触点，使其接触良好
	（2）主轴电动机 M1 与速度继电器 KV 连接不好或损坏，应检查后重新接牢

续表

故障现象	故障诊断维修方法
主轴制动较强烈	(1) 制动电阻 R 未接好，应重新接牢
	(2) 接触器 KM3 未吸合或触点接触不良，应检查接触器线圈控制回路及触点接触情况
机床不能快速移动	(1) 行程开关 SQ7、SQ9 触点接触不良，应检查触点闭合情况，使其接触良好
	(2) 接触器 KM6、KM7 线圈损坏或触点闭合不良，应检修或更换接触器

3. T68 型镗床主电路熔断器熔断故障的检查分析与处理实例

一台 T68 型镗床，原来运行良好，后来将主轴电动机拆下，只作清洗及轴承加油等维护处理重新装机，机床空载试车，打高速挡，启动后只几秒钟，就发生主电路熔断器熔断。经仔细检查，电动机及线路一切正常，未发现问题。

根据故障现象分析，电动机启动后没有马上将熔断器熔断，而是几秒钟后才熔断，说明电动机及线路没有直接短路的可能，否则，电动机启动后会立即将熔断器熔断。机床是空载试车，不会引起电动机过载。

T68 型镗床主轴电动机是一台双速电动机。如打高速挡，启动时，电动机先是低速启动，然后才自动转入高速运行，这一程序是由电气线路自动控制的。低速启动的目的，是为了便于齿轮的啮合。由此看来，上述故障很可能发生在电动机由低速启动转为高速运行的瞬间。

双速电动机高速和低速的转向必须一致、如果低速是正转，高速是反转，由低速转向高速的瞬间，转差率大于 1，电动机处于反接制动状态，电流很大，而主线路中又未串接限流电阻，因此必然将主线路中的熔断器熔断。

后来仔细检查这台双速电动机的转向，发现高速和低速的转向果然不一致。经调相后，上述故障消除。

由此可见，在进行高速电动机接线时，一定要注意各种速度下电动机的转向必须一致。为避免出错，接线后如条件许可，应在各种转速下单独试车，以确认转向。为简便起见，检修设备上多速电动机时，拆线前一定要记住原来的线号，以免检修后重新接线时出现错误。

4.2.2　T617 型卧式镗床电气故障诊断与维修

1. 电气控制线路

T617 型卧式镗床电气原理如图 4-3 所示。

(1) 准备工作。合上电源开关 QS，将主轴和进给机构的两个调速手柄放在正常工作位置，使行程开关 SQ1、SQ2 的动断触点处于闭合状态。中间继电器 KA5 吸合，信号灯 HL1 亮。

(2) 主轴电动机启动和制动。按下正转按钮 SB2，中间继电 KA1 吸合并自保持，接触器 KM1、KM3 吸合，电动机 M1 正向启动。当转速升到一定值时，速度继电器 KV 动断触点 (25-27) 断开，动合触点 (25-28) 闭合，为反接制动做好准备。按下停止按钮 SB1，KA1、KM1、KM3 释放，限流电阻 R 串接在电动机定子绕组中，而 KM2 吸合，将电动机电源反接，使电动机在反接制动情况下立即停车。当速度下降到一定值时，KV 动合触点断开，KM2 释放，制动过程完毕。

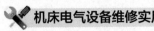

机床电气设备维修实用技术

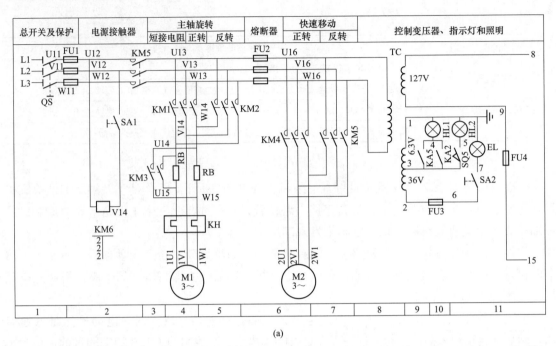

(a)

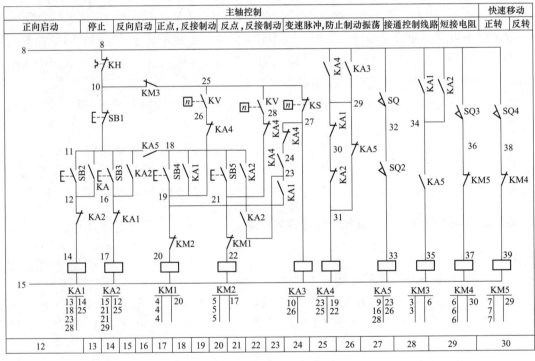

(b)

图 4-3　T617 型卧式镗床电气原理图

（3）主轴电动机点动。按下 SB4，KM11 吸合，但未自保，当电动机速度还未升高，KV 动断触点仍处于闭合状态，KA3 吸合，其动断触点断开反接回路。因此，点动时无制动，电动机只能低速旋转。

→ 162

（4）机床快速移动。当快速手柄扳至正向快速移动位置时，压合行程开关 SQ3，接触器 KM4 吸合，电动机 M2 正向运转；若扳至反向位置，压合 SQ4，KM5 吸合，电动机 M2 反向运转。

2. 故障诊断与维修

T617 型卧式镗床电气故障诊断与维修见表 4-2。

表 4-2　　　　　　　　　　　　　T617 型卧式镗床电气故障诊断与维修

故障现象	故障诊断维修方法
机床不能启动	（1）熔断器 FU1、FU2、FU4 熔断，应查明原因，更换熔体
	（2）热继电器 KH 脱扣，应找出过载原因，使热继电器复位
	（3）接触器 KM6、KM1、KM2 不动作，应检查 KA1、KA2、KM1、KM2、KM6 的线圈控制回路，修复或更换损坏元件
机床调速后不能启动	（1）中间继电器 KA5 不动作，应检查 KA5 的线圈控制回路，更换损坏元件
	（2）行程开关 SQ1、SQ2 未压合。应检查 SQ1、SQ2 及联动控制机构，修复或更换损坏元件
机床不能快速移动	（1）行程开关 SQ3、SQ4 触点接触不良。应检查 SQ3、SQ4 及联动控制机构，使其接触良好
	（2）接触器 KM4、KM5 不动作或触点接触不良。应检查 KM4、KM5 的线圈控制回路，并使触点接触良好
	（3）熔断器 FU2 熔断，应检查原因后更换熔体
主轴停车无制动	（1）速度继电器 KV 旋转时两个方向动合触点接触不上，应检修速度继电器动合触点，使其接触良好
	（2）主电动机与速度继电器连接不上，应检修电动机与速度继电器连接处
	（3）中间继电器 KA4 动断触点接触不良，应检修 KA4 动断触点
主轴变速时无脉动旋转	（1）接触器 KM3 触点接触不良，应检修 KM3 动断触点
	（2）速度继电器 KV 动断触点接触不良，应检修速度继电器动断触点
	（3）中间继电器 KA3 不动作，KA4、KA1、KA2 动合触点接触不良，应检查 KA3 线圈控制回路，修复 KA4、KA1、KA2 动合触点
反接制动时有振荡现象	（1）速度继电器 KV 触点接触不良，应检修速度继电器动断触点，使其接触良好
	（2）中间继电器 KA4、KA3、KA2、KA1 触点接触不良。应检修 KA4、KA3、KA2、KA1 触点，使其接触良好

4.2.3　变频器在 T6160 型镗床电气改造的应用

1. 技术方案

前苏联生产的某 T6160 型镗床，在多次转运过程中致使电气元件及部件大量丢失或损坏，其中发电机组、交磁扩大机组、电气控制柜、按钮站、直流电动机等均丢失或损坏，根据上述设备现状，提出三种电气改造方案如下。

（1）采用直流传动控制系统，用 V5 系统对设备进行改造，经预算改造费用为 6.5 万～7 万元；

（2）采用 PLC-变频器控制系统，用 PLC 做中央数据处理，用普通变频器做调速，经预算改造费用为 4 万～4.5 万元；

（3）采用性能先进的变频器—继电器控制系统，用变频器调速，用继电器做控制执行元件，经预算改造费用为 2.5 万～2.8 万元。

T6160 型镗床对伺服系统的要求是：调速范围宽（100∶1）；速度控制精度高（在整个调速范围，启制动及运行过程要求运行稳定）；定位准确（当快速进给后定位时间短、定位行程快，从而可提高加工效率）。

针对上述特点，比较三种方案，考虑到现有维修电工的实际能力，选择了方案三，用性能先进的西门子 MicroMaster440 变频器驱动一般异步电动机，对 T6160 型镗床的原直流伺服系统实施改造，实现镗床的主轴箱上下移动、镗杆进出、工作台前后左右及上工作台旋转移动实现交流变频无级调速。

2. 交流变频器无极调速系统的设计

（1）西门子 MicroMaster440 变频器（7.5kW）是多功能全数字式性能先进变频器，它主要负责整个系统的中央数据处理及调速，它和交流驱动电动机、调速电位器（航空精调电位器）、制动电阻等一起构成典型的开环无极调速控制系统。如图 4-4 所示。

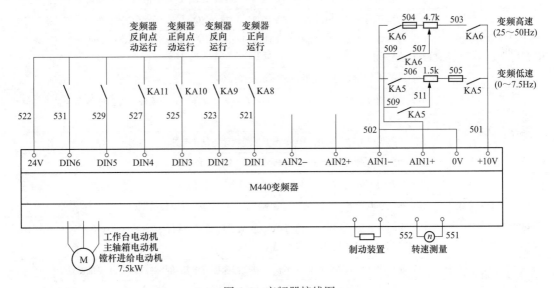

图 4-4　变频器接线图

（2）由于原 T6160 型镗床由三台 4.2kW 直流电动机驱动，分别驱动主轴箱上下移动、镗杆进出、工作台前后、左右及上工作台旋转移动。根据 T6160 型镗床的工作特点，三台电动机只允许一台工作，故本台 T6160 型镗床选用一台变频器即可满足工作。为弥补低速运行时电动机发热和低速运行时电动机功率减小，通过计算将三台 4.2kW 直流电动机更换为 7.5kW 交流异步电动机（Y160M1-4 型，7.5kW、380V、1450r/min）；更换理由是为满足 T6160 型镗床的无级调速（见图 4-5）。

（3）由于选用一台变频器拖动三台 7.5kW 交流异步电动机，且三台电动机都要求调速，使控制回路线路更加复杂，为简化操作和降低操作难度，在控制回路设计中选用一个组合转换开关切换三台电动机，并用继电器作连锁保护，降低了操作难度，满足设备的工艺要求。

（4）根据 T6160 型镗床的工作要求，在设计电气线路时，变频器有两种工作状态，即低

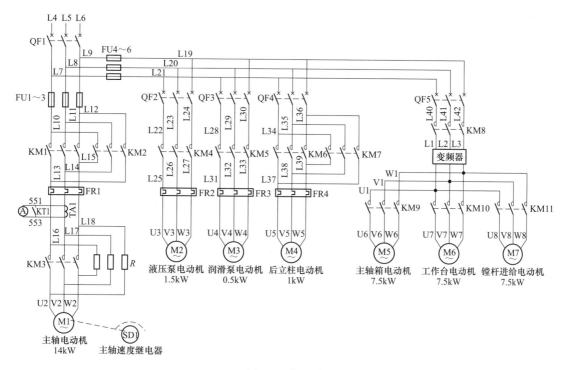

图 4-5　主电路

速运行和高速运行状态，低速运行和高速运行通过转换开关—继电器自由切换，从而满足了
T6160 型镗床自动走刀（低速运行）及快速移动（高速运行）的需求。通过变频器外制调速
电位器（10 圈航空精调电位器）即低速电位器前端串联调节固定电阻、高速电位器后端串联
调节固定电阻，实现电动机低速无级调速（0～7.5Hz，0～225r/min）和电动机高速无级调
速（25～50Hz，750～1500r/min），从而满足 T6160 型镗床自动走刀（低速运行）及快速移
动（高速运行）的工作要求。

（5）变频器制动电阻的加入可以满足电动机快速停止和电动机制动，从而解决了电动机
惯性运行，满足了设备的工艺要求。

（6）转速表是由一块正负 10V 的直流电压表改制的，通过变频器内部参数设定使外部
D/A 端子输出 0～20mA 电流，0～20mA 电流的输出与变频器频率输出成正比，通过对直流
电压表表盘改制，并在电压表两端并联一个适当电阻，使电压表转换为转速表，并将转速表
安装在悬挂按钮站上端，使操作工随时观察到转速情况。

3. 试运行

运行时，在无 PG 矢量控制的条件下，其调速范围是 100∶1，即在 50Hz 的条件下，其
最低运行频率是 0.5Hz，加之对应电动机输出端有减速齿轮，最低速度是 15r/min 完全满足
T6160 型镗床设备的工艺要求，实现了变频无级调速的效果。当在无 PG 矢量控制的条件下，
最低运行频率 0.5Hz，对应电动机最低速度是 15r/min 时，如果试车发现存在停车不稳定和
低速运行速度不稳定等问题，可以在变频器上加入 PG 速度控制卡，在电动机后轴上加入脉
冲编码器，由脉冲编码器输出信号反馈到变频器上的 PG 速度控制卡，使之构成典型的带

PG 反馈的闭环控制系统。使系统变为有 PG 矢量控制系统，在磁通矢量控制方式下，其调速范围可以达到 1000∶1，变频器的输出频率刚好为 0.05Hz；此时对应于电动机最低速度，完全满足 T6160 型镗床设备工艺要求。

4.3 PLC 在镗床电气维修改造的应用

PLC 常用于对普通镗床进行自动控制改装，利用 PLC 模块化设计、硬件配置灵活且具扩展性的特点，按照机器的具体要求进行配置，合理利用机床本体硬件资源，可达到较好的实用效果。PLC 具有控制可靠、组态灵活、体积小、功能强、速度快、扩展性好等特点。在镗床电气控制中得到了广泛的应用。中小型 PLC 的价格便宜，用它来控制镗床，电气系统结构简单，工作稳定可靠，故障率低，操作系统便于维护、维修，提高了工效与自动化程度。

4.3.1 基于 S7-200 型 PLC 的 T68 型卧式镗床改造

1. T68 型卧式镗床电气系统要求分析

如图 4-6 所示，T68 型卧式镗床主要由床身、前立柱、主轴箱、工作台、后立柱、后支撑架等部分组成。其电气控制要求如下。

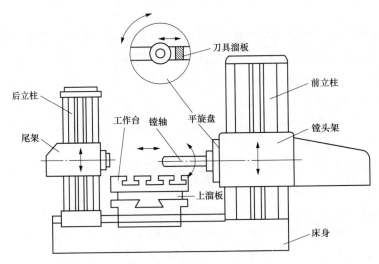

图 4-6　T68 型卧式镗床结构图

（1）T68 镗床主轴的运动和进给运动都用同一台异步电动机带动。由于工件的形状和材料千变万化，因此要求 T68 主轴的速度要宽泛，所以其电动机多使用双速或者三速异步电动机带动的滑移齿轮都有级速系统。采用双速或三速电动机带动，可使其机械变速结构简化。近年来，利用电力电子元件使电动机无极变速的方法已经普遍在 T68 床上使用。

（2）卧式镗床的主运动和进给运动都采用机械滑移齿轮变速，为了便于变速后齿轮的啮合，T68 镗床要求有变速冲动。

（3）要求主轴电动机既能够正序运转，又能够逆序运转，同时可实现点动、常动，在电动机制动上要求使用电气反接方式。

（4）为了加快 T68 型镗床的进给速度，要求该镗床的各进给部件都各使用一个速度较快的电动机带动。

2. PLC 改造

如图 4-7 所示，在对该镗床原有继电器控制系统分析的基础上，可以确定输入点数为 11，输出点数为 7。通过对各可编程控制器点数查阅及性能分析，选择德国 SIEMENS S7-200 型可编程控制器。

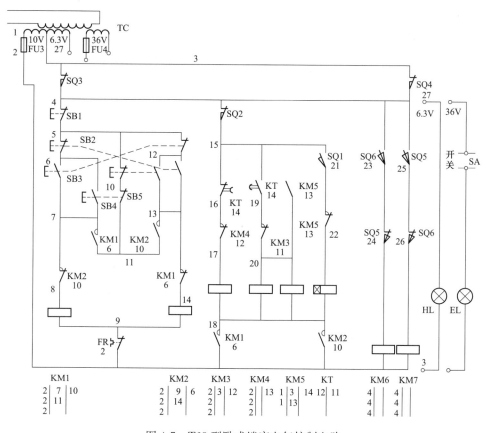

图 4-7　T68 型卧式镗床电气控制电路

（1）确定 PLC 的 I/O 分配表。根据 T68 型卧式镗床的工序及控制要求，确定 PLC 的 I/O 分配情况，见表 4-3。

（2）主电路分析。如图 4-8 所示，M1 为主轴电动机。是一台 4/2 极的双速电动机，绕组接法为△/丫丫。电动机 M2 由接触器 KM6、KM7 实现正反转控制，设有短路保护。因快速移动时所需要时间很短，所以 M2 实行点动控制，且无须过载保护。电动机 M1 由 5 只接触器控制，其中 KM1、KM2 为电动机正反转控制接触器，KM3 为低速启动接触器，接触器 KM4、KM5 用于电动机的高速启动运行。KM3 通电时，将电动机定子绕组接成三角形，电动机为 4 极低速运行；KM4、KM5 通电时，将电动机定子绕组接成双星形，电动机为 2 极高速运行。主轴电动机正反转停车时，均有电磁铁报闸进行机械制动。FU1 用于电路总的短路保护，FU2 用于电动机 M2 的短路保护，FR 用于电动机 M1 的长期过载保护。

表 4-3 T68 型卧式镗床用 PLC-I/O 分配表

序号	功能	IN 地址	序号	功能	OUT 地址
1	停车按钮 SB1	I0.0	1	KM1 线圈	Q0.0
2	反向启动按钮 SB2	I0.1	2	KM2 线圈	Q0.1
3	正向启动按钮 SB3	I0.2	3	KM3 线圈	Q0.2
4	正向点动按钮 SB4	I0.3	4	KM4 线圈	Q0.3
5	反向点动按钮 SB5	I0.4	5	KM5 线圈	Q0.4
6	主轴高低速 SQ1	I0.5	6	KM6 线圈	Q0.5
7	主轴变速 SQ2	I0.6	7	KM7 线圈	Q0.6
8	主轴进给 SQ3	I0.7			
9	工作台进给 SQ4	I1.0			
10	正向快移 SQ5	I1.1			
11	反向快移 SQ6	I1.2			

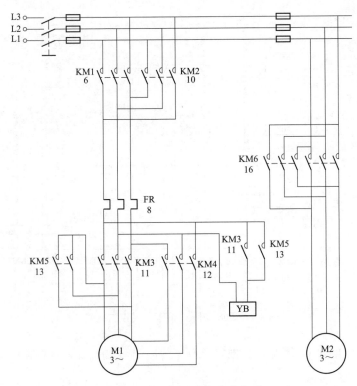

图 4-8　T68 型卧式镗床主电路

　　（3）梯形图设计。在原有继电器控制电路的基础上，对 T68 型卧式镗床进行 PLC 改造，其接线图如图 4-9 所示，设计好的梯形图程序部分如图 4-10 所示。

　　3. 仿真与分析

　　将设计好的梯形图载入西门子 PLC 仿真软件，在仿真软件中把 PLC 设置成运行状态，按照 T68 型卧式镗床的动作顺序在仿真软件中进行操作，调试证明程序完全满足 T68 型卧

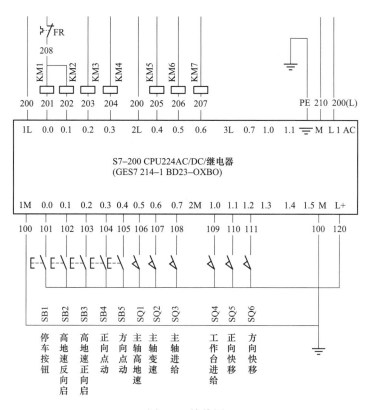

图 4-9 接线图

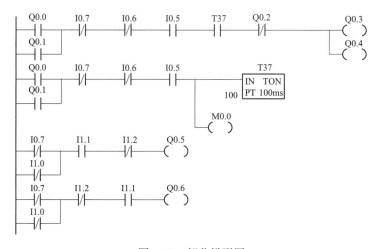

图 4-10 部分梯形图

式镗床的电气控制要求。

4.3.2 三菱 PLC 用于 T610 型卧式镗床的控制

1. 电气控制要求

T610 型卧式镗床控制系统的主电路图如图 4-11 所示。其中 M1 为主轴电动机，M2 为液

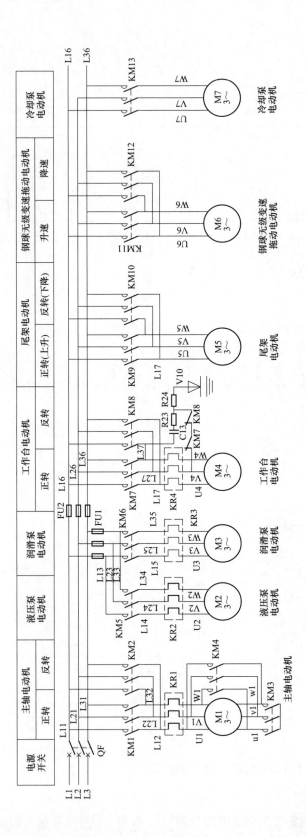

图 4-11 T610 型卧式镗床控制系统的主电路

压泵电动机，M3 为润滑泵电动机，M4 为工作台电动机，M5 为尾架电动机，M6 为钢球无级变速拖动电动机，M7 为冷却泵电动机，KM1～KM13 为接触器，KR1～KR4 为热继电器，FU1～FU2 为熔断器。

电气控制要求：①主轴电动机选用"△-Y"电动机；②主轴电动机启动时，利用Y形启动降低启动电流；③主轴电动机能够实现正、反转，主轴电动机低速点动实现主轴的正转点动、反转点动以调整位置；④主轴电动机能够实现有效快速的制动；⑤工作台的运行和停止由工作台电动机带动，包括正、反转控制和回转控制，其中回转控制分为自动和手动。

2. PLC 控制及分析

(1) PLC 机型选择及 I/O 点分配。根据电气控制的需要，选择三菱 FX2N-32MR-D 型 PLC，其 I/O 点分配见表 4-4。

表 4-4 I/O 点分配表

输 入 信 号			输 出 信 号		
名 称	代号	输入点编号	名称	代号	输入点编号
电动机 M2、M3 启动按钮	SB1	X0	电动机 M1 正转接触器	KM1	Y0
电动机 M2、M3 停止按钮	SB2、KR1～KR4	X1	电动机 M1 反转接触器	KM2	Y1
主轴电动机 M1 制动停止	SB3	X2	电动机 M1Y 启动接触器	KM3	Y2
电动机 M1 正转Y-△降压启动	SB4	X3	电动机 M1△运行接触器	KM4	Y3
电动机 M1 反转Y-△降压启动	SB5	X4	液压泵电动机 M2 接触器	KM5	Y4
主轴电动机 M1 正转点动	SB6	X5	润滑泵电动机 M3 接触器	KM6	Y5
主轴电动机 M1 反转点动	SB7	X6	工作台电动机 M4 正转接触器	KM7	Y6
工作台电动机 M4 正转启动	SB8	X7	工作台电动机 M4 反转接触器	KM8	Y7
工作台电动机 M4 反转启动	SB9	X10	电磁阀	YV1	Y10
行程开关	ST3	X11	电磁阀	YV2	Y11
压力继电器	KP1	X12	电磁阀	YV3	Y12
压力继电器	KP2	X13			
工作台回转自动控制开关	SA1-1	X14			
工作台回转手动控制开关	SA1-2	X15			
行程开关	ST1	X16			
行程开关	ST2	X17			

根据 T610 型卧式镗床主要控制要求，其控制电气原理图如图 4-12 所示。

图 4-13 是 T610 型卧式镗床 PLC 输入输出端接线图。硬件接线极其关键，如果出现错误的接线，除了镗床不能正常运行外，PLC 硬件也很可能被损坏，甚至导致事故的发生。根据输入输出的点数，这里选择三菱 FX2N-32MR-D 型 PLC 作为硬件，在实现 PLC 硬件的接线时，要根据表 4-4 中的 I/O 分配表来接线，同时对常闭、常开开关的选择也要正确，以避免实际运行的失败，引起硬件的损坏。图 4-13 中的各个按钮（SB1、SB9）、开关（ST1～ST3、SA1-1、SA1-2）、继电器（KP1、KP2）、接触器（KM1～KM8）和电磁阀（YV1～YV3）

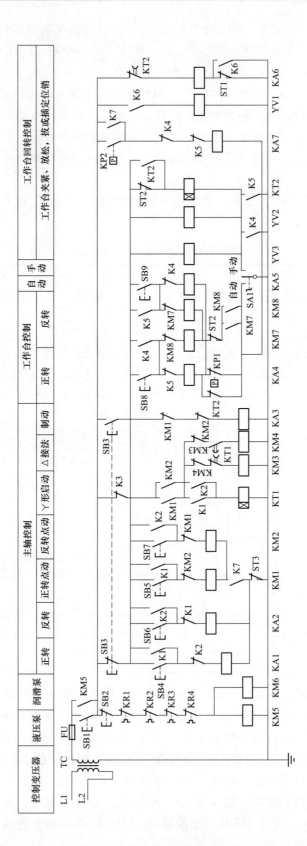

图 4-12 T610 型卧式镗床控制电气原理图

的作用可以参照表 4-4。

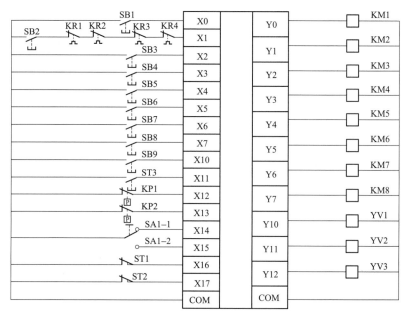

图 4-13　T610 型卧式镗床 PLC 输入输出端接线图

（2）PLC 流程图及梯形图。图 4-14 所示为 T610 型卧式镗床的 PLC 控制流程图。

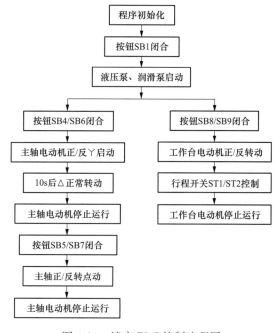

图 4-14　镗床 PLC 控制流程图

采用 GX Developer8.0 软件设计 T610 型镗床 PLC 的梯形图，用软件模拟实际操作运行的好处是，不会损坏硬件或者造成事故。经过反复调试和修改后的梯形图如图 4-15 所示。X

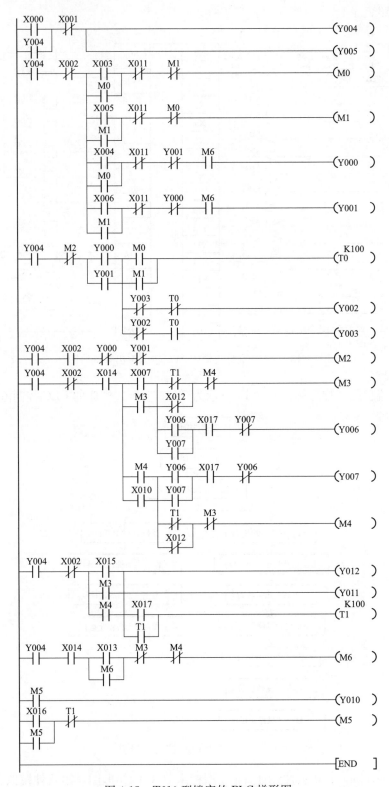

图 4-15　T610 型镗床的 PLC 梯形图

为 PLC 的输入继电器，用于接收检测信号、操作指令等输入信号。Y 为 PLC 的输出继电器，通过它实现对各负载 KM 或 YV 等的控制。PLC 采用循环扫描工作方式，即在系统软件的控制下，顺次扫描各输入点的状态，按用户程序运算处理，然后顺序向输出点发出相应的控制信号。整个过程分为自诊断，与外设通信，输入采样，用户程序执行，输出刷新共 5 个阶段。

其中回路 1 实现液压泵电动机 M2 和润滑泵电动机 M3 的启动，以保证镗床的运行压力和润滑。回路 2 实现电动机 M1 的正转和反转功能，中间继电器 M0 和 M1 用于保证电动机 M1 的正转和反转在同一时间只有一个功能在运行。回路 3 实现电动机 M1 的丫启动和△正常运行，计时继电器 T0 控制电动机 M1 的丫启动时间。回路 5 实现工作台电动机 M4 的正转和反转功能，中间继电器 M3 和 M4 用于保证工作台电动机 M4 的正转和反转在同一时间只有一个功能在运行。回路 6、回路 7 和回路 8 控制工作台的夹紧、放松、插定位销控制。

3. PLC 梯形图控制过程分析

（1）先按下按钮 SB1，接通 X0，Y4、Y5 得电，使得接触器 KM5、KM6 线圈通电吸合并自锁，液压泵电动机 M2、润滑泵电动机 M3 启动运转。

（2）主轴电动机 M1 正转丫降压启动、△正常运行控制。工作台回转自动控制开关 SA1 处于自动状态，即 X14 是闭合的，X13 由于液压泵已启动也处于闭合状态，M6 动作，按下按钮 SB4，M0 动作，Y0 得电，即主轴电动机可正转。Y2 和 T0 同得电，主轴电动机丫降压启动。10s（时间可以另外设置）以后，T0 动作，Y2 失电 Y3 得电。主轴电动机 M1 正常运行。其反转控制过程和正转相同。其时序图如图 4-16 所示。

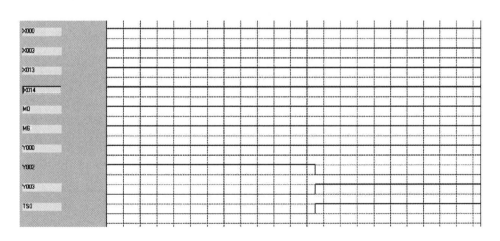

图 4-16 主轴电动机 M1 正转丫降压启动、△正常运行控制的时序图

（3）主轴电动机 M1 正转点动、制动停止控制。SB5 为点动按钮，按下 SB5 主轴正转，松开 SB5 后，主轴电动机由于惯性继续转动，可以按下按钮 SB3 使得中间继电器 M2 闭合，再利用制动电磁铁控制主轴电动机迅速停止，实现制动的功能。主轴电动机反转点动、停止制动控制过程与正转点动、停止制动控制过程相同。

（4）工作台正转控制。工作台回转自动及手动转换开关 SA1 扳至自动 0 挡，按下按钮 ST8 使得中间继电器 M3 闭合并自保，此时 Y6 得电，实现工作台正转。工作台反转控制过程和正转相同。

（5）工作台夹紧、放松、插定位销控制。工作台回转自动及手动转换开关 SA4 扳至/自动 0 挡即 X14 动作，按下按钮 SB8 即 X7 动作，中间继电器 M3 通电闭合，Y11、Y12 得电，Y12 得电，接通工作台压力导轨油路，给工作台压力导轨充压力油。Y11 得电，接通工作台夹紧机构的放松油路，使夹紧机构松开。工作台夹紧机构松开后，机械装置压下行程开关 ST1 和 ST2，即 X16 和 X17 闭合，则中间继电器 M5 动作，电磁阀 YV1 得电，将定位销拔出并使传动机构的蜗轮与蜗杆啮合。

4.3.3　T6216 型镗床电气控制系统的改造

PLC 以其可靠性高、逻辑控制功能强、体积小、适应性强等优势在工业测控领域广泛运用，已大量替代由中间继电器和时间继电器等组成的传统继电器—接触器控制系统。为此，某厂决定采用 PLC 对其 T6216 型镗床控制系统进行改造。

1. 改造方案

（1）原镗床的工艺加工方法不变。

（2）在保留主电路原有元件的基础上，不改变原控制系统电气操作方法。

（3）电气控制系统控制元件（包括按钮、行程开关、热继电器、接触器）作用与原电气线路相同。

（4）主轴和进给仍采用直流调速不变。

（5）将原继电器控制中的硬件接线改为 PLC 编程实现。

2. PLC 控制电路设计

（1）PLC 机型选择及硬件电路设计。目前，世界上有上百个厂家生产可编程控制器产品，比较著名的 PLC 生产厂家主要有美国的 AB、通用（GE），日本的三菱（MITSUBISHI）、欧姆龙（OMRON），德国的西门子（SIMENS），法国的 TE，韩国的三星（SUMSUNG）、LS 等。

此处选择的是日本欧姆龙公司产品。欧姆龙系列 PLC 是一种小型 PLC，其许多功能达到了大、中型 PLC 的水平，而价格却和小型 PLC 一样，因此它一经推出，即受到了广泛关注。同时，该公司有多台欧姆龙系列 PLC 产品在使用，为本设计提供了很好的参考，也为日后的维修维护和备品备件提供了方便。

1）本控制系统有 27 个输入开关量，分别为：

主轴机械变速 1ZK，占用 4 点；

主轴变速良好时压合 1XK、2XK、3XK、4XK，占用 4 点；

进给方向（主轴、径向刀架、滑座、自动断开）选择 2ZK，占用 4 点；

手动、自动选择 3ZK，占用 1 点；

限位开关，正向 9XK、反向 10XK，占用 2 点；

主轴控制，正向（9XK＋7XK＋7XK 串联）、反向（10XK＋8XK＋6XK 串联），占用 2 点；

进给控制，正向点动 8AN、反向点动 9AN、正转 10AN、反转 11AN、停止 12AN，占用 5 点；

油泵风机,停止1NA、启动(2AN+3DZ+2DZ+1DZ串联),占用2点。

2)本控制系统有23个输出开关量,分别为:

主轴和进给运行控制,占用1点;

主轴变速良好,占用1点;

正反向给定控制,占用1点;

主轴制动电磁离合器9DL,占用1点;

油泵接触器CJ1,占用1点;

主轴速度给定与点动控制W1、W2、W5、W6,占用4点;

进给速度给定与点动控制W3、W4、W7、W8,占用4点;

滑座、主轴箱、径向刀架、主轴移动进给工作方向选择电磁阀3DL~8DL,占用6点;

径向刀架、滑座换挡变速电磁阀1DF~4DF,占用4点。

3)确定I/O点数是设计整个PLC控制系统首先需要解决的问题,决定着PLC机型的选择,系统硬件部分的设计,也是系统软件编写的前提。由16216镗床电气控制要求可知,该系统共有27个输入点、23个输出点,因此,确定选用欧姆龙C60P-DR-A PLC,该型号PLC共有32个输入点、28个输出点,输出类型为继电器输出,既能满足控制要求,又能留有一定的余量。PLC外部接线及输入、输出分配如图4-17所示。

(2)PLC控制程序设计。

1)主轴机械变速控制PLC程序设计。T6216镗床主轴调速为直流调速,但为扩大调速范围,同时采用4挡机械变速,用转换开关1ZK控制切换电磁阀1DF、2DF来实现机械挡位变换,当换挡到位时,1XK、2XK、3XK、4XK行程开关相应动作,表明换挡到位。主轴机械变速表见表4-5,其中,"○"表示元件已动作,"—"表示元件处于常态。例如,主轴选择I挡,转动挡位选择开关1ZK接通输入继电器0000,再由输入继电器接通辅助继电器1000,1000接通辅助继电器1008,1008接通输出继电器0611,电磁阀1DF得电,实现换挡由表4-5可知,换挡到位时,换挡到位检测开关2XK、3XK闭合,接通输入继电器0005与0006,再由该输入继电器接通辅助继电器1005与1006,1005与1006接通辅助继电器1107,表明换挡到位,主轴可以运行。辅助继电器1204用于确保主轴停止2s后才能进行换挡,PLC共计需输入8点、输出2点,控制梯形图如图4-18所示。

表4-5 主轴机械变速表

速度级 电磁阀开关	I	II	III	IV
1DF	○	—	○	—
2DF	—	—	○	○
1XK	—	—	○	○
2XK	○	○	—	—
3XK	○	—	○	—
4XK	—	○	—	○

2)主轴控制PLC程序设计。T6216镗床主轴控制可实现主轴电动机的正转、反转、停止、正向点动和反向点动等动作当按下正转按钮5AN时,输入继电器0105得电,通过辅助继电器1110接通输出继电器0504,接通+15V电源,接通输出继电器0506,接通主轴直流

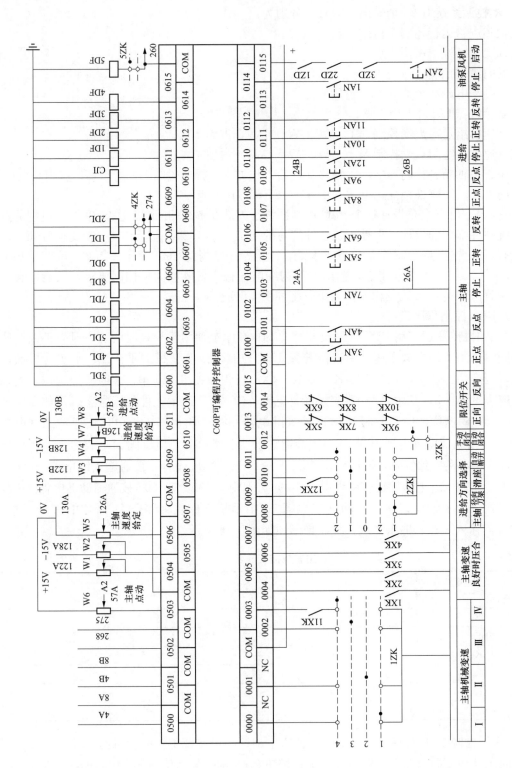

图 4-17 PLC 外部接线图

电动机速度给定，主轴按正向给定速度运行当按下反转按钮 6AN 时，输入继电器 0106 得电，通过辅助继电器 1111 接通输出继电器 0505，接通－15V 电源，接通输出继电器 0506，接通主轴直流电动机速度给定，主轴按反向给定速度运行。按下停止按钮 7AN，输入继电器 0103 接通，通过辅助继电器 1109 断开输出继电器 0504 或 0505 及 0506，断开主轴直流电动机给定，主轴停止运转。当按下正向点动按钮 3AV 时，输入继电器 0100 得电，通过辅助继电器 1105 接通输出继电器 0504，接通＋15V 电源，接通输出继电器 0503，接通主轴直流电动机速度点动给定，主轴按正向点定速度运行当按下反向点动按钮 4AN 时，输入继电器 0101 得电，通过辅助继电器 1106 接通输出继电器 0505，接通－15V 电源，接通输出继电器 0503，接通主轴直流电动机速度点动给定，主轴按反向点定速度运行PLC 共计需输入 5 点、输出 6 点，控制梯形图如图 4-19 所示。

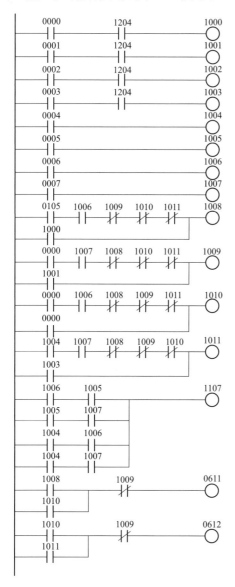

图 4-18 主轴机械变速控制梯形图

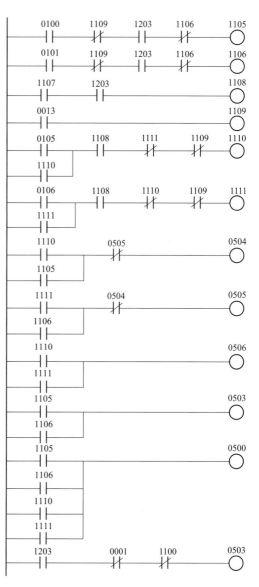

图 4-19 主轴控制梯形图

3) 进给方向选择控制 PLC 程序设计。T6216 镗床有主轴、径向刀架、主轴箱、滑座 4 个进给方向，可实现手动进给和自动进给，由自动转换开关 2ZK，3ZK 控制电磁阀 4DF 及 4DL～9DL 来实现进给方向的选择，进给工作方向选择表见表 4-6。例如，按表 4-6 选择主轴机动进给方向，转换开关 3ZK 断开，输入继电器 0012 不能得电，进给工作在机动转动转换开关 2ZK，接通输入继电器 0008，辅助继电器 1012 得电，输出继电器 0601、0603、0604、0605 得电，接通电磁阀 4DL、6DL、7DL、8DL，进给工作在主轴进给方向。PLC 共计需输入 6 点、输出 9 点，控制梯形图如图 4-20 所示。

表 4-6　　　　　　　　　　　　　　　进给工作方向选择表

工作元件	移动部分	通电元件 / 位置	2 主轴	1 径向刀架	0 —	1 主轴箱	2 滑座
机动	2ZK	通电元件	4DL 6DL 7DL 8DL	4DL 6DL 8DL 4DF	—	4DL 5DL 9DL	3DL 8DL 9DL
手动	2ZK 3ZK	通电元件	7DL	4DF	—	5DL 6DL	3DL 4DL 6DL 5DL

4) 进给运动控制 PLC 程序设计。T6216 镗床进给运动控制可以实现进给电动机的正转、反转、停止、正向点动和反向点动等动作。当按下正转按钮 10AN 时，输入继电器 0111 得电，通过辅助继电器 1200 接通输出继电器 0508，接通＋15V 电源，接通输出继电器 0510，接通进给直流电动机速度给定，进给按正向给定速度运行。当按下反转按钮 11AN 时，输入继电器 0112 得电，通过辅助继电器 1201 接通输出继电器 0509，接通－15V 电源，接通输出继电器 0510，接通进给直流电动机速度给定，进给按反向给定速度运行。按下停止按钮 12AN，输入继电器 0110 接通，通过辅助继电器 1115 断开输出继电器 0508 或 0509 及 0510，断开进给直流电动机给定，停止进给当按下正向点动按钮 8AN 时，输入继电器 0108 得电，通过辅助继电器 1113 接通输出继电器 0508，接通＋15V 电源，接通输出继电器 0510，接通进给直流电动机速度点动给定，进给按正向点定速度运行。当按下反向点动按钮 9AN 时，输入继电器 0109 得电，通过辅助继电器 1114 接通输出继电器 0509，接通－15V 电源，接通输出继电器 0510，接通进给直流电动机速度点动给定，进给按反向点定速度运行。PLC 共计需输入 5 点、输出 5 点，控制梯形图如图 4-21 所示。

4.3.4　变频器及 PLC 在 T68 型镗床改造的应用

应用 PLC 改造 T68 型镗床，控制系统具有控制线路简单、可靠性高、易维修等特点。

1. 器件的选择

（1）负荷计算和短路电流计算。负荷计算主要计算的是各个电动机额定功率，在对短路电流的计算时需要考虑：①电路的电源需要按照无穷大的系统进行考虑；②考虑电动机向短路点的馈赠的电流；③电流的计算方式采用的是电路低压状态下的电流情况。

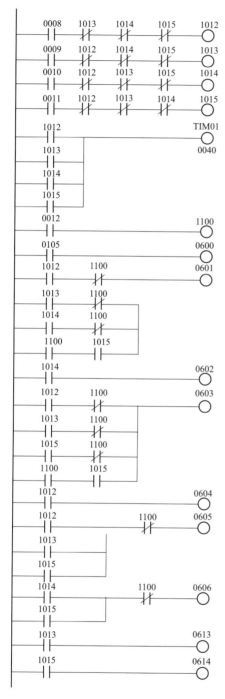

图 4-20　进给力向选择控制梯形图

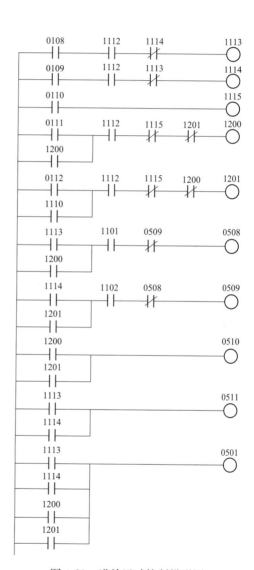

图 4-21　进给运动控制梯形图

（2）低压电器型号的选择。隔离开关的型号为 HR5-100/31，热继电器的型号为 JR0-25，接触器的型号为 CDC17 系列，速度继电器的型号为 JY-1，断路器的型号为 CDM1-100/3310、FZ20-63/1P、FZ20-63/3P，按钮的型号为 LA42P-10/G、限位开关的型号为 LX3-111K。

（3）变频器型号的选择。变频器的选择主要包括种类选择和容量选择两方面。种类选择可分为通用型变频器、高性能变频器和专用变频器。变频器容量选择总的原则是，变频器的额定电流要大于系统在运行过程中的最大电流。在使用变频器驱动单一的电动机，并且是软启动，这时候变频器的额定电流为电动机的额定电流的 1.05～1.1 倍。变频器的型号为 FR-E540-7.5K-CHT。

(4) PLC 的选择。选用的可编程逻辑控制器是日本三菱公司生产的，型号为 FX2N-32MR，主电动机的控制器是由日本三菱公司生产的型号为 FR-E540-7.5K-CHT 变频器。

2. PLC 控制电路及 I/O 地址分配

在改造过程中，T68 镗床的电气操作方法及加工方法不变，原电器元件安装位置不变，各电器元件在电路中的作用不变，控制电路电压为 110V。在电路中用变频电动机取代双速异步电动机，增加了变频器及 PLC 可编程器。主轴电动机调速由变频器控制，快速移动电动机由接触器控制。

I/O 地址分配见表 4-7。PLC 输入点的确定：①主轴电动机正反启动按钮、点动控制按钮各 2 个；主轴的停止按钮 1 个；②限位开关 4 个，其中包括 2 个进给限位开关，2 个互锁限位开关；③速度继电器 2 点、行程开关 5 个。PLC 输出点的确定：每个低高速转换接触器输出点 3 个，限制短路的接触器输出点 1 个；正反转交流接触输出点 4 个。

表 4-7 I/O 地址分配表

输入设备		PLC 输出信号	输入设备		PLC 输出信号
代号	功能		代号	功能	
SB1	主轴停止	X000	M1	正转	Y000
SB2	主轴正转按钮	X001	M1	反转	Y001
SB3	主轴反转按钮	X002	M1	高速运转	Y002
SB4	主轴正转点动按钮	X003	M1	低速运转	Y003
SB5	主轴反转点动按钮	X004	KM1	变频器电源接触器	Y004
KS1	反向速度控制	X005	KM2	M2 电动机正转接触器	Y005
KS2	正向速度控制	X006	KM3	M2 电动机反转接触器	Y006
SQ	主轴高低速转换开关	X010	KM4	串反接自动电阻接触器	Y007
SQ1	主轴、平旋盘间连锁	X011			
SQ2	工作台、主轴箱连锁	X012			
SQ3	主轴变速行程开关	X013			
SQ4	进给变速行程开关	X014			
SQ5	进给变速冲动	X015			
SQ6	主轴变速冲动	X016			
SQ7	快速移动正转	X017			
SQ8	快速移动反转	X018			

改造之后的 PLC 输出和输入端子接线图如图 4-22 所示，梯形图如图4-23 所示。

3. 改造后的机床操作说明

(1) 主轴电动机 M1 的正、反转控制。合上电源转换开关 QS，按下按钮 SB2 或按钮 SB3，PLC 分别输出 Y000 或 Y001，从而变频器的 STF 或 STR、SD 端子接通，实现主轴电动机 M1 正转运行或反转运行。

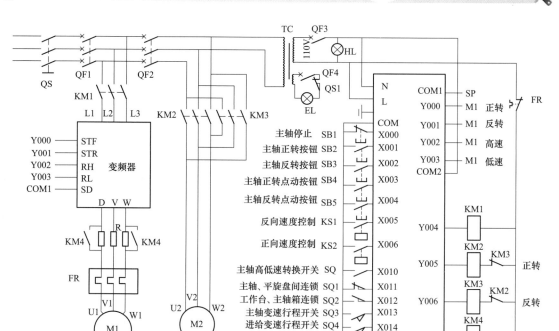

图 4-22　PLC 控制接线图

（2）主轴电动机 M1 的点动控制。合上电源转换开关 QS，按下按钮 SB4 或按钮 SB5，实现主轴正向点动或主轴反向点动。

（3）主轴电动机变速过程。主轴电动机由于采用变频器控制，实现无极调速。合上电源转换开关 QS 后，按下正转按钮 SB2 后，输出电动机正转信号 Y000，同时输出低速信号 Y003、Y004、Y007 给变频器，变频器的 RL 端子接通，KM1 接触器线圈得电，接触器主触点闭合，给变频器提供主电源，KM4 接触器线圈得电，接触器主触点闭合，短接制动电阻，电动机在变频器控制下，作低速运转。然后操纵机械手柄压合位置开关 SQ，延迟 5s 后，PLC 输出信号 Y002，同时信号 Y003 断开，变频器的 RH 端子接通，RL 端子断开，完成电动机由低速到高速的转换。

（4）X、Y、Z 坐标快速移动。X、Y、Z 各坐标的快速移动由电动机 M2 拖动，用机械手柄向里或向外拉接通 SQ7 或 SQ8，PLC 输出信号 Y005 或 Y006，接触器 KM2 或 KM3 的线圈得电，KM2 或 KM3 主触点闭合，这时快速电动机 M2 正转运行或反转运行。停止推拉机械手柄，电动机 M2 即停止转动。电动机的动力输送到机床什么地方，都由操作手柄控制。

（5）机床安全保护。主轴自动进刀与工作台自动进给间的互锁，位置开关 SQ1 和 SQ2 并连接在主电动机 M1 及快速移动电动机 M2 的控制电器操纵线路中。其中位置开关 SQ1，通过机械手柄操纵主轴、平盘旋的进给，位置开关 SQ2 通过机械手柄操纵工作台，主轴箱的进给。两个位置开关 SQ1 和 SQ2 只要其中一个处于压合状态时，电动机才会运转。如果它们都被压合，则电动机不能工作，从而起到联锁保护作用。

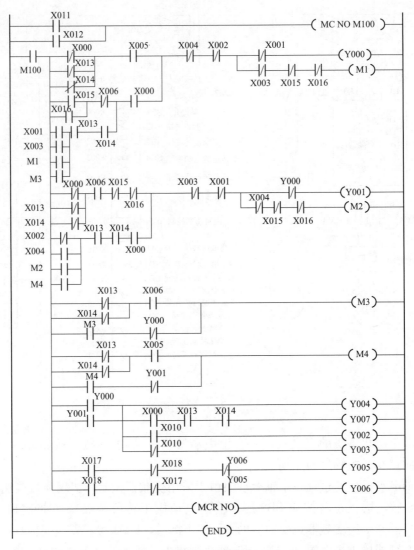

图 4-23 梯形图

4.4 数控镗床故障诊断与维修

4.4.1 TH6916 型落地镗床故障的分析

1. TH6916 型落地镗床的功能

主机由滑座、立柱、主轴箱、可升降操纵站、液压站、电气控制柜等几大部分组成。该机床有 1 个主轴和 5 个伺服轴,主轴(S)是切削旋转,5 个伺服轴分别为 $X \setminus Y \setminus C \setminus Z \setminus W$ 轴。其中 X 轴为机床水平运动轴;Y 轴为机床垂直运动轴;C 轴为工作台回转运动轴;Z 轴和 W 轴分别是机床的镗轴和滑枕。

机床的主轴驱动和进给系统采用西门子公司生产的 611D 全数字交流调速系统及 1PH7

交流伺服主轴电动机和 1FT6 全数字交流伺服进给电动机，数控系统系统采用西门子的 840D 及 S7-300 可编程控制器，并选用 B-MPI 手持单元作为辅助调整控制。该机床用 611D 全数字交流调速系统电气系统进行无极调速，对滑座（X）、主轴箱（Y）、滑枕（W）和同转工作台（C）的直线位移四个进给轴采用了德国海德汉（HEIDENHAIN）LB382C 光栅尺作为位置反馈的检测元件，而主轴的旋转位移的位置反馈检测元件采用的是德国海德汉（HEIDENHAIN）的圆光栅，该设备的电气系统是具有广泛性能和先进技术的可靠综合性电气系统。

机床采用西门子 840D 数控系统，可任意 3 轴联动。该机床还具有挠度补偿、图形模拟、飞平面、铣槽、钻孔、攻丝等多种功能。其中 NC CPU 为 486D×4/100，内存为 8M 字节。MMC CPU 为 486D×2-VB，内存为 16M 字节，在 MMC 控制板中还装有一个 128KB 存储器，可用于储存加工程序。

电气系统的操作主要集中在可升降操纵站、手持单元和电柜门上。

机床有一个二门联体电柜，除了安装电器元件之外，还在电柜门上安装了空调，保证电柜内温度平衡，整个机床的电源控制开关设在电柜的侧板上。电力装备由三相交流 50Hz，380V 电源供电，总消耗功率为 150kVA 额定输入 400A，动力同路约为 380V，交流控制同路约为 110V，由变压器 TC021（380/110V）获得，数控系统及 PLC 控制电源稳压电源 GD021 获得，照明同路约为 24V，通过照明变压器 GD022（250VA，380V/24V）获得。操纵站上有显示器 LCD，手持单元通过一根信号电缆与操纵台相连，主要功能有主轴的正、反向点转和各伺服轴的止、反向点动，并可用电子手轮控制各伺服轴对工件进行对刀。机床的各种故障都编有相应的信息文本和报警文本，当机床发生故障时，通过显示的文本内容可以快速查找故障原因，以便及时排除故障。

2. 故障分析与排除

（1）故障 1：

TH6916 型落地铣镗床主轴采用德国西门子 611D 全数字交流调速驱动系统一次在工作过程中，X 轴负向限位被撞开，机床出现 $-X$ 轴进给超限位报警。检查后发现 $-X$ 轴方向的极限超程开关被压下。因为，本机床对 X 轴，Y 轴、W 轴进给设置了软限位（机床参数设定，必须先返同参考点才能生效）、硬限位（凸轮）与极限限位（凸轮）三重保护。

操作者在操作时，因为速度过快，将 X 轴方向的硬限位开关 SQX 和 $-X$ 轴方向的极限限位开关 SQX 给压下，导致 X 轴进给驱动装置的动力电源被切断，刀架停止运动，$-X$ 轴进给超限位报警。

若要使 X 轴退出极限状态，根据电气原理图上的 PLC 点，将 136.6＝0 用电气方法将端子 2107 和端子 242 短接，使 136.6＝1，满足机床要求，删掉机床报警，将机床 X 轴向正方向开一段距离，使 X 轴退出超程区间，然后将端子 2107 和端子 242 短接点取消，机床一切恢复正常，故障排除。

（2）故障 2：

一次在工作过程中，机床出现 700006 号 Y 轴放松故障报警和 20052 号故障报警。根据电气原理图和机械油压图纸，逐步查找发现，往 Y 轴制动器去的油压，从油箱的油泵出来的出口压力是 4.2bar，远低于机械油压图纸上所标注的 5.5bar，很难使 Y 轴夹紧放松的电磁阀上的压力接点动作，经过多次调整油箱上的压力阀，油箱油泵的出口压力仍然不上去，只有将总电源断开，过一段时间再重新启动机床（数控机床将总电源断开，过一段时间再重新启动机床，等于将 PLC 清零一次），机床报警消除，但用不了多长时间，700006 号 Y 轴放松故障报警和 20052 号报警又出现了。判断是油箱内缺油，让操作者先将油箱内加满液压油，重新启动机床继续观察，发现过一段时间后，油箱的油泵出来的出口压力又低于 5.5bar，700006 号 Y 轴放松故障报警和 20052 号警又出现了。

从这一现象分析，断定去往 Y 轴制动器的油路漏油，停机检查，发现往 Y 轴制动器去的油路有一个连接头坏了，将这段油路连接部分修好，再将油箱内加满液压油，重新启动机床，机床一切恢复正常，故障排除。

(3) 故障 3：

TH6916 型落地铣镗床 $X \backslash Y \backslash W$ 轴的位置测量系统了采用德国海德汉（HEIDENHAIN）LB382C 光栅尺作为位置反馈的检测元件。一次在工作过程中，机床出现 Y 轴编码器硬件故障报警。根据信息报警，可以判断有两种原因可以导致 Y 轴编码器硬件故障报警。一种原因是 LB382C 光栅尺脏了，另一种原因是 LB382C 的读数头坏了。

该机床 Y 轴的 LB382C 光栅尺的尺端把合在机床立柱的侧而上，读数头把合在机床的镗箱上，镗箱上下移动，读数头在光栅尺阅读数据。要想擦 Y 轴光栅尺，必须得有一个人系上安全带，站在吊斗内，用吊车将人吊到光栅尺的上端，另外一人在光栅尺的下端，将尺盒两端打开，先将读数头退出 LB382C 光栅尺盒，再用软尺盒将钢带尺从 LB382C 光栅尺盒中退出，用口罩布沾无水酒精擦读数头和钢带尺，然后在将读数头和光栅尺安好，这种故障处理起来非常困难，时间很长，而且读数头好坏还不能用眼睛看出来，只有机床送电后，才能试出来。

Y 轴有两套测量系统，一套是电动机自身带的编码器测量系统，另一套是海德汉的光栅测量系统，为了工件加工更精确，厂家通常采用海德汉的光栅测量系统，为了确定 Y 轴是光栅尺脏了，还是读数头坏了，并且为了节约时间，先将 Y 轴光栅位置测量系统从程序上封死，（参数 30200：2→1，31000：1→0，31040：1→0，DB.DBX32.5：0→1），投入电动机自身带的编码器测量系统，然后将 Y 轴上下移动，发现没问题，再将 Y 轴光栅位置测量系统恢复，重新启动机床，Y 轴仍然报编码器硬件故障，说明读数头坏了，更换新的读数头，重新启动机床，机床一切恢复正常，故障排除。

4.4.2 MEC-4 镗床 Z 轴过载报警的修理

1. 机床结构

MEC-4 镗床（见图 4-24）属多轴中型设备，主轴箱有垂直方向运动（Y 轴）、镗杆移动（D 轴）、旋转运动（A 轴）；工作台有在水平面内纵向直线运动（Z 轴，行程 1300mm）、横向直线运动（X 轴）、旋转运动（B 轴）；工作台长 1200mm、宽 1500mm。适用于箱体上组合孔系、平面、螺纹等的加工。为了提高机床自动化水平，采用 SINUMERIK802C（西门子）数控系统对 X、Y、Z 三轴进行改造，实现三轴联动、B 轴 0°～360° 无级旋转，可以加工复杂形面。

机床下层纵向大拖板（Z 轴）、中层横向拖板（X 轴）、上层旋转台面（B 轴），整个重量大约 2t。Z 轴拖板由交流伺服电动机（IFT5074-IAC71-4FB0），最大输出转矩 14N·m，

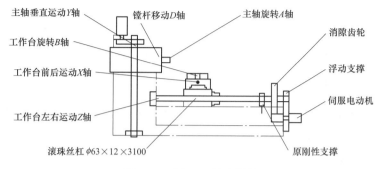

图 4-24　MEC-4 镗床结构

经传动比（1∶2）的消隙齿轮减速，带动滚珠丝杠（φ50mm×5mm×3100mm）旋转，驱动 Z 轴拖板直线运动。

2. 故障现象及影响因素

Z 轴出现过载报警、轮廓误差报警，电源模块报警。机床无法正常工作。检查伺服电动机、光栅尺、联轴节、滚珠丝杠、拖板运动面。发现伺服电动机过热、滚珠丝杠副卡死、光栅尺有污物。

（1）过载报警故障的影响因素。工作台总重约 2t，滑动导轨摩擦阻力大、低速爬行、引起运动失步；交流伺服电动机转矩偏小，容易过流发热；变速传动比小、齿轮精度低、传动精度差；滚珠丝杠直径和螺距小、承载能力差、容易损坏；滚珠丝杆特别长，丝杆中心和导轨平行度不易保证，容易卡死丝杠副。

（2）轮廓误差报警的影响因素。光栅尺脏，不能正确反馈信号；机械传动失步。

（3）电源模块报警的影响因素。输出控制时序混乱；电网电压波动大。

3. 解决措施

（1）减小导轨运动摩擦力。该设备如果改造为滚动导轨，改造费用高（约 5 万元）、工作量大时间长。采用导轨粘贴聚四氟乙烯胶带的方案，可减少约 1/3 的摩擦阻力，改造费用 1 万元，操作简单。粘贴胶带时，导轨一定要清洗干净，没有油污。选用耐油黏接剂。胶带均匀贴平，不得有气隙。配刮胶带，保证导轨在水平和垂直两平面内的直线精度（0.02mm）。

（2）增大传动比提高传动齿轮精度。增大传动比（1∶7.5），使电动机在 100～300r/min 的状态下运行。电动机的转速也不可太低，太低时，转矩特性软。将传动齿轮精度提高到 6 级，以便提高传动精度和定位精度。

（3）加大滚珠丝杠的规格（φ63mm×12mm×3100mm），承载能力比原丝杠（φ50mm×5mm×3100mm）增大一倍多，提高使用寿命。

（4）去掉原刚性支撑座，改为浮动支撑座。解决了丝杠与导轨的平行度问题，保证丝杠中心线与导轨平行度在－0.05～＋0.05mm 内，并保证滚珠丝杠运动灵活。

（5）清洗光栅尺。电源模块控制时序混乱，经常报警。改变控制线路，使电源模块的使能端子 T48、T63、T64 通过 PLC 控制，以满足其开、关电时的时序要求。

4. 安装调试

机械装配，保证各运动机构灵活自如；在机床参数中修改传动比和螺距数字；测量螺距累积误差，进行实时补偿，保证定位误差在 0.01mm 内；测量反向间隙，在机床参数中修改反向间隙数字，保证误差在 0.02mm 内。

采取上述措施，经使用后，机床运行正常，加工的产品质量合格稳定。

4.4.3 数控镗床伺服驱动系统故障的维修

伺服驱动系统是数控机床的执行控制单元，它在数控系统的控制下完成机床的工作要求，并将执行结果通过反馈环节反馈给数控系统。由于在数控机床的加工运行中伺服驱动系统需要频繁地工作，因此，关注伺服驱动系统，对保证数控机床的正常运行和维修都具有非常重要的意义。在此通过数控镗床伺服驱动系统一个典型的故障诊断和维修实例，说明了故障的查找、判断及处理的过程。

1. 故障现象

该数控机床为捷克 SKODA 公司生产的数控 200 镗床：数控部分经过改造后采用 SIE-MENS 840C 系统、外置 PLC 控制方式；主轴和进给轴采用原 SKODA 公司配置的直流伺服系统。机床自安装、改造以来一直存在各种故障，处于半使用半停机的状态，后来经过对机床控制原理的熟悉，随着在维护过程中经验的不断积累，该机床运行也比较正常。偶尔出现故障，在维修中也有章可循，较快地解决故障问题。但在一段时间里，X 轴出现了 1160 号 ORD12 Contour monitoring 报警。按复位键可以将报警消除，重新运行 X 轴，反复出现同样的报警，造成机床不能正常运行。

2. 故障检查

（1）从参数上对机床数据进行调试。该报警为 NC 内部报警，是由数控系统对进给轴运行过程进行监控所产生的报警。其主要原因有两点：

1）以大于 MD3360 参数中设定的运行速度，超过了 MD 3320 参数中设定的允许公差带；

在升速或者制动阶段，由伺服增益系数指定的时间内，X 轴没有达到规定的速度。考虑到机床运行一段时间，某些参数或者伺服驱动系统特性会改变，会影响机床正常的速度控制。

2）为了分清数据问题还是机床外部的问题，对 X 轴参数 NC-MD \ axis：monitoring \ 目录下的机床数据中 MD3320 设定的允许公差带进行调整，把原来的 3mm 调整为 5mm，开动 X 轴时把进给比率调到 50% 运行，又出现同样的报警。说明故障仍然存在，恢复原来的数据，排除了机床数据所引起的问题。

（2）针对伺服驱动系统的故障，逐步对控制部分进行检查。对于机床的数控硬件部分，集成度高，相对其他控制部分出现的故障机会不大。从进给过程中来分析，速度控制是由数控中的位置偏差计数器输出经 D/A 转换后，输出 0～10V 的模拟给定信号给驱动系统，再由驱动单元对伺服电动机进行驱动，控制电动机向消除偏差的方向旋转，直到偏差为零时，电动机停止运动，到达指定位置。如果驱动系统存在问题时，也同样会产生该报警。于是对驱动系统进行了检查，发现驱动系统中 U、V 相已经烧断主回路的熔断器。从进给驱动系统分析，该直流伺服驱动系统采用两组代号为 Y1、Y2 共 12 个晶闸管、L1～L4 电抗器和各个控制模块组成，实现反并联可逆有环流调速。各个控制环节都是以模块的形式分开布置，板后通过软线连接。根据原理图，由代号为 Y6 组成的总控制环节主要包括：V-25B 模块为速度给定和比较环节、控制调节由 Z-17 控制、电流环是由 V-26A 控制、脉冲分配和脉冲输出分别由 G-15、G-16 模块实现；由代号为 Y7 模块提供各个控制模块所需的电源和同步信号。其中 K-08 检测模块发光二极管亮时，为系统正常状态指示。

出现熔断器熔断（熔断器为 250A），说明系统主回路中瞬时电流大，而造成主回路电流大的原因主要有：驱动器电源短路；直流伺服电动机换向器出现短路；可控硅击穿形成短路；驱动器存在故障。

逐项进行检查：电源进线正常，电动机换向器表面也光滑，各个碳刷也接触良好，没有短路的痕迹。在可控硅输出端不接电动机并且把各个可控硅的阻容吸收器拆开的情况下，用 500V 绝缘电阻表逐个对可控硅进行测量，电阻值为 40～100MΩ。说明电动机、可控硅都没有问题。对于驱动控制模块则采用交换的方法，把 Y 轴驱动控制模块按顺序逐块地更换到 X 轴。于是重新换上相同安培的熔断器，Y 轴试运行正常，说明原来 X 轴的各个模块没有问题。X 轴手动、加工都没有出现问题，可是没过多久，又出现了相同报警、熔断器熔断的现象（这就给查找故障和测试带来了一定的困难），而且还发现 K-08 检测模块指示灯不亮了。

（3）根据控制模块的故障现象，采用相应的措施对各个信号进行检测。为了避免熔断器再次熔断，取得在正常运行时，速度比率为 30% 时的电流为 12A 的情况下，考虑用断路器来暂时替代熔断器。因为断路器瞬时脱扣电流为额定电流的 5～10 倍，选 20A 的断路器，其最大瞬时脱扣电流 200A 小于晶闸管的额定电流，可以起到短路保护作用。经过反复的试车观察，故障出现了随机性，而且还有个特点：在运行或启动时会随机产生 1160 报警，但断路器没有断开；有时在停止进给时，不但产生 1160 报警，而且断路器断开了。针对 K-08 检测模块的各个信号，从板后进行检测如图 4-25 所示。

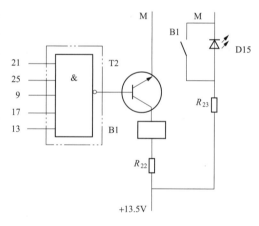

图 4-25 K-08 检测模块简图

在系统正常时所测量的各输入端点信号如下：21、25 都为 15V；9、17、13 都是 7.5V。根据所测量的电压，再与 Z 轴 K-08 检测模块各个信号进行比较，电压值完全相同，这就带来一个疑问：驱动模块都交换试过了，难道在系统出现故障时检测到某个信号在变化。带着这个问题，通过反复的观察，发现在开机启动的过程中，K-08 检测模块单元的发光二极管突然灭了，也就是说控制逻辑电路输出高电平使 T2 导通，B1 继电器动作，短接了发光二极管。马上对其各个输入端进行检测，测得 9、13 端的电压值分别为 7.5V，而 17 端的电压值仅为 1V，几十秒后又为 7.5V。根据原理图，17、13 端的信号为同步输入检测信号，为了验证该信号的变化特点，利用示波器再对 17 端的波形进行监测，波形如图 4-26 所示；经过一段时间监测，发现其波形突变为一直线，如图 4-27 所示，也就是说 17 端电压值仅为 1V。

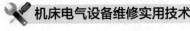

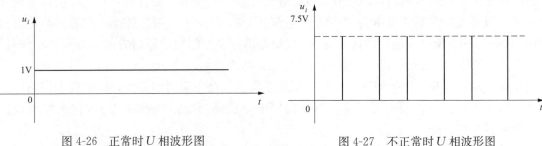

图 4-26 正常时 U 相波形图　　　　　　　图 4-27　不正常时 U 相波形图

3. 故障分析

根据以上检查结果，17 端的信号来自 Y7 模块板，该模块板固定在同步变压器上，安装在整个驱动器后面，所以 X 轴与 Y 轴驱动模块交换试车时没有把 Y7 模块板调换。

Y7 模块板主要功能为系统提供稳压电源和各相同步电源的信号，由此看来驱动器主回路的电流大原因：是由于 Y7 模块中同步控制信号 17 端电压值过低，造成同步脉冲信号丢失引起的。为了使到晶闸管在每个周期都在相同的控制角 α 触发导通，触发脉冲必须与晶闸管的阳极电压也就是电源同步，并与电源波形保持固定的相位关系。因为主回路采用反并联可逆有环流调速，由于两组晶闸管都参与工作，为了防止在两组晶闸管之间出现直流环流，当一组晶闸管工作在整流状态时，另一组工作在待逆变状态。

在调速过程中，同步信号丢失引起触发脉冲控制逻辑出错，造成触发脉冲丢失。那么，在启动或进给时，晶闸管工作在整流状态，由于触发脉冲丢失，使已导通晶闸管会在经过自然换向点自行关断后，晶闸管输出断续，形成直流电压、电流减小，电动机速度降低，引起在升速或者运行阶段，在由伺服增益系数指定的时间内，X 轴在进给过程中没有达到规定的速度，从而产生 1160 报警；而在停机时，晶闸管工作在逆变状态，电动机运行在发电机状态，导通的晶闸管始终承受着正向反压，这时晶闸管触发控制电路必须在适当时刻使导通的晶闸管受到反压而被迫关断。由于触发脉冲的丢失，使已导通的晶闸管就会因得不到反压而继续导通，并逐渐进入整流状态，其输出电压与电动势成顺极性串联，形成短路，所以总是把交流侧熔断器烧断。而对于 1160 报警，正因为熔断器熔断，属于缺相运行，所以产生该报警。

4. 故障解决

Y7 模块的输入信号是由同步变压器检测到的三相电源信号，各相分别独立控制，同步信号经阻容滤波后由 MAA741 进行放大，MZH145 逻辑反相输出。U 相的电路简图如图 4-28 所示。

把 Y7 模块板拆下后，初步测量各个元件并没有发现什么问题，该板在使用过程中出现波形不正常，通电时会产生随机故障。为了进一步判断该模块的故障所在，采用外供电源独立测试 Y7 模块的办法：在 Y7 模块加上 ±15V 电源，利用信号发生器在 u_i 端输入正弦波信号，再用示波器检测各个点的波形。经过详细的观察，其中 MAA741 运算放大器输出端 6 端的波形为正负方波，但是时间略长一些则变为无方波输出，而且呈高电平状态。6 端输出高电平，U 相输出则为低电平。排除了电路中 C_7 电容有可能存在故障后，在此，可以确定 MAA741 运算放大器有问题：由于放大器特性发生了变化或者受到温度的影响，在输入信号不变的情况下,其输出电压会突变。最终确定故障所在,根据原理图中 MAA741 运算放大器的各个外引线,通过详细地查《常用电子元件手册》对应把该放大器集成更换为 LM741后,重新对各点进行测试,输出波形正常,没有出现突变的现象,说明故障已经排除。于是装上 Y7 模块板通电试运行,再也没有出现 1160 ORD12 Contour monitoring 轮廓监控报警,系统恢复了正常运行。

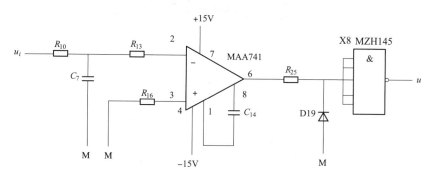

图 4-28 U 相同步信号电路简图

第5章

钻床电气故障诊断与维修

5.1 钻 床 概 述

钻床指主要用钻头在工件上加工孔的机床。通常钻头旋转为主运动，钻头轴向移动为进给运动。钻床结构简单，加工精度相对较低，可钻通孔、盲孔，更换特殊刀具，可扩孔、锪孔、铰孔或进行攻丝等加工。加工过程中工件不动，让刀具移动，将刀具中心对正孔中心，并使刀具转动（主运动）。钻床的特点是工件固定不动，刀具做旋转运动。

1. 钻床的结构

在此以摇臂钻床为例介绍钻床的结构。摇臂钻床的结构主要有机座，内、外立柱，摇臂、主轴箱和工作台等。

机座：摇臂钻床主要机构的部件全部安装在机座上，它具有整体铸造、刚性好、抗变形能力强的特点。

工作台：工作台主要是用来固定工装、卡具和工件的平台，一般情况下是用整体朱式结构加工而成，另外，工作台有工件加工所用的T形槽，在T形槽上放置螺母或螺栓来固定加工辅助工具。

内、外立柱：内立柱位置处于底座的左侧，外立柱则完全放置在内立柱的外侧，外立柱可以绕内立柱做旋转运动成圆周状。其主要作用是用来支撑悬臂并为钻削加工传递力矩导向，从而引导悬臂上下移动，提高加工精度。

主轴箱：主轴箱是一个相对复杂的部件，它又可以分为主传动电动机、主轴和主轴传动、进给和变速结构组成主轴箱主要用来实现主轴各级的转动、进给操作，主轴的转速分为是25～2000r/min，共16级，速度调节可以通过宣传操作手轮来实现。

摇臂：摇臂承载着主轴箱的悬臂，外立柱带动摇臂绕内立柱做回转运动，摇臂沿外立柱进行升降。

如图5-1所示为摇臂钻床外形结构。

2. 基本分类

钻床主要用钻头在工件上加工孔（如钻孔、扩孔、铰孔、攻丝、锪孔等）的机床。机械制造和各种修配工厂必不可少的设备。根据用途和结构主要

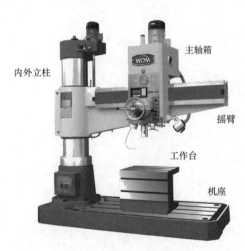

内外立柱
主轴箱
摇臂
工作台
机座

图 5-1 摇臂钻床外形结构

分为以下几类。

立式：工作台和主轴箱可以在立柱上垂直移动，用于加工中小型工件。

台式：简称台钻。一种小型立式钻床，最大钻孔直径为 12～15mm，安装在钳工台上使用，多为手动进钻，常用来加工小型工件的小孔等。

摇臂式：主轴箱能在摇臂上移动，摇臂能回转和升降，工件固定不动，适用于加工大而重和多孔的工件，广泛应用于机械制造中。

深孔钻床：用深孔钻钻削深度比直径大得多的孔（如枪管、炮筒和机床主轴等零件的深孔）的专门化机床，为便于除切屑及避免机床过于高大，一般为卧式布局，常备有冷却液输送装置（由刀具内部输入冷却液至切削部位）及周期退刀排屑装置等。

中心孔钻床：用于加工轴类零件两端的中心孔。

铣钻床：工作台可纵横向移动，钻轴垂直布置，能进行铣削的钻床。

卧式钻床：主轴水平布置，主轴箱可垂直移动的钻床。一般比立式钻床加工效率高，可多面同时加工。

3. 技术参数

钻床的技术参数包括钻孔范围、主轴进给速度、主轴转速、钻孔深度等。例如，德国 IX10N 公司的 1A5TL-1600-5 重型深孔钻铣复合加工中心，钻孔直径范围为 $\phi3$～65mm，一次钻削深度 1600mm，最大钻削深度 2100mm，主轴转速 300～6000r/min。

5.2　钻床电气故障诊断维修方法与实例

在此，通过典型钻床电气线路及故障分析，介绍钻床电气系统故障诊断与维修方法。

5.2.1　Z5163 型立式钻床电气故障诊断与维修

1. 电气控制线路

Z5163 立式钻床电气控制线路如图 5-2 所示。

（1）主电路。主电路共有 3 台电动机，M1 为主轴电动机，可带动主轴正反转；M2 为主轴快速移动电动机，能带动主轴快速上下移动；M3 为冷却泵电动机。

（2）控制电路。

1）手动操作。

操作准备。将组合开关 SA1-1、SA1-2 扳至手动位置，组合开关 SA2-1、SA2-2、SA3 可按需要选择，SA4 扳到断开工作台进刀位置。

主轴正转。按下按钮 SB3，接触器 KM1 吸合，电动机 M1 正转。

主轴反转。按下按钮 SB5，接触器 KM2 吸合，电动机 M1 反转。

主轴快速向上移动。按下总停止按钮 SB1，主轴电动机 M1 停转。再按下 SB4，接触器 KM5 吸合，主轴快速移动电动机 M2 反转，主轴快速向上移动。

主轴快速向下移动。按下总停止按钮 SB1，主轴电动机 M1 停转。再按下 SB2，接触器 KM4 吸合，电动机 M2 正转，主轴向下快速移动。

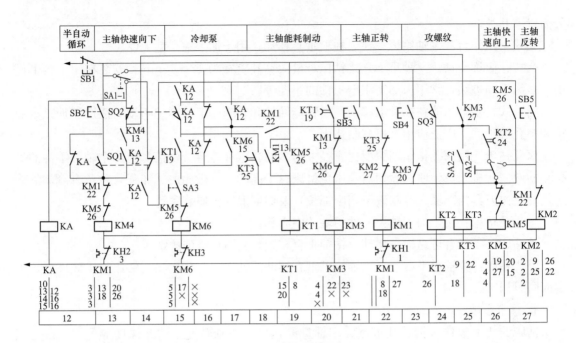

(a)

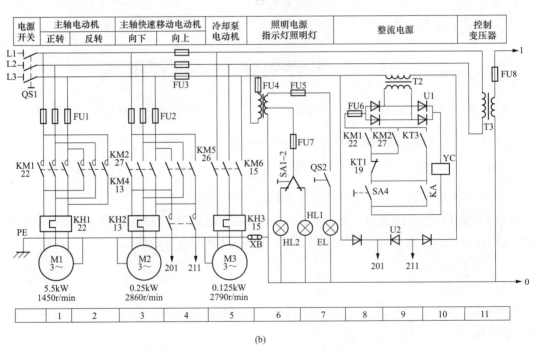

(b)

图 5-2　Z5163 型立式钻床电气控制线路图

（a）Z5163 型立式钻床电气控制线路图（1）；（b）Z5163 型立式钻床电气控制线路图（2）

2）钻孔半自动循环。

操作准备。将开关 SA1-1、SA1-2 扳至半自动位置，SA2-2 合上，SA2-1 扳向钻孔位置，SA4 可任意位置，SA3 是冷却液选择开关。此时 KA 接通，为半自动循环做好准备。

钻孔。按下 SB2，旋转手柄使行程开关 SQ1 被挡铁压下，KM1 吸合，M2 正转，带动主轴快速向下移动。这时挡铁已离开 SQ1，使 SQ1 复位，时间继电器 KT1 吸合，为电动机停车制动做好准备。在主轴快速向下移动时，另一块挡铁压下 SQ2，使 KM4、KT1 断电，KM3 吸合，使 M2 进行能耗制动而迅速停车。而 KM1 吸合，M1 启动正转，同时电磁离合器 YC 通电，工作台进给，在 SQ2 被压的同时，KM6 吸合，M3 运转，供给冷却液，主轴开始钻孔。当钻孔到预定深度时，第三块挡铁压下 SQ3，KT2 通电，其动合触点延时闭合，KM5 吸合，使快速移动电动机带动主轴快速移动。同时 KT1 又吸合，为制动做准备，并将 YC 断电。待挡铁压下 SQ1 时，KM1、KM5 释放，电动机 M1、M2 断电，同时 M2 进行能耗制动。

3）攻螺纹半自动循环。操作准备。将开关 SA1-1、SA1-2 扳至自动位置。SA2-2 合上，SA2-1 扳至攻螺纹位置，SA2 可根据需要冷却液选择接通。SA4 可按工艺要求选择位置。

攻螺纹。在挡铁压下 SQ3 前与钻孔半自动循环一样。在挡铁压下 SQ3 后，KT2、KT3 吸合，KT2 动合触点延时闭合，使 KM2 吸合，电动机 M1 反转。KT3 为攻螺纹结束后主轴快速向上移动做好准备。在丝锥退出工件后，挡铁再次压下 SQ2，KM2 释放，KM5 吸合，电动机 M2 带动主轴快速向上移动，并带动手柄旋转，待挡铁再次压下 SQ1，电动机 M2 断电并制动。

2. 故障诊断与维修

Z5163 型立式钻床电气故障诊断与维修见表 5-1。

表 5-1　　　　　　　　Z5163 型立式钻床电气故障诊断与维修

故障现象	故障诊断维修方法
快速移动电动机 M2 不能启动	（1）操作开关位置选择不正确。应检查操作开关，将开关 SA1-1、SA1-2 扳至半自动循环位置，SA2-2 合上，SA2-1 扳至钻孔位置
	（2）挡铁与行程开关 SQ1 调整不当。应使半自动循环时挡铁必须将行程开关 SQ1 压下
	（3）无电源电压。应检查电源开关 SQ1 是否接触不良
	（4）熔断器 FU2 或 FU3 熔断，应查明短路原因，更换熔体
	（5）接触器 KM4 或 KM5 没有吸合或主触点接触不良。应检查 KM4 或 KM5 线圈控制回路，修主触点，使其接触良好
主轴向下到达预定位置后，快速移动电动机 M2 不停转	（1）挡铁未将行程开关 SQ2 压下。应调整行程开关 SQ2 位置，使其能可靠压合。当 SQ2 被压下时，测量 SQ2 动断触点两端电压，若有电压，说明 SQ2 动断触点已断开；若无电压，说明 SQ2 动断触点未断开，使接触器 KM4 不能断电释放，从而快速移动电动机 M2 不能停转
	（2）接触器 KM4 主触点发生短路或粘连，使电动机不能脱离电源。应检修或更换触点
主轴旋转但不能工作进刀	（1）电磁离合器 YC 未吸合，可用分段测量法检查直流电源，先测量整流桥 U1 输出电压是否正常。若无电压或只有正常值的一半，说明整流桥中有个别元件损坏；若电压正常，表明负载电路有故障，应依次检查电磁离合器 YC 线路控制回路
	（2）液压装置故障。若电磁离合器 YC 动作正常，应检查液压装置
攻螺纹半自动循环时，主轴不反转	（1）行程开关 SQ3 接触不良，应检修 SQ3，使其接触良好
	（2）接触器 KM1 动断触点接触不良，应检查联锁触点，使其接触良好
	（3）热继电器 KH1 脱扣，应找出过载原因，重新复位
	（4）接触器 KM2 线圈断路或接线端松脱，应检查 KM2 线圈控制回路并使主触点接触良好

5.2.2 Z35 型摇臂钻床电气故障诊断与维修

1. 电气控制线路

Z35 型摇臂钻床电气控制线路如图 5-3 所示。

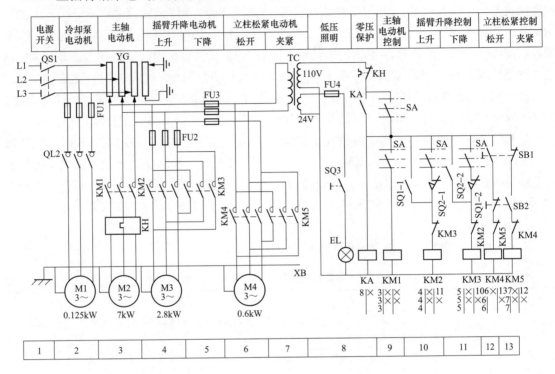

图 5-3 Z35 型摇臂钻床电气控制线路图

（1）主电路。主电路共有 4 台电动机，M1 是冷却电动机；M2 是主轴电动机；M3 是摇臂升降电动机；M4 立柱夹紧与松开电动机。

（2）控制电路。

1）主轴电动机 M2 的控制。将十字开关 SA 扳到左边位置，使零压继电器 KA 吸合并自保。再将 SA 扳至右边位置，接触器 KM1 吸合，主轴电动机 M2 启动。将 SA 手柄扳回中间位置，KM1 释放，主轴电动机 M2 停转。

2）摇臂升降电动机 M3 的控制。摇臂上升。将十字开关 SA 扳至上升的位置，接触器 KM2 吸合，电动机 M3 正转。摇臂先放松，然后上升。当摇臂上升到所需位置时，把 SA 扳至中间位置，KM2 释放，电动机 M3 停转，摇臂停止上升，然后摇臂夹紧。

摇臂下降。将十字开关 SA 扳至下降的位置，接触器 KM3 吸合，电动机 M3 反转。摇臂先放松，然后下降，当摇臂下降到所需位置时，将 SA 扳至中间位置，KM3 释放，电动机 M3 停转，摇臂停止下降，然后摇臂夹紧。

3）立柱夹紧和松开电动机 M4 的控制。当需要摇臂转动时，按下 SB1，KM4 吸合，电动机 M4 旋转，并通过齿式离合器带动齿轮油泵旋转，送出高压油，使立柱松开；然后松开 SB1，KM4 释放，电动机 M4 停转，这时可用人力推动摇臂转动到预定位置时，再按下

SB2，KM5 吸合，电动机 M4 反转，在液压系统的推动下，将立柱夹紧；然后松开 SB2，KM5 释放，电动机 M4 停转。

2. 故障诊断与维修（见表 5-2）

表 5-2　　　　　　　　　　　Z35 型摇臂钻床电气故障诊断与维修

故障现象	故障诊断维修方法
全部电动机均不能启动	电源开关 QS1 未接通或接触不良，可先检查三相电源是否正常，然后检修开关，使其接触良好
	汇流环 YG 接触不良，可检查由汇流环 YG 引入的三相电源是否正常，检修接触点，使其接触良好
	熔断器 FU1、FU2 熔断，应更换熔体
	没有控制电源，应先检查控制变压器 TC 的一、二次侧电压是否正常，若一次侧电压不正常，可检查变压器的接线有无松动；若一次侧电压正常，二次侧电压不正常，可检查变压器的输出 110V 端有无断路或短路，并检查熔断器 FU4 是否熔断
	热继电器 KH 脱扣或动断触点接触不良，应使热继电器复位或修复触点
	零压继电器 KA 未吸合，应检查 KA 线圈控制回路
	十字开关 SA 内的微动开关的动合触点接触不良，应检修开关触点的接触情况
主轴电动机 M2 不能启动	十字开关 SA 的触点接触不良，应检修开关，使其接触良好
	接触器 KM1 未吸合或主触点接触不良，应检查 KM1 线圈控制回路或修复触点
	热继电器 KH 脱扣或动断触点接触不良，应查明过载原因，使 KH 复位或修复触点
	熔断路 FU3 熔断，使控制回路无电压，应更换熔体
	电源电压过低，使零压继电器 KA 不能吸合，应提高电源电压
摇臂升降电动机 M3 的某个方向不能启动	若电动机 M3 带动摇臂不能上升，主要是由于接触器 KM2 未吸合或主触点接触不良造成的。可依次检查十字开关 SA 上面的触点、行程开关 SQ1 的动断触点、接触器 KM3 动断联锁触点、接触器 KM2 线圈和连接导线等有无接触不良和断线；或修复 KM2 主触点，使其接触良好
摇臂上升（或下降）夹紧后，电动机 M3 仍正反转重复不停	鼓形转换开关上 SQ2 的两副动合静触点的位置调整不当，使它不能及时分断所引起的。应重新调整 SQ2 的分断位置
	当摇臂上升到预定位置时，将十字开关 SA 扳回中间位置，接触器 KM2 释放，由于 SQ2-2 在摇臂松开时已接通，使 KM3 吸合，电动机 M3 反转，通过夹紧机构将摇臂夹紧；随后 SQ2-2 断开，而电动机由于惯性仍在继续旋转，此时由于动触点调整得太近，SA 转过中间的切断位置，使动触点又与 SQ2-1 接通，导致 KM2 再次吸合，使电动机 M3 又正转启动；如此循环，造成电动机 M3 正反转重复不停
摇臂升降后不能充分夹紧	鼓形转换开关上压紧动触点的螺钉松动，引启动触点位置偏移，使 SQ2-2 未按规定位置闭合，KM3 不能按时吸合，造成电动机 M3 不能启动反转进行夹紧，使摇臂仍处于放松状态
	鼓形转换开关上的动静触点发生弯扭、磨损、接触不良或两副常开静触点分断过早，也会造成摇臂不能充分夹紧
	在检修安装时，未使鼓形转换开关上的两副动合触点的原始位置与夹紧装置的协调配合，就起不到夹紧作用
摇臂上升（或下降）后不能按需要停止	由于鼓形转换开关的动触点位置调整不当而造成摇臂上升（或下降）后，不能按需要停止。当将十字开关 SA 扳在上面位置时，KM2 吸合，电动机 M3 启动正转，摇臂的夹紧装置放松，摇臂上升。此时 SQ2-2 应接通，但因鼓形转换开关的起始位置没有调整好，反而使 SQ2-1 接通，从而将十字开关 SA 扳回中间位置时，不能切断接触器 KM2 线圈回路，上升运动就不能停止，甚至上升到极限位置，终端位置开关 SQ1 也不能切断控制电路。此时必须迅速切断电源，使摇臂上升运动立即停止。应对行程开关间的位置进行认真调整

故障现象	故障诊断维修方法
摇臂无向下或向上动作	限位开关 SQ1-1 或 SQ1-2 卡住，应检修限位开关，使其动作灵活
	摇臂向下或向上或主轴接触器 KM3、KM2、KM1 互锁触点接触不良，应检修互锁触点
	摇臂向上或向下，接触器 KM2 或 KM3 线圈烧坏，应更换接触器线圈
立柱无夹紧或松开动作	夹紧或松开接触器 KM5 或 KM4 线圈烧坏或连接端头松脱，应更换接触器线圈或紧固端头螺点
	松开或夹紧接触器 KM4 或 KM5 互锁触点接触不良，应检修触点，使其接触良好
	按钮 SB1、SB2 互锁触点松脱，应重新安装，使其牢靠
主轴箱无松开动作	中间继电器 KA 未吸合，应检查继电器线圈及控制回路
	立柱松开接触器 KM4 的动合触点接触不良，应检修接触器触点
主轴电动机 M2 不能停车	主轴接触器 KM1 主触点发生熔焊，应更换主触点或进行修复
	主轴接触器 KM1 铁心接触面变形，有油污或剩磁粘住不能释放，应修整铁心，清洁铁心接触面，必要时可将铁心接触面在平面磨床上精磨
	十字开关 SA 扳回中间位置后，由于微动开关触点粘连或弹簧失效不能断开，或胶木炭化引起短路，使接触器线圈不能断开电源。应检修或更换微动开关，或检查弹簧及胶木的使用情况

5.2.3　万向摇臂钻床故障的分析

图 5-4　Z3163 型万向摇臂钻床

Z3163 型万向摇臂钻床（见图 5-4），是大型普通万向摇臂钻床，主要用于大型零部件上 360°钻孔、扩孔、铰孔及攻螺纹等机加工序。主轴箱能做回转、倾斜和移动，刀具能从各个方面进行加工。钻床能被吊运到工件旁、工件上及安装在大型工件中间。

1. 横臂上升、下降无微动

使用过程中，将操作箱上扳把开关打到微动位置，横臂上升、下降出现无微动故障。微动是指横臂点动一次行走 1～3mm。此种功能必须有，用于水平钻孔找正。检查横臂电气主回路，发现控制横臂上升（或下降）交流接触器只是瞬间动作一下，横臂升降电动机微动或不动，横臂无微动。将立柱套筒外壁表面浇注润滑油，不起作用；更换同型号交流接触器（CJ0-10A）或更换较好的西门子交流接触器（3TB4122-0X），横臂仍然无微动。进而研究钻床实现横臂微动原理是接触器三相触头瞬间接触，电源瞬间供给电动机，实现横臂微动功能。检查其主回路、控制回路，未发现有异常。因此分析是由于接触器线圈得电时间太短，决定尽量延长接触器触点接触时间，来恢复钻床横臂微动功能。在接触器线圈上并联交流电容，这样接触器触点释放慢些，电容越大释放的就越慢，因为电容有储能作用。

经过反复试验：在横臂上升接触器线圈上并联一组交流（3个2μF/400V电容串联），当线圈断电后，交流电容放电，延长接触器触点接触时间；同时在横臂下降接触器线圈上并联一组交流电容（3个1.5μF/400V电容串联），解决了横臂上升、下降无微动故障。

2. 主轴正向寸动不停

主轴钻孔时，有时要求主轴寸动。寸动就是比点动更慢，主轴可以寸动1/4转，方便找到钻孔中心点。钻床已经使用20多年，出现主轴正向寸动时不能停止，一直旋转。按反转寸动按钮或按总停按钮，主轴才停止，万向摇臂钻床无法正常使用。万向摇臂钻床寸动液压原理如图5-5所示，启动主电动机后，油泵供油。将操作箱上扳把开关打到微动位置，按下主轴正转（或反转）寸动按钮，接通电磁铁YA1（或YA2J动作，带动三位四通阀1C（34D-10BH）正向（反向）接通油路。第Ⅸ轴（拨叉轴）油路上腔（下腔）供油，拨叉压紧离合器上摩擦片（或下摩擦片）来实现主轴的正

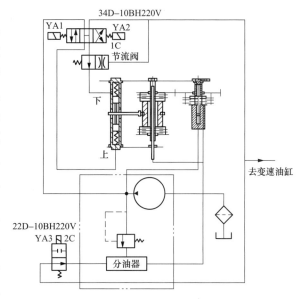

图5-5　万向摇臂钻床寸动液压原理图

反向旋转，但电磁铁YA1（或YA2）不能自锁，手松开按钮，主轴自动停比旋转。按寸动时间长短，决定主轴寸动多少。

从电气回路查找故障（见图5-6），检查寸动按钮、电磁铁YA1、YA2及其连接线，未发现问题，同时电磁铁YA下YA2动作顺序无误。

从油路阀件查找故障，检查油泵油压2MPa，同时主轴反向寸动正常，说明油路中油压正常。主轴正反向寸动时，检查上下油腔及离合器拨叉，都有动作，且动作顺序正常，未发现问题。

检查清洗或更换新的二位四通电磁阀1C，主轴正向寸动仍然不能停止。同时检查中发现主轴无法变挡，主轴共有16个挡位，转速范围12.5~1000r/min，检查离合器、上下摩擦片及增加上摩擦片数，均未解决主轴正向寸动不停故障。

通过分析机械、液压油路：主轴正向寸动时主轴旋转，说明第Ⅱ轴上摩擦片受力。因此怀疑第Ⅸ轴拨叉不在中间位置，决定拆解第Ⅸ轴。在拆解中发现第Ⅸ轴中间有一销轴，规格Φ10mm×70mm，已经折断。此销轴损坏后藏在拨叉内部，外观检查不易被发现，所以拨叉未在第Ⅸ轴中间位置。此销轴是起到定位和推动上下油缸活塞作用。重新史换一根材质是40Cr同型号销轴后，主轴寸动不停故障排除。

3. 主轴不变速

主轴变速是主轴变速鼓轮控制4个微动开关，进而控制4个二位二通电磁阀YV5、YV6、YV7、YV8。主轴转速与电磁铁通断对照表见表5-3，表5-3中"＋"号表示接通。每个电磁阀控制一个差动油缸。按下变速按钮，压力油进入变速油缸，带动滑移齿轮变速。

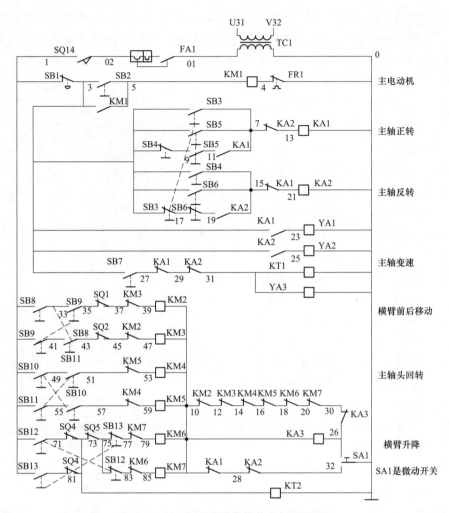

图 5-6　万向摇臂钻床部分电气原理图

在变速过程中，正反转油缸也通过节流阀进入高压油，由于机床设计原因，正反转油缸而积不等（正转大于反转），使压紧摩擦片的拨叉有较小的压力压紧正转摩擦片，使传动链缓慢移动，保证滑移齿轮顺利啮合。为防止高压油影响变速，利用时间继电器 KT1 延时触头，延时断开变速 4 个二位三通电磁阀，以保证变速准确、可靠。

表 5-3　　　　　　　　　　　　　主轴转速与电磁铁通断对照表

主轴转速 电磁铁	12.5	20	32	40	50	63	80	100	125	160	200	250	315	400	630	1000
YA5		+			+	+			+	+			+	+		+
YA6				+			+			+		+		+	+	+
YA7	+	+		+		+			+			+		+		
YA8	+	+	+	+			+		+							

主轴不变速原因：鼓轮动作不灵敏；鼓轮带动 4 个微动开关中的个别开关损坏，造成油

缸误动作；变速电磁铁 YA3、电磁阀 YV5、YV6、YV7、YV8 损坏及控制线路故障；油路中油压不能高也不能过低，调整在 2MPa；时间继电器 KT1 故障；变速电磁阀 2C（22D-10BH）损坏；个别油缸密封圈损坏等。

4. 工作中油路油管爆裂

齿轮油泵由变速箱内的第Ⅱ轴带动旋转，系统中的压力是装在油泵上溢流阀弹簧调整控制的。工作压力在 2MPa，流量 3L/min。工作中由于溢流阀内弹簧损坏或弹簧弹力问题，造成输出油压过高，致使供第Ⅸ轴上（或下）腔油管爆裂。更换同型号弹簧，重新调整溢流阀上螺丝（调整油压大小螺丝，使输出油压力在 2MPa，钻床正常运转。

5. 操作箱漏电

万向摇臂钻床本体与操作箱中间有一根长 1.2m 绝缘胶管连接，控制线在操作箱入口处绝缘未处理完善。操作箱长期使用，不定时旋转，时间长了，将入口处的控制电线磨损，造成操作箱上漏电。重新将操作箱入口控制电线做绝缘处理，操作箱内增加一根接地线，保证操作者人身安全。

6. 电磁阀上的电磁铁损坏

钻床运转过程中变速箱内冒烟。经过检查，发现三位四通电磁阀 1C 上电磁铁 YA2 损坏，电磁铁行程 5mm。查找原因是由于电磁阀内部阀芯卡阻，造成电磁铁内铁心无法吸合到位，产生较大电流，烧损电磁铁。用煤油重新清洗电磁阀内部零件，组装、更换新的电磁铁后，故障排除。

7. 要求横臂前后微动时仍是快速移动

横臂前后移动要求微动，操作箱上扳把开关已经打到微动位置，但实际操作时横臂还是快速移动，钻床无法正常运转。检查电气控制回路，发现控制线路中一个微动开关（带常开、常闭点）不能自动复位，已经损坏。造成线路中 73～75 号两点短接，致使横臂前后移动无微动故障，更换故障微动开关后正常。

5.3 PLC 在钻床维修改造的应用

采用 PLC 对钻床进行改造，可克服原机床继电器控制系统的弊病，提高钻床的可靠性和控制精度。系统操作简便，性价比高，运行可靠、接线简单、使用灵活、维护方便。

5.3.1 基于 PLC 的摇臂钻床电控系统改造

1. Z3040 摇臂钻床对电气控制系统的要求

Z3040 摇臂钻床的主电路如图 5-7 所示，它采用 4 台三相鼠笼型异步电动机拖动，即主轴电动机 M1，摇臂升降电动机 M2，液压泵电动机 M3 和冷却泵电动机 M4。有 5 个接触器：KM1 控制主轴电动机 M1，KM2、KM3 控制摇臂上升与下降，KM4、KM5 控制液压泵进出油。按钻削工艺，各台电动机的控制要求如下。

（1）主轴电动机 M1 拖动主轴的旋转主运动和主轴的进给运动，主轴旋转与进给要求有较大的调速范围，钻削加工要求主轴能实现正、反转，这些都由液压和机械系统完成，主轴电动机 M1 为单向固定的转速旋转。

201

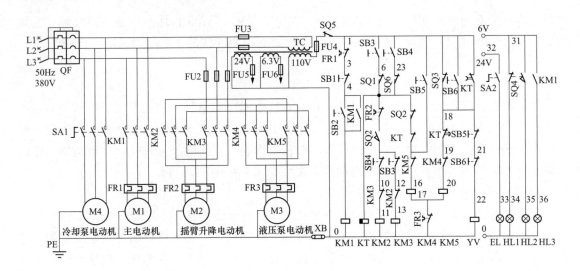

图 5-7 Z3040 摇臂钻床主电路图

（2）摇臂升降由升降电动机 M2 拖动，故升降电动机 M2 要求正、反转。

（3）液压泵电动机 M3 用来拖动液压泵送出不同流向的压力油，推动活塞，带动菱形块动作，实现主轴箱、内外立柱和摇臂的夹紧与松开，故液压泵电动机 M3 要求有正、反转。

（4）钻削加工时由冷却泵电动机 M4 拖动冷却泵，由冷却液对钻头进行冷却，冷却泵电动机为单向旋转。

（5）4 台电动机容量较小，全部采用全压直接启动。要求有必要的联锁和保护环节。

2. PLC 型号的选择

可编程逻辑控制器（Programming Logic Controller，PLC）是一种以 CPU 为核心的工业控制专用计算机，PLC 系统的组成与微机系统基本相同，都是由硬件系统和软件系统两大部分组成。其编程简单、可靠性高、通用性好及控制功能强，主要是用于完成较复杂的继电器接触器控制系统的功能。在实际应用中，应根据设计要求、输入输出点数以及所需继电器数目来选择型号。根据 Z3040 摇臂钻床的控制要求，该钻床的输入信号 11 个点，输出信号 9 个点，因此，选用 I/O 点数为 40 点的 FX2N-40MR 型 PLC。

3. PLC 程序设计

（1）信号地址分配。根据 Z3040 摇臂钻床的控制要求，该机床有 11 个输入信号和 9 个输出信号。各信号对应的输入/输出点见表 5-4。

（2）PLC 与现场器件实际连接。SQ1 和 SQ6 是限位开关，需要使用常闭点。热继电器串接在其保护的电动机所对应的接触器硬件回路中，SQ5 也是起保护作用。

输出回路中，有两种电源，即控制接触器和电磁阀的交流 110V 和控制指示灯的交流 6.3V 电源。

电磁阀的工作电流大于 PLC 的负载电流（一般是 2A），可以外加一个继电器 KA，用 Y006 的输出点先驱动继电器，再用 KA 的触点控制电磁阀（见图 5-8）。

第5章 钻床电气故障诊断与维修

表 5-4 I/O 分配表

输 入 信 号	I 点	输 出 信 号	O 点
M1 停止按钮 SB1	X001	主轴电动机 M1 启动接触器 KM1	Y001
M1 启动按钮 SB2	X002	摇臂上升接触器 KM2	Y002
摇臂上升按钮 SB3	X003	摇臂下降接触器 KM3	Y003
摇臂下降按钮 SB4	X004	主轴箱与立柱松开接触器 KM4	Y004
主轴箱和立柱松开 按钮 SB5	X005	主轴箱与立柱 夹紧接触器 KM5	Y005
主轴箱和立柱夹紧 按钮 SB6	X006	驱动电磁阀的 中间继电器 KA	Y006
摇臂下降限位开关 SQ6	X010	松开指示灯 HL1	Y011
摇臂上升限位开关 SQ1	X011	夹紧指示灯 HL2	Y012
摇臂松开到位开关 SQ2	X012	主轴电动机运转指示灯 HL3	Y013
摇臂夹紧到位开关 SQ3	X013		
主轴箱和立柱夹紧到位开关 SQ4	X014		

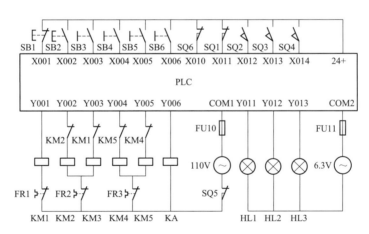

图 5-8 Z3040 摇臂钻床 I/O 接线图

（3）动作程序与功能。根据 Z3040 摇臂钻床的动作要求，设计的梯形图如图 5-9 所示。

1）主轴电动机控制。启动用 X002（SB2），停止用 X001（SB1）。启动 X002 时，Y001（KM1）和 Y013（HL3）接通，KM1 控制主轴电动机全压启动旋转、指示灯 HL3 亮。按下 SB1、X001 断开，Y001、Y003 断开，主轴电动机停转，灯灭。

2）摇臂上升下降与摇臂放松和夹紧控制。M000 是摇臂升降继电器，摇臂到达极限或松开摇臂按钮时断开；M002 起断开延时作用，即 M000 断开后，M002 会延时再断开，主要用于保证摇臂上升（或下降）时，升降电动机在断开电源依惯性旋转已经完全停止旋转后，才开始摇臂的夹紧动作。M002 电动机断开电源到完全停止需要时间小于 2s。

3）主轴箱与立柱、夹紧、松开及其指示灯。主轴箱与立柱在平时是夹紧的，SQ4 被压，X004 通，夹紧指示灯 Y012（HL2）通（亮）；松开到位时，SQ4 释放，Y011（HL1）通（亮）；两

203

者是互锁的。

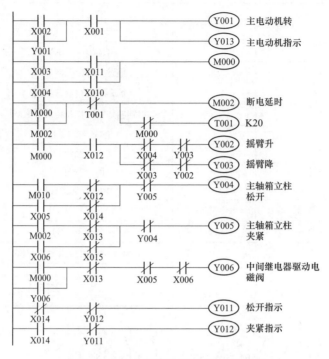

图 5-9　Z3040 摇臂钻床的 PLC 梯形图

5.3.2　基于 PLC 的多头钻床控制系统改造

多头钻床可对方管进行多孔同时加工，用户可根据需要随意调整两孔中心距，并调整钻头数量的多少。该机器非常适合大批量生产，可提高工作效率几十倍。多头钻床的控制系统大多采用机械、液压、电气或气动相结合的控制方式。其中，电气控制往往起着中枢联接作用，但传统的电气控制通常采用继电器逻辑控制方式，使用了大量的中间继电器、时间继电器、行程开关等。存在的主要问题如下。

（1）由于控制触点多、工作频繁，电路系统故障率高、检查周期长。

（2）使用时间长后线路易老化，电气常出现故障，造成机械、液压或气动系统工作不正常，直接影响了机械加工的质量和加工时间，降低了工作可靠性。

（3）如果工艺要求发生变化，就得重新设计线路连线，而作为继电器逻辑控制线路的触点数量有限，线路连线很多，不利于设备产品的更新加工工艺路线，影响了设备的利用率及自动化程度。

因此，针对多头钻床实际使用中的问题，设计了一套基于 PLC 的控制系统，取代传统的继电器—接触器控制系统，大大降低了机床维护成本，提高了自动化程度和生产效率。

1. 多头钻床的组成、功能及控制要求

机床主要由床身、定位装置、夹紧装置、钻孔滑台、钻孔动力头和气动系统等组成。定位装置和夹紧装置用以完成工件的定位和夹紧，实现自动加工。钻孔滑台和钻孔动力头用以实现钻孔加工量的调整和钻孔加工。机床的定位和夹紧、钻孔滑台的移动（前移、后移）均由气动系统执行。加工的自动工作循环过程如图 5-10 所示。

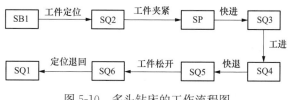

图 5-10　多头钻床的工作流程图

机床钻孔滑台和定位挡板、夹紧装置由气动系统驱动。电磁阀线圈 YA1 和 YA2 控制定位气缸活塞运动方向；YA3 和 YA4 控制夹紧缸活塞运动方向；YA5、YA6 和 YA7 为钻孔滑台气路中电磁阀换向线圈。电磁阀动作状态见表 5-5。

表 5-5　　　　　　　　　　　　电磁阀动作顺序及气动元件工作状态

序号	动作名称	发讯元件	电磁阀工作状态						
			YA1	YA2	YA3	YA4	YA5	YA6	YA7
1	定位挡板下降	启动按钮 SB1	+	−	−	−	−	−	−
2	送料	−	−	+	−	−	−	−	−
3	工件夹紧	SQ2	−	−	+	−	−	−	−
4	钻孔滑台快进	SP	−	−	+	−	+	−	+
5	钻孔滑台工进	SQ3	−	−	+	−	+	−	−
6	钻孔滑台快退	SQ4	−	−	+	−	−	+	−
7	夹紧缸松开	SQ5	−	−	−	+	−	−	−
8	定位挡板上升	SQ6	−	+	−	−	−	−	−
9	换料，定位挡板下降	SQ1	+	−	−	−	−	−	−

机床的刀具电动机在滑台进给循环开始时启动运转，滑台退回原位后停止运转。要求机床能分别在自动和手动两种工作方式下运行。

2. 多头钻床控制系统设计

（1）PLC 选型与硬件设计。本系统采用 PLC 为控制核心，取代传统的继电器—接触器控制方式。根据机床主电路继电器控制要求分析，该 PLC 输入控制信号有：自动、手动选择开关 SA，总停止按钮 SB0，启动按钮 SB1，其他手动按钮 5 个，行程开关 6 个，压力继电器 1 个，共需要 15 个输入点。PLC 输出控制对象主要是控制电路中的执行器件，如接触器、电磁阀等。本机床中的执行器件有交流接触器 KM1、KM2，电磁阀 YA1～YA7，需占用 9 个输出点。

多头钻床的控制为纯开关量控制，且所需的 I/O 点不多，该控制系统实现的是步进控制，因此可选择具有步进指令功能的 PLC。考虑系统的各技术指标及以后扩展性能，选用三菱公司的 FX2N-48MR 机型，该机基本单元有 24 点输入，24 点输出，完全能满足控制要求。PLC 的 I/O 分配见表 5-6。

表 5-6   PLC I/O 分配表

输 入 信 号	输入点编号
总停止按钮 SB0	X0
启动按钮 SB1	X1
刀具电动机点动按钮 SB2	X2
手动夹紧按钮 SB3	X3
夹紧松开按钮 SB4	X4
滑台快进点动按钮 SB5	X5
滑台快退点动按钮 SB6	X6
定位原位行程开关 SQ1	X7
定位行程开关 SQ2	X10
工件夹紧压力继电器 SP	X11
滑台快进结束行程开关 SQ3	X13
滑台工进结束行程开关 SQ4	X14
滑台快退结束行程开关 SQ5	X15
夹紧缸原位行程开关 SQ6	X16
手动、自动选择开关 SA	X17
输 出 信 号	输出点编号
定位电磁阀线圈 YA1	Y0
定位电磁阀线圈 YA2	Y1
夹紧电磁阀线圈 YA3	Y2
夹紧电磁阀线圈 YA4	Y3
进给电磁阀线圈 YA5	Y4
进给电磁阀线圈 YA7	Y5
后退电磁阀线圈 YA6	Y6
刀具电动机 M1 接触器	Y7
冷却泵电动机 M2 接触器	Y10

（2）控制系统程序设计。由多头钻床的加工工艺要求可知其顺序控制过程，所以可运用状态编程思路，采用步进顺控指令对其进行控制。根据控制要求，机床在启动并且初始化之后，都要进行工作方式的选择，即自动控制和手动控制，二者之间的切换通过选择开关 SA 实现。系统进入自动控制方式后，会顺序执行控制指令。手动程序主要是为了加工过程中的精确点定位，以及机床调试与维修时便于技术人员点动控制。具体的状态转移图如图 5-11 所示。

5.3.3 西门子 S7-200 PLC 在钻床改造的应用

1. 电气系统控制要求

Z3080 型摇臂钻床由四台三相异步电动机拖动，M1 为主轴电动机，M2 为摇臂升降电动机，M3 为液压泵电动机，M4 为冷却泵电动机。各电动机的作用分别如下。

（1）M1：主轴电动机。它拖动钻床的主运动与主轴的进给运动，主轴的旋转与进给要求有较大的调速范围，分别由主轴与进给传动机构实现主轴旋转和进给。

（2）M2：摇臂升降电动机。根据加工工件高度的不同，摇臂借助于丝杠可带着主轴箱沿外立柱进行上下升降。在升降之前，应自动将摇臂松开，再进行升降，当达到所需的位置时，摇臂自动夹紧在立柱上，它要求电动机能正、反转。

（3）M3：液压泵电动机。它拖动液压泵送出压力液以实现摇臂的松开、夹紧和主轴箱的松开、夹紧，要求电动机能正、反转。

（4）M4：冷却泵电动机，它为钻床工作时提供冷却液。应用PLC时行改造时，也必须满足其相应的控制要求。

2. PLC选择和I/O定义

根据Z3080型摇臂钻床的实际情况，作为PLC输入信号有按钮、限位开关、转换开关、热继电器等，共计14个。而PLC的输出信号有接触器、电磁阀、指示灯等，共9个。因此，选用西门子S7-200系列PLC（CPU224，14个输入，10个输出）完全能满足控制要求。

（1）I/O定义。PLC输入输出点定义见表5-7。

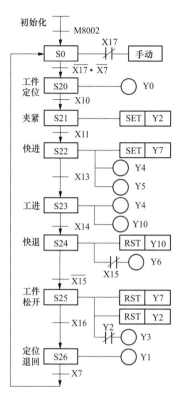

图5-11 状态转移图

表 5-7   **PLC 输入输出点定义**

地址	功能说明	地址	功能说明
\multicolumn{4}{c}{输入点定义}
I0.0	M1停止按钮SB1	I0.7	摇臂下降限位SQ2
I0.1	M1起动按钮SB2	I1.0	摇臂松开到位开关SQ3
I0.2	摇臂上升按钮SB3	I1.1	摇臂夹紧到位开关SQ4
I0.3	摇臂下降按钮SB4	I1.2	主轴箱与立柱夹紧松开到位开关SQ5
I0.4	主轴箱和立柱松开按钮SB5	I1.3	转换开关SA-12
I0.5	主轴箱和立柱夹紧按钮SB6	I1.4	转换开关SA-23
I0.6	摇臂上升限位SQ1	I1.5	M3热继电器触点FR
\multicolumn{4}{c}{输出点定义}
Q0.0	M1启动接触器KM1	Q0.5	电磁阀YA1
Q0.1	摇臂上升接触器KM2	Q0.6	电磁阀YA2
Q0.2	摇臂下降接触器KM3	Q0.7	主轴箱与立柱夹紧指示灯HL1
Q0.3	液压泵正转接触器KM4	Q1.0	主轴箱与立柱松开指示灯HL2
Q0.4	液压泵反转接触器KM5		

（2）PLC 端子外围接线。PLC 端子外围接线图如图 5-12 所示。

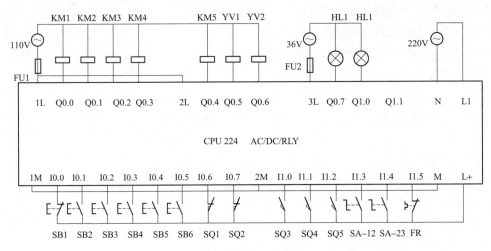

图 5-12　PLC 端子接线图

3. 梯形图程序设计

根据 Z3080 型摇臂钻床的动作要求，设计的梯形图如图 5-13 所示。以下为程序的简要说明。

（1）主电动机旋转。在网络 1 中，按启动按钮 SB2，线圈 Q0.0 带电并自锁，KM1 吸合，主电动机 M1 旋转；按停止按钮 SB1，交流接触器 KM1 释放，主电动机 M1 停止旋转。

（2）摇臂升降。在网络 2、3、4 中，按上升（或下降）按钮 SB3（或 SB4），定时器 T37 工作，Q0.3 得电，则交流接触器 KM4 得电吸合，液压泵电动机 M3 旋转，压力油经分配阀进入摇臂的松开油腔，推动活塞和菱形块使摇臂松开。同时活塞杆通过弹簧片压限位开关 SQ3，Q0.3 断电，使 KM4 失电释放，交流接触器 KM2（或 KM3）得电吸合，液压泵电动机 M3 停止旋转，升降电动机 M2 旋转，带动摇臂上升（或下降）。如果摇臂没有松开，限位开关 SQ3 常开触点就不能闭合，交流接触器 KM2（或 KM3）就不能得电吸合，摇臂就不能升降。当摇臂上升（或下降）到所需的位置时，松开按钮 SB3（或 SB4），交流接触器 KM2（或 KM3）和定时器 T37 失电释放，升降电动机 M2 停止旋转，摇臂停止上升（或下降）。

T37 断电延时 3s 后，其延时闭合的常闭触点闭合，交流接触器 KM5 得电吸合，液压泵电动机 M3 反向旋转，供给压力油，压力油经分配阀进入摇臂夹紧油腔，使摇臂夹紧。同时活塞杆通过弹簧片压限位开关 SQ4，使交流接触器 KM5 失电释放，液压泵电动机 M3 停止旋转。行程开关 SQ1、SQ2 用来限制摇臂的升降行程，当摇臂升降到极限位置时，SQ1、SQ2 动作，交流接触器 KM2（或 KM3）断电，升降电动机 M2 停止旋转，摇臂停止升降。摇臂的自动夹紧是由限位开关 SQ4 来控制的。如果液压夹紧系统出现故障，不能自动夹紧摇臂或者由于 SQ4 调整不当，在摇臂夹紧后不能使 SQ3 的常闭触点断开，都会使液压泵电动机处于长时间过载运行状态，造成损坏。为了防止损坏液压泵电动机，电路中使用热继电器 FR，其整定值应根据液压泵电动机 M3 的额定电流进行调整。

（3）立柱和主轴箱操作。立柱和主轴箱的松开和夹紧既可单独进行，又可同时进行，它由转换开关 SA 控制。由网络 5、6、7、8 实现。

1）立柱和主轴箱的松开和夹紧同时进行。首先把转换开关 SA 扳到中间位置 2，这时按松开按钮 SB5，Q0.3 得电，接触器 KM4 得电吸合，液压泵电动机 M3 正转，电磁阀 YA1，YA2 得电吸合，高压油经电磁阀进入立柱和主轴箱松开油腔，推动活塞和菱形块，使立轴和主轴箱同时松开，松开指示灯 HL1 亮。按夹紧 SB6，Q0.4 得电，接触器 KM5 得电吸合，液压泵电动机 M3 反转，高压油经电磁阀进入立柱和主轴箱夹紧油腔，反向推动活塞和菱形块，使立轴和主轴箱同时夹紧，夹紧指示灯 HL2 亮。

2）立柱和主轴箱的松开和夹紧。单独进行如果需要主柱、主轴箱单独松开（或夹紧）时，只需将转换开关 SA 扳到立柱和主轴箱单独松开（或夹紧）的位置，其动作原理同上面松开和夹紧同时进行一样。

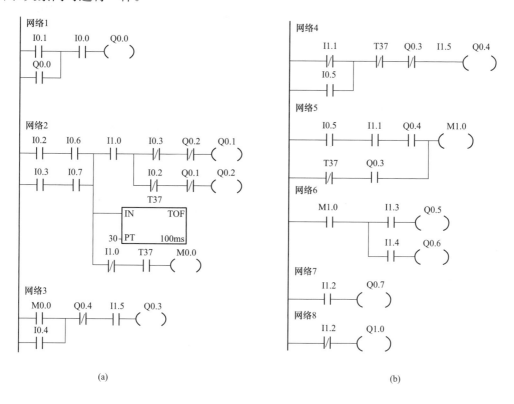

(a)　　　　　　　　　　　　　　　　　　　(b)

图 5-13　梯形图程序

参 考 文 献

[1] 安勇．电气设备故障诊断与维修手册 [M]．北京：化学工业出版社，2014.

[2] 芮静康．常见电气故障的诊断与维修 [M]．北京：机械工业出版社，2013.

[3] 张红玲．浅谈 CA6140 车床电气线路的故障排除 [J]．煤矿现代化，2017，（2）.

[4] 王岚．经济型数控车床的故障分析及处理 [J]．机械工人（冷加工），2000，（7）.

[5] 陈炳雄．车床电气故障检修的经验与探索 [J]．机械与电子，2009，（7）.

[6] 乔东凯，赵晶英，陈军，廖辉．基于 PLC 与 GOT 的 CA6140 卧式车床进给系统的改造设计 [J]．煤矿机械，2016，（2）.

[7] 邵桂祥．运用 PLC 改装 CA6140 车床电气控制线路 [J]．现代职业教育，2017，（总 80）.

[8] 王跃军，唐健，刘娟，等．基于 PLC 的 C650 型卧式车床电气控制系统改造设计 [J]．制造技术与机床，2012，（3）.

[9] 杨雪梅．C61125 卧式车床电气系统改造 [J]．电工技术，2015，（12）.

[10] 黄琳莉．数控机床步进进给驱动系统的电气故障排查与对策 [J]．自动化应用，2014，（6）.

[11] 焦连岷，黄红，毕长平．数控车床主轴控制原理及故障排除 [J]．金属加工（冷加工），2016，（14）.

[12] 喻步贤．数控车床的电动刀架故障诊断与维修 [J]．机床与液压，2013，（22）.

[13] 刘海涛．数控车床伺服刀塔故障的诊断与维修 [J]．中国科技信息，2014，（19，20 合刊）.

[14] 彭红梅．浅谈数控机床电源类故障的诊断及维护 [J]．科技信息，2012，（35）.

[15] 王新．SINUMERIK802D 数控机床主轴编码器故障处理 [J]．中国设备工程，2008，（12）.

[16] 夏罗生．数控机床接地故障分析与诊断 [J]．设备管理与维修，2012，（8）.

[17] 陈勇，宋述稳，张春平．基于开放式数控系统 X52K 铣床的改造 [J]．机电产品开发与创新，2008，（2）.

[18] 宋丹．用 SINUMERIK802S base line 数控系统改造 X52K 铣床 [J]．机电工程，2004，（6）.

[19] 周新楠．X62W 万能铣床常见与非典型电气故障的处理 [J]．金属加工（冷加工），2011，（8）.

[20] 夏春茂，贾宝媛．造纸机械加工设备 X62W 万能铣床电气故障的检修 [J]．天津造纸，2014，（2）.

[21] 宋之东．XA6132 型铣床电气故障及维修方法 [J]．机械工程师，2014，（4）.

[22] 程琴．X2010A 龙门铣床故障分析与解决措施 [J]．机械管理开发，2010，（3）.

[23] 王振坤．T6925/1 镗铣床和 16m 立车故障处理案例 [J]．金属加工（冷加工），2014，（19）.

[24] 陈元招．X62W 万能铣床的 PLC 改造设计 [J]．湖南理工学院学报（自然科学版），2016，（2）.

[25] 邵文冕．基于 PLC 的铣床控制系统的技术改造研究 [J]．工业仪表与自动化装置，2012，（3）.

[26] 刘丹，李纪纲，李志南，王军．基于台达 PLC 控制的 X5023 普通立式铣床改造 [J]．河北农业大学学报，2013，（1）.

[27] 李伟光．数控铣床伺服运动失控的故障检查法 [J]．机械工程师，1999，（4）.

[28] 计小辈，王丽敏，马辉．数控铣床主轴准停故障与维修 [J]．设备管理与维修，2009，（3）.

[29] 朱志红．浅析数控铣床电气主电路的安装调试与故障排查 [J]．技术与市场，2015，（3）.

[30] 卢纪昇．进口数控镗铣床维护与局部改造的实践探讨 [J]．机电信息，2014，（6）.

[31] 张亚新．JD240 数控铣床限位故障及其解决方法 [D]．赤峰：赤峰学院学报（自然科学版），2012.

[32] 李海锋．由电源引发的数控机床故障三例 [J]．机械制造技术与机床，2006，（7）.

[33] 王亚萍．M1380A 外圆磨床主轴停机故障处理 [J]．设备管理与维修，2014，（10）.

[34] 余云辉. M7120 型平面磨床电气控制电路的检修与快速故障排查 [J]. 现代工业经济和信息化，2017，(1).

[35] 马汝彩. 平面磨床电气控制系统的 PLC 改造 [J]. 机床电器，2012，(5).

[36] 孟艳君. 基于 PLC 的 M7475 磨床电气控制系统改造 [J]. 装备制造技术，2009，(3).

[37] 宋玉庆. 基于三菱 PLC 和变频控制的 Y7520W 万能螺纹磨床的电气改造设计 [J]. 现代制造技术与装备，2014，(6).

[38] 步勇兵. MK5212 数控龙门导轨磨床电气系统改造 [J]. 设备管理与维修，2014，(7).

[39] 楚丽杰，张秀云，崔加峰. 数控磨床的电气维护 [J]. 哈尔滨轴承，2005，(4).

[40] 冯金冰. 数控磨床伺服驱动故障诊断与维修 [J]. 办公自动化，2017，(15).

[41] 简立明. 磨床伺服系统加工尺寸失控故障的分析及排除 [J]. 电工技术，2009，(8).

[42] 陈才安. 数控机床伺服电动机故障处理实例 [J]. 设备管理与维修，2010，(7).

[43] 牛志斌. 与编码器有关的几例故障诊断和处理 [J]. 制造技术与机床，1996，(5).

[44] 于冬青. 变频器在 T6160 镗床电气改造上的应用 [J]. 机床电器，2008，(5).

[45] 许鑫. W250HC 镗床进给轴驱动系统改造 [J]. 技创新与应用，2016，(23).

[46] 秦冲. 基于 S7-200 型 PLCT68 型卧式镗床的电气控制系统改造 [D]. 漯河：漯河职业技术学院学报，2015.

[47] 蔡智仁. 基于三菱 PLC 实现 T610 型卧式镗床的控制 [J]. 中国制造业信息化，2009，(19).

[48] 王进满，毛杰. T6216 镗床电气控制系统的改造 [J]. 机电信息，2015，(21).

[49] 黄健. 变频器及 PLC 在 T68 镗床中的应用 [D]. 武汉：武汉船舶职业技术学院学报，2016.

[50] 关志秋. TH6916 型落地镗床介绍及故障分析 [J]. 中国新技术新产品，2013，(3).

[51] 陈绪林. 意大利 MEC-4 镗床 Z 轴过载报警的修理 [J]. 设备管理与维修，2007，(3).

[52] 黄雪东. 数控机床伺服驱动系统典型故障的维修 [J]. 机电工程技术，2014，(4).

[53] 张顺廷，赵丽，赵杰，何玉柱. Z3163 型万向摇臂钻床故障分析 [J]. 设备管理与维修，2014，(5).

[54] 熊轶娜，林章辉，许文斌. 基于 PLC 的摇臂钻床电控系统改造 [J]. 组合机床与自动化加工技术，2010，(4).

[55] 任国军，王维周. 基于 PLC 的多头钻床控制系统分析与设计 [J]. 机床电器，2012，(3).

[56] 冯华勇，彭美武，王俊英. 西门子 S7-200 PLC 在钻床改造中的应用 [J]. 制造业自动化，2011，(12).

[57] 李阳，吴剑锋. 关于 B2012A 龙门刨床工作台故障的探讨 [J]. 科技创新导报，2013，(9).

[58] 黄宜平. B215 龙门刨床故障分析及排除 [J]. 机床电器，2000，(6).

[59] 宋贵祥. SIMOREG-V55 龙门刨床调速装置常见故障的原因与处理 [J]. 电世界，2010，(10).

[60] 李水山. 触摸屏、编码器在刨床电气改造上的应用 [J]. 设备管理与维修，2014，(1).

[61] 李爱华，姜斌. B2012A 龙门刨床电控系统改造方案 [J]. 电工技术，2011，(1).

[62] 蒋士博，陈竞雄，刘捷，等. B2016A 型龙门刨床电控系统自动化改造 [J]. 制造技术与机床，2012，(5).

[63] 王宗昌，安丽红. 基于 PLC 变频器控制的龙门刨床复合化智能化改造 [J]. 电气自动化，2016，(5).